本书获得李尚大集美大学学科建设基金资助

# 中国海域钵水母
# 生物学及其与人类的关系

The Relationship between Scyphomedusae
Biology and Human beings in China Seas

洪惠馨　编著
By Hong Huixin

海洋出版社

2014年·北京

## 内 容 简 介

钵水母是一类古老而又低等的海洋浮游腔肠(刺胞)动物。然而，它们在海洋生态系统中占有非常重要的地位和作用，与人类社会有着极其密切的关系。

本书是中国第一本全面、系统介绍和论述中国海域钵水母类生物学及其与人类社会关系的专著。全书共分七章，包含两大部分内容。第一部分为钵水母生物学(第一章至第四章)，包括：形态结构、分类、区系以及行为生物学等基础理论知识。第二部分为钵水母与人类的关系(第五章至第七章)，包括：钵水母渔业、有毒和药用的水母类及水母灾害与预防。全书附有100幅图、12个表，有助于读者加深对这类动物的了解与识别。

本书可供大专院校和科研院所相关领域师生、研究人员、医药人员，以及各级海洋与渔业行政官员、军队指挥官和广大涉海人员参考。

Scyphomedusae is a kind of lower marine zooplankton, which has a long history. However, Scyphomedusae occupies a very important position in marine ecosystems and has closely relation with human society.

This book first comprehensive introduced the relationship between Scyphomedusae biology and Human beings in China Seas. The book is divided into seven chapters and consists of two parts. The first part is about Scyphomedusae biology (chapter one to chapter four). This part mainly discussed morphology structure, taxonomy, fauna characteristics and behavior characteristics of Scyphomedusae. The second part focused on the relationship between Scyphomedusae and human society (chapter five to chapter seven). This part contained the fishery, the poisonous and the medicinal use and the disaster prevention of Jellyfish. The book contained 100 charts and 12 tables, which will help to deepen the reader's understanding and recognition of Scyphomedusae.

This book is a good reference for universities, colleges teaching and health workers. This book is also helpful for marine, fisheries administrative officer and personnel engaged in marine activities.

**图书在版编目(CIP)数据**

中国海域钵水母生物学及其与人类的关系 / 洪惠馨编著. —北京：海洋出版社，2014.6
ISBN 978-7-5027-8684-7

Ⅰ. ①中… Ⅱ. ①洪… Ⅲ. ①钵水母纲-生物学-中国②钵水母纲-关系-人类-研究-中国  Ⅳ. ①Q959.132

中国版本图书馆 CIP 数据核字(2013)第 242290 号

责任编辑：常青青
责任印制：赵麟苏

**海洋出版社** 出版发行

http://www.oceanpress.com.cn
北京市海淀区大慧寺路 8 号　邮编：100081
北京旺都印务有限公司印刷　新华书店北京发行所经销
2014 年 6 月第 1 版　2014 年 6 月北京第 1 次印刷
开本：787 mm×1092 mm　1/16　印张：15　彩页：0.75 印张
字数：273 千字　定价：90.00 元
发行部：62132549　邮购部：68038093　总编室：62114335
海洋版图书印、装错误可随时退换

# 作者简介

洪惠馨教授毕业于厦门大学，先后在上海水产学院（上海海洋大学）、厦门水产学院、集美大学任教。长期从事海洋生物学、海洋生态学和渔业资源生物学教学与研究工作。主持、承担国家自然科学基金重大项目子课题，以及农业部、福建省科委等多项重点项目研究课题，取得了一批科研成果。1992年荣获国务院表彰，享受政府特殊津贴。

洪教授对我国海域浮游水母类，尤其是钵水母类有深入研究。在国内外刊物发表相关的学术论文40多篇，撰写出版《海蜇》(1978)、《海洋浮游生物学》(1981)、《中国动物志》无脊椎动物第27卷（2002)、《洪惠馨文集》(2004) 和本书等5部著作。对我国水母类的研究做出了贡献。

洪教授历任厦门水产学院副院长、集美大学学术委员会副主任，兼任厦门市科学技术协会副主席等职。受聘为福建省海洋与渔业局顾问、政协福建省委员会常务委员、政协全国委员会委员。

## About the Author

Professor Hong Huixin graduated from Xiamen University. Since then, he worked in Shanghai Fisheries College (Shanghai Ocean University), Xiamen Fisheries College and Jimei University. He was engaged in working on marine biology, marine ecology and Fishery biology. Professor Hong presided over the completion of Major Project of the Knowledge Innovation Program of the Chinese Academy of Sciences and Major project of the National Natural Science Foundation of China. He also succeed to finish the Key Program of Ministry of Agriculture of China and Fujian Association For Science and Technology.In 1992, Professor Hong received the honorary title of "State Council Expert for Special Allowance".

Professor Hong devoted himself entirely to researching jellyfish occurred in China Seas, especially the Scyphomedusae. He made contribution to China's jellyfish Research. In the past 50 years, he has published more than 40 papers in international and national professional journals. His publications include "Hai Zhe" (1978), "Marine planktology" (1981), "FAUNA SINICA" invertebrate Vol. 27(2002) "Hong Huixin corpus" (2004) and this book.

Professor Hong has served as vice-president of Xiamen Fisheries College, vice-director of the Academic Committee of Jimei University and was concurrently vice-Chairman of Xiamen Association For Science and Technology. Besides, he was consultant of Ocean and Fishery Department of Fujian Province, Standing Menber of Fujian Committee of CPPCC and Member of National Committee of CPPCC.

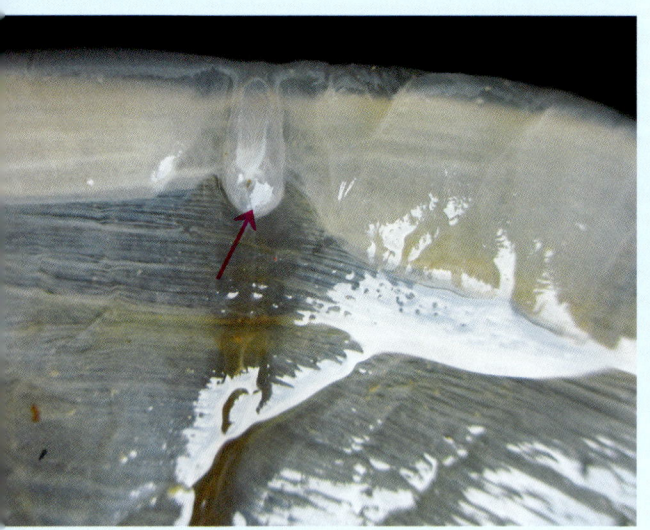

彩图1　钵水母的感觉器

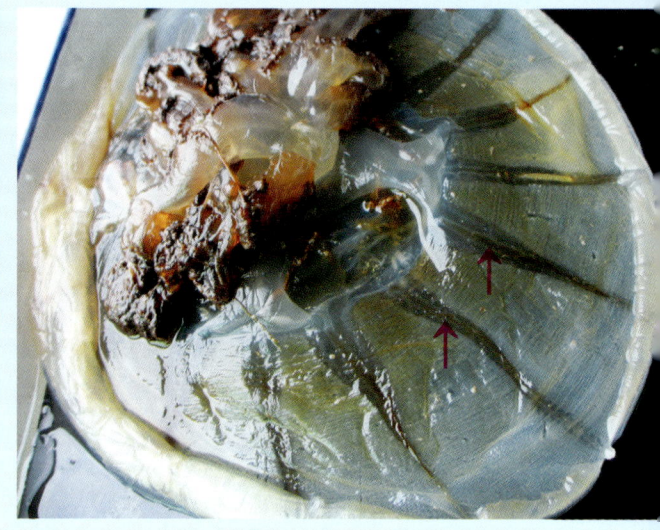

彩图3　钵水母的水管系统

彩图2　钵水母的生殖下腔和生殖乳突

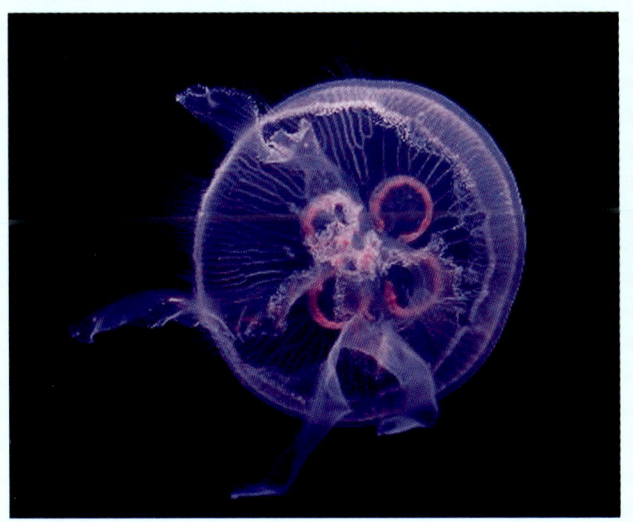

彩图4　海月水母 *Aurelia aurita* (Linnaeus, 1758)

彩图6　眼硝水母 *Mastigias ocellatus* (Modeer, 1791)

彩图5　安氏仙后水母 *Cassiopea andromeda* (Forskal 1775)

彩图7　端棍水母 *Catostylus townsendi* Mayer 1915

彩图8　野村水母 *Nemopilema nomurai* Kishinouye 1922

彩图9　霞水母与牧鱼（副叶鲹 *Alepes sp*）共生

彩图10 我国海域5种食用水母分布图

彩图11　螅状体附着器

彩图12　人工培育的海蜇苗

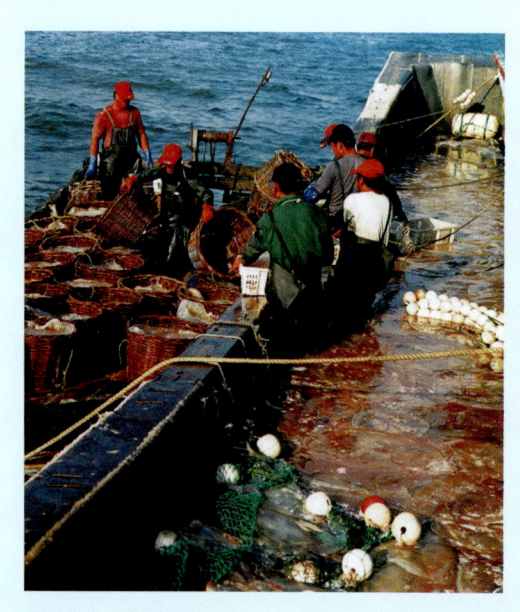

彩图13　海蜇捕捞

彩图14　海蜇收获

彩图15　鲜蜇切颈

彩图16　海蜇的初加工

彩图17　僧帽水母 *Physalia physalis* Linnaeus,1758

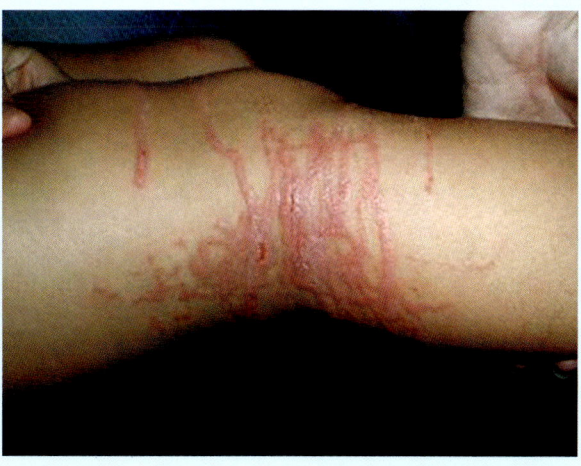

彩图18　被水母蜇伤的皮肤

彩图19　大型水母堵塞核电站冷却系统的进水口

彩图20　核电站清除大型水母

彩图21　海滨浴场的警示标志

# 序

钵水母类是一类远在5.7亿年前寒武纪时代就已出现在海洋里的古老的低等动物。虽然几千年前人类已经知道水母类的存在，但对这类动物在海洋生态系统中的地位和作用及其对人类社会的影响至今仍然知之甚少。

中国虽然是世界上最早开发利用钵水母类资源的国家，但是以往基本上只局限于对传统海蜇渔业的研究。20世纪60年代以来，随着人们开发利用海洋生物资源的进展，这类原本并不显眼的凝胶状浮游动物在海洋中存在的重要意义和潜在价值才逐步引起人们的关注。特别是近十几年来，各国媒体频繁报道世界许多国家的局部海域出现某些水母种群暴发成灾，对渔业生产、船舰行动、临海工业造成严重破坏和巨大经济损失，并且给涉海人员人身安全构成威胁而成为社会公害，从而引起各国政府和科学工作者的高度重视。

钵水母生物学的研究难度较大，这一领域中有些研究一直是我国薄弱甚至空白的领域。洪惠馨教授自20世纪60年代开始对我国海蜇渔业进行调查研究，1978年出版了《海蜇》一书，为当时沿海渔区进一步开发利用海蜇资源提供了有益的指导，也为海蜇生物学的研究做出了贡献。此后，他侧重对我国海域管水母分类和钵水母分类及区系的调查研究，发表了十多篇论文。2002年由他为主要编著者的《中国动物志》无脊椎动物第27卷（管水母亚纲、钵水母纲）的出版，圆满完成了国家重大基金项目的子课题，对我国管水母类和钵水母类的研究做出了重要贡献。2003年他退休后继续对钵水母类进行较为全面的研究，先后发表2篇论文，记述我国海域钵水母类11种新记录和区系特点，进一步补充、丰富了《中国动物志》的内容。最近完成了《中国海域钵水母生物学及其与人类社会的关系》的编著。本人很高兴看到洪惠馨教授在这一领域不断深入研究，发表高水平的学术论著，逐步填补这一方面的空白，他的敬业精神难能可贵。

该书全面、系统地介绍和论述了中国海域钵水母类生物学及其与人类社会的关系。在钵水母类生物学各个部分用了一定分量的篇幅（包括图表）阐述最基本的基础理论知识，借以帮助相关领域学者（包括海洋、航运、军事、食品、医药、化工等）加深对这类动物的了解与识别，为寻找和保护新资源的研究提供参考；同时又列举钵水母类若干固有行为表现，希望对年青学者有所启示，引起兴趣予以研究。在钵水母类与人类关系这一部分，对近些年来备受关注的大型水母种群暴发的现象，作者根据对我国海域钵水母类种类组成、生物学特性和区系特点的研究，认为我国并非水母高发区，也未发现大型水母外来入侵物种；虽然在有些年份，某些大型优势种群在局部海区出现暴发，对海洋渔业造成一定影响，但尚属该种群数量变动正常的自然现象。至于成因，作者提出了辩证的新见解，认为是该类动物在生命周期中存在着基因传递"接力式"世代交替，相互依存、相互制约、缺一不可的因果关系，指出该类动物在无性世代的生存和繁衍结果，是决定翌年有性世代（水母）种群数量多寡变动的成因。为今后深入研究避免继续走入孤立、局限于自然环境中各种外界因子仅对水母世代数量变动影响的误区奠定了理论基础。

该书内容丰富新颖，资料翔实可靠，对物种描述具体准确，论点清晰辩证。全书内容理论与实践兼备，贯穿生物学的基础理论知识，有助于加深相关领域的参考和研究。该书是作者几十年来实际调查研究成果的客观反映，是中国首部全面阐述钵水母类物种多样性及其与人类社会关系的专著，具有重要的学术意义和实用价值。该书的出版必将为推动我国海洋水母类资源合理开发利用与保护，以及对有害种类的防控研究做出重要贡献。

中国科学院资深院士
中国科学院海洋研究所原所长

2011 年 10 月

# 前　言

自20世纪60年代初开始，作者对我国海蜇渔业进行调查研究，于1978年出版《海蜇》一书。该书首次全面介绍我国食用水母的种类、形态特征、生活习性、繁殖、发育与变态以及沿海各主要产区的海蜇渔业（渔场、渔期、渔法及渔具等），影响海蜇汛产的环境因素以及加工工艺和利用等。此后，作者侧重对我国海域管水母类和钵水母类的调查研究，先后发表十多篇相关论文。2002年，由作者为主编著的《中国动物志》无脊椎动物第27卷出版。该书系统叙述分布于我国海域35种钵水母的形态特征、采集地点、生活习性及地理分布等。以上工作为进一步开发利用海蜇资源以及对我国海域钵水母类的全面研究提供了重要的基础资料。

2003年作者退休时，眼看工作室里还贮存着自己一生采自全国各海区、用汗水换来的尚未处理的大量浮游生物标本、资料，深感事业未竟，感慨万千，决心为自己一生所热爱的事业、为之服务的学校、为建设和发展我国海洋与渔业科学再做点有益的工作，也使退休后的生活更加充实、更富有意义，这是着手编著本书的初衷。

本书得以出版，首先要感谢集美大学辜建德、苏文金两任校长给予的关心、鼓励和支持。感谢林利民教授为本书第5章执笔及参与大纲制定、文稿讨论以及在全书编撰过程中所做的大量工作。

在本书编写过程中，承蒙中国科学院南海海洋研究所原所长陈清潮研究员、台湾海洋大学何平合教授、台湾中山大学罗文增教授，以及日本国广岛大学上真一（S. Uye）教授、日本国中央水产研究所主任研究官丰川雅哉（T. Masaya）博士和阿嘉岛临海海洋研究室（Akagima marine sience Laboratory）主任大森信（M. Omori）博士等提供参考资料。中国科学院青岛海洋研究所原所长刘瑞玉资深院士为本书作序。本书获得李尚大集美大学学科建设基金资助。作者谨此一并表示衷心感谢。

由于作者水平有限，资料收集还不够全面，本书难免有错误和疏漏之处，尚望读者不吝予以指正。

2013 年 8 月于集美大学

# 绪 论

钵水母（Scyphomedusae）——这个名词多数人一定感到陌生，然而，对海蜇或鲊则可谓家喻户晓。海蜇是钵水母这个"家族"的成员之一。这个"家族"全部生活在海洋里，除了极少数成员终生营附着生活之外，绝大多数营浮游生活，其个体较大，肉眼可见，人们统称它们为水母、海蜇或鲊。外国人也称它们为水母（medusae）或果冻鱼（jellyfish）。

2002年2月，哈加当（Hagadorn J. W.）、多特（Dott R. H.）和达姆罗（Damro W. D.）三位科学家报道，在美国威斯康星州（Wisconsin）中部莫西尼村（Mosinee）克拉考斯基（Krakowski）采石场发现一个寒武纪时期大规模的水母化石群。这个采石场在寒武纪时期曾是一处热带浅海岸带，这些当时被搁浅埋在波纹沙层中的水母化石，其伞部直径约达0.61m，经研究与现存于世的钵水母十分相似。在此之前，早有报道在澳大利亚南部的一处采石场，也是在寒武纪晚期岩石层中发现过许多动物化石，被称为厄底喀拉区系（Ediacaran fauna），在这些动物化石中能清晰鉴定出两胚层腔肠（刺胞）动物门的水母类。2007年在美国犹他州（Utah）发现一块更为完整的水母化石，它的生殖腺、肌纤维结构和完整的触手清晰可见，其基本形态与现存于世的水母并没有太多差异。

化石的发现证实水母在生物进化过程中，是一类极其古老而低等的两胚层浮游腔肠（刺胞）动物。它们远在人类出现之前就已漂浮在距今5.7亿年前寒武纪的海洋里。虽然人类已知水母类存在已有几千年历史，但是对这类有许多组织、器官、系统尚未形成，机体呈凝胶状、十分脆弱的低等动物，在生物漫长的进化过程中如何经受地球几亿年无数次气候剧变，冰川、地震、火山爆发等沧海桑田变化，一再躲过劫难，安然存活、繁衍至今，成为五彩缤纷、千姿百态的海洋生物多样性的组成部分，以及它们在海洋生态系统中的地位、作用和对人类的深层影响仍然知之甚少。

我国是世界上最早开发利用钵水母资源的国家。早在晋代，张华（公元

232—300)的《博物志》就记有海蜇,并提到先民食用至今已有1700多年的历史。在我国历代古书籍,尤其是沿海地区的地方志中,也可以查阅到古代许多博物学家、医药学家对海蜇的形态特征、生态习性、渔业捕捞、加工和药用研究的大量珍贵文献。

近代,我国对钵水母类的全面研究却迟至20世纪50年代。半个多世纪以来,我国对钵水母的研究在以下几个方面取得了一定成绩。

## 一、分类及区系的研究

生物分类学是人类认识并了解自然界物种的手段,是研究生物各分支学科的基础。1920—1940年这20年间,是我国近代生物学家对海洋生物物种多样性进行调查研究的初始时期,但由于日本军国主义发动侵华战争,1937年抗日战争全面爆发而被迫中断。此前对钵水母类的调查研究主要有伍献文(1927)、涂呈驹(1931)、张玺(1931)、林绍文(1931,1939)、金德祥(1936)等少数老一辈海洋生物学家以及历史上几位外国学者,如 Haeckel,E.(1880);Vanhöffen,F.(1888);Mayer,A. E.(1917);Light,S. F.(1924);Stiasny,G.(1933);Maadan(1933)等。他们曾经对我国海域钵水母类及其分布进行过调查研究,发现平罩水母 *Linuche draco*(Haeckel,1880)、黄斑海蜇 *Rhopilema hispidum*(Vanhöffen,1888)和陈嘉庚水母 *Acromitus tankahkeei*(Light,1924)等3个新种和10多种我国海域新记录,为我国钵水母类的研究做出开创性贡献。

新中国成立以后至20世纪末,我国学者对钵水母类分类及区系的研究仍然不多,这与钵水母类标本采获的难度有关。主要研究学者有吴宝玲(1955)、周太玄、黄明显(1956,1957)、许振祖、金德祥(1962)、洪惠馨(1965)、尹佐芬、李偖(1977)、洪惠馨、张士美、王景池(1978)、许振祖、张金标(1978)、洪惠馨、张士美(1982)、洪惠馨、林利民、张士美(1985)、洪惠馨、张士美(1989)等,以上研究共记录我国海域钵水母类28种,其中9种为新记录。

2002年高尚武、洪惠馨、张士美编著的《中国动物志》无脊椎动物第27卷(水螅虫纲、钵水母纲)出版,其中记录钵水母类有35种,系统叙述每种的形态特征、生活习性、采集地点和地理分布等,为全面研究我国海域钵水母类提供了一部十分重要的基础资料。

21世纪以来,洪惠馨、林利民、李长玲(2009)报道中国海域钵水母类的4种新记录;2010年洪惠馨、林利民发表"中国海域钵水母区系的研究",该文首次记述迄今分布于我国海域的45种钵水母（约占全球已记录的钵水母总数的20%），并对这些种类的生态类群、地理分布、区系特点以及与邻近海域相比较，进一步补充丰富了《中国动物志》无脊椎动物第27卷的内容。

## 二、海蜇渔业的研究

海蜇（*Rhopilema esculentum*）是一种暖水性河口近岸大型钵水母，盛产于我国自渤海、黄海、东海至南海西北部近岸海域，是我国海域本地种（Indigenous species），也是食用钵水母类优势种（dominant species）。海蜇产品（腌干制品）不仅是我国人民所喜爱的食品，而且出口历史已很悠久。据日本文献记载，古代日本人曾将此物作为贡品，至今仍深受市场青睐。海蜇已成为我国得天独厚的传统特种渔业和独具风味的中华鱼食文化而盛誉全球。

我国学者对海蜇生态和渔业生物学做了不少研究工作。20世纪70年代以前，海蜇资源十分丰富，由于汛期集群分布在近岸水域，捕捞、加工容易，成本低廉，仍然为沿海主要产区"半农半渔"农户家庭式自产自销的传统生产方式。因此历史上缺乏完整的海蜇产量统计资料。此后，随着渔业生产体制的改变，特别是对外贸易的发展，海蜇皮外销（主要出口日本）需求量猛增，成为我国出口创汇的主要海产品之一，并引起了相关部门的重视。同时，也促进了沿海海蜇主要产区的水产研究单位的科技工作者对本海区海蜇资源及其资源量大幅度波动原因进行调研，如浙江最高年产量（腌干制品，以下同）达34 855 t（1966年），最低年产量仅790 t（1979年）；福建最高年产量达12 617 t（1960年），最低年产量仅71 t（1978年）。遗憾的是其研究结果在当时社会背景下被作为"内部资料"束之高阁，未能发挥应有的作用。

20世纪80年代以前，海蜇资源仍然十分丰富，1960—1979年，全国平均年产量为2.5万t，丰产年超过3万t。此外，有许多海区如辽东湾具有丰富资源，生产潜力较大，但因历史上没有生产习惯，资源尚未得到充分利用。1978年洪惠馨、张士美、王景池编著的《海蜇》一书出版，该书首次全面介绍我国海蜇渔业的种类、形态特征、生态习性等生物学特性并着重介绍沿海各主要产区的海蜇渔业（渔场、渔期、渔具、渔法等）和影响海蜇汛期的环境因子以及加工工艺和利用等，为进一步推广、开发利用海蜇资源以及对海蜇生物学的深入研究提供了重要的基础资料。

80年代以后，海蜇资源开始全面衰退。1981年，丁耕芜、陈介康发表"海蜇生活史"一文，揭示了海蜇生活史各发育阶段的生物学特征，为发展海蜇人工增养殖研究奠定基础。黄鸣夏、孙忠、王永顺（1992）的"海蜇人工授精研究"获得成功，使海蜇全人工生产性育苗成为可能。在此基础上，辽宁、浙江、山东、河北和福建等主要海蜇产区的许多学者以各种理化环境因子对海蜇各个生长、发育阶段的影响做了许多实验生态研究以及生产性育苗技术和多种养殖模式的大量研究。20世纪末海蜇人工养殖和增殖放流在辽宁、山东、江苏、福建及浙江等省个别海区初步获得成功，取得了一定的经济效益。

### 三、有毒和药用的研究

我国对有毒和药用海洋生物的认识和利用同样有着悠久历史。《山海经》（公元前4世纪）记有"鲔鱼（即河豚）食之杀人"；《黄帝内经》（公元前3世纪），就有以乌贼骨作丸饮、以鲍鱼汁治疗血枯的记载。最早以海蜇作为药用见于唐代陈藏器《本草拾遗》记有"疗河鱼之疾"，随后历代的《本草》以及医药专著都有记述，如1596年李时珍的《本草纲目》，至今也已有400多年的历史。现代国际上对药用海洋生物的研究始于20世纪60年代，我国则迟至80年代才开始，落后于其他国家20年。

目前已知全球钵水母类有200多种（Kramp，1961），其中已报道有毒种类约有30多种（Baslow，1977）。我国海域已记录的钵水母有45种（洪惠馨、林利民，2010），其中已报道有毒种类14种（秦士德等，1992），已知其活性物质具有药效的6种（宋杰军、毛庆武，1996）。

1977年海军后勤卫生部等编著的《中国药用海洋生物》、1978年中国科学院南海海洋研究所出版的《南海海洋药用生物》以及由《中国药用动物志》协作组编写的《中国药用动物志》第一册（1979）、第二册（1983）等几部主要专著都记有2种钵水母（海蜇和黄斑海蜇）的药用价值。1992年秦士德等编著的《大海里的小凶手》一书，简明阐述了我国沿海有毒刺胞动物（其中钵水母有14种）的种类、生物学特性、刺胞结构、螫伤表现、刺胞皮炎的发病特点及防治措施；1999年张奕强、许实波的"水母的化学和药理学研究概况"，2003年于华华等的"水母毒素的研究现况"和2007年肖良、张黎明的"水母毒素的研究进展"等3篇综述文章，为我国有毒和药用钵水母类的后续研究工作提供了重要的基础资料。

21世纪以来，我国学者开始应用高新科技手段提取有毒钵水母类毒素及活性物质的研究。如"海蜇毒素的提取及活性测定"（蔡学新等，2008），"白色霞水母（*Cyanea nozakii*）蛋白抗氧化活性的初步研究"（李翠萍等，2008），"发状霞水母（*Cyanea capillata*）毒素溶血活性研究"（贾晓明等，2008），"水母毒素蛋白凝聚现象的初步研究"（于华华等，2005）；又如"钵水母毒素分子标记的研究"（苏秀榕等，2006）以及对毒素提取物、活性物质的药用研究，如"海蜇糖胺聚糖提取、纯化及其降血脂作用的研究"（金晓石等，2007），"霞水母胶原治疗大鼠佐剂型关节炎的研究"（张文涛等，2008），等等。

总体来说，我国学者应用高新科技手段进行海洋生物活性物质的分离、纯化作为新药源研发虽然起步较晚，但已取得很大进展。由于水母体内活性物质含量低微，且不耐热、易氧化，蛋白之间相互聚集以及易与介质结合等特性，增加了分离、纯化的技术难度，特别是由于钵水母资源波动性极大（药源不稳定性）等因素的影响，对钵水母类在生物活性及中毒机理等方面的研究滞后于其他有毒海洋生物毒素的研究。

**四、大型水母旺发的研究**

20世纪90年代以来，世界各国媒体连续不断报道在世界许多国家的局部海区出现某些水母旺发（jellyfish blooms）泛滥成灾，对该海域渔业、临海工业、海洋运输和旅游业等造成巨大经济损失，对涉海人员人身安全构成威胁，成为社会公害而引起各沿海国家政府和科学工作者的高度关注。

21世纪以来，连续多年从日本海沿岸至北太平洋沿岸出现野村水母（*Nemopilema nomurai*）旺发，对日本海洋捕捞渔业造成很大危害，2004年仅日本青森地区，年渔业受灾损失总金额超过23亿日元。为此，2004年由日本发起，中国、日本、韩国三国研究人员组成了"大型水母国际工作室"（Jellyfish International Workshop），共同对以野村水母为主的大型水母生物学、漂游特性、旺发成因和预测技术、应对措施以及有效利用其资源等问题进行研讨。我国由中国水产科学院东海水产研究所、辽宁省海洋水产研究院、浙江省海洋研究所等相关海区的研究人员参与，至今已召开了7届研讨会，大家各抒所见，发表了不少研究报告。

"旺"含有数量增多之意。"旺发"是"衰退"的反义词，都是渔业上常用语，泛指某种渔业种类在其分布海区汛期种群数量与往年同比明显剧增或衰减的自然现象。这种现象无论是大型钵水母还是小型水螅水母都常有发生。某种水母群体在特定分布区出现高度聚集，表面上形成旺发现象，其实质有真旺发和假旺发两种。

从水母生物学特性和种群结构的基本特征分析，旺发现象是水母空间斑块（成群）分布类型的表现形式，其种群全部由同一世代的补充量组成，又受风向、风力的影响，在海流的裹挟下，随波逐流被动聚集，因此难以区分真假旺发实质，也没有"量化"的标准。

作者根据对我国海域钵水母类种类组成、生物学特性和区系特点的研究，认为我国并非水母高发区，也未发现大型水母外来入侵物种；虽然某些大型优势种群有的年份在局部海区出现旺发，但尚属该种群数量正常变动的自然现象。至于成因，作者认为是该类动物在生命周期中存在着基因传递"接力式"世代交替，相互依存、相互制约、缺一不可的因果关系，指出该类动物在无性世代的生存和繁衍结果，是决定翌年有性世代（水母）种群数量多寡变动的成因。然而，自然环境条件对无性世代的影响，目前人们知之甚少，它是揭开水母种群数量变动的核心问题。

纵观国内外学者对水母旺发成因的研究，恰恰忽视了这种因果关系，几乎都孤立地局限于自然环境中各种因子对水母世代数量变动的影响进行探讨，忽视了无性世代与有性世代存在因果关系的研究，从而使研究走入误区，其研究结果未能阐明水母旺发的真正原因。

海蜇是大自然的恩赐，让它们在中国这片最适宜生存和繁衍的广袤海域安家落户并与其他海洋生物相互依存、相互制约，共同维持在动态平衡环境中和睦相处、生生息息，成为土生土长的中国本地药食兼用的钵水母类优势物种，几千年来直接或间接为我国民众提供了无可估量的物质财富。

20世纪70年代以前，海蜇腌制品成为我国独特出口创汇的海产品并垄断国际市场。然而，在60年代初，我国为了帮助越南发展海洋经济，选派海蜇主要产区最有生产经验的浙江渔民和技术员前往指导开发大型食用水母，将祖传1 700多年的腌制加工绝招无私传授给对方，从而技术泄密外流并扩散到东南亚诸国，促进开发利用了当地食用钵水母资源，其腌制品虽然无法与我国正宗海蜇皮相媲美，但价格低廉，冲击了国际市场，使我国逐渐失去国际市场的优势。80年代，我国处于改革开放初始阶段，在发展海洋经济的过程中，只顾眼前利益，以牺牲环境为代价，无序、无度、违背科学大面积围海造地以及发展海水养殖业，人为毁坏了海蜇无性世代栖息繁衍的家园，"皮之不存，毛将焉附"？随着沿海工业化、城市化的大规模发展，人口剧增，陆源污水排放量倍增，沿海水域环境日益恶化，无异于给幼蜇下毒。这些都是导致海蜇资源全面衰败的根本原因。

我国虽然是世界上最早开发利用钵水母资源的国家，但是从我国海域钵水母种类组成和区系特点的研究表明，我国海域钵水母物种并不丰富，具有开发利用价值的大种群更是寥寥无几，屈指可数。历史上具有潜在开发利用价值的大种群仅有海蜇、黄斑海蜇、叶腕水母、拟叶腕水母、野村水母、白色霞水母和海月水母 7 种。这些种类中，白色霞水母和海月水母资源是否有开发利用价值尚待研究，其他 5 种都是组成海蜇渔业主捕或兼捕的对象。现在面对海蜇渔业资源衰败，钵水母资源开发利用前景不容乐观。为此，作者提出以下建议。

**1. 加强我国海域钵水母类资源的调查研究**

生物资源调查是联合国《生物多样性公约》重要组成内容，我国政府为履约制定了《中国生物多样性保护行动计划》，有条件和有能力的单位和个人都应予以支持，积极参与实施。我国海域辽阔，南北跨越 37 个纬度，涵盖温带、亚热带和热带 3 个气候带，是世界上海洋生物多样性特别丰富的国家之一。可以肯定，分布于我国海域钵水母的种数远远不止目前已记录的 45 种。这与钵水母生物学特性有关，水母型世代出现的时间短、个体一般较大型、游动能力较强，使用常规浮游生物采集网难以采获，被渔捞网具捕获的个体大多数受到其他渔获物挤压而破损，给取样和鉴定工作带来困难，影响调查工作的开展。为了做好这项工作，必须设计专用采集网具，改进取样方法和调整调查时期，扩大调查范围的深度和广度。

**2. 加强对水母类在海洋生态系统中作用及其对人类社会产生影响的研究**

水母类在海洋生态系统结构转换（regime shift）中，对维持生物多样性和生态系统平衡起着十分重要和不可替代的作用。

水母与人类社会存在着直接或间接的相互关系，这种关系具有双重性。一方面，它们对人类社会潜在深层的影响还有待于进一步研究予以揭示；另一方面，人类活动对水母生存和繁衍的影响。这些问题已成为当代世界海洋生物及生态学家高度关注的研究热点。这方面的研究我国才刚刚起步，必须予以高度重视，加大研究力度。

**3. 建立海蜇、黄斑海蜇保护区**

海蜇、黄斑海蜇的生命周期短，仅有一年，其捕捞群体全部由同一世代的补充量组成，故其资源容易遭到破坏，也极容易得到恢复。为此，建议根据这两种海蜇无性世代对生境条件的需求，在沿海主要产区选择建立若干个无性世代繁育特别保护区，进行近岸海域生态修复研究，为其重建"家园"。这是拯救这些遭受人为灾害、濒临灭绝物种当务之急的核心课题。

**4. 继续深入开展人工增养殖的研究**

海蜇和黄斑海蜇为药食兼用的优质种类，面对资源衰退，应大力开展人工养殖研究，实现大面积、产业化生产；继续开展海蜇增殖放流，复苏海区自然资源，发展海蜇渔业，是扩大、稳定药食来源的重要手段和途径。

**5. 综合开发利用现有钵水母资源**

如何有效利用野村水母、白色霞水母和海月水母等这些水母资源，使其变害为利，很有加快研究的必要和价值。研发的构思不应只停留在传统腌渍加工，应拓展医药用品、养生保健食品、美容护肤化妆品以及其他工业制品等领域，充分综合利用资源。

# Introduction

China is the first country to develops and utilize, the Scyphomedusae (Rhizostoma: *Rhoplilema esculentum*) resources all around the world. As early as in Jin Dynasty (A. D 232 – 300), Zhang Hua mentioned on "Natural History" that our ancestors had been eating jellyfish from 1 700 years ago. We can also access to a large number of precious literature about jellyfish morphological characteristics, habits, fishing, processing and medical research in ancient literature.

China began to comprehensive research the Jellyfish at the 1950s. Over half a century, China has made some achievements in Scyphomedusae research.

**The research of Taxonomy and Fauna**

In the 20 years from 1920—1940, the Chinese modern biologists, such as Wu Xianwen (1927), Tu Chengju (1931), Zhang Xi (1931), Lin Shaowen (1931, 1939), Jin dexiang (1936) and several foreign scholars in history, such as Haeckel, E., (1880); Vanhöffen, F., (1888); Mayer, AE, (1917); Light, SF, (1924); Stiasny, G., (1933); Maadan, (1933), researched China Sea Scyphomedusae and its distribution. Their works made groundbreaking contributions to the Chinese Scyphomedusae taxonomy research.

In 1950—1999, Chinese scholars' research of Scyphomedusae taxonomy was still not progressing. There have been recorded 28 species of China Sea Scyphomedusae, including 9 species of new records.

In 2002, Gao Shangwu, Hong Huixin, Zhang Shimei compiled of

FAUNA SINICA invertebrate Vol. 27 ( Class Hydroza, Class Scyphomedusae) publication, which total records 35 species. This publication also described the morphological characteristics of the each species system, habits, locality and geographic distribution, etc. It laid the foundation of China Sea Scyphomedusae and provided very useful data.

In 2010, Hong Huixin and Lin Limin published "Study on the Fauna of the Scyphomedusae in the China Sea". The article described the 45 species of Scyphomedusae (about 20% of total Scyphomedusae recorded worldwide) so far distributed in Chinese waters. It is a good supplemented of FAUNA SINICA invertebrates Vol. 27 content.

**The research of Jellyfish fisheries**

Hai Zhe (*Rhopilema esculentum* kishinouye) is not only the China Sea native species, but also the dominant species. Jellyfish fisheries became the China's unique fisheries and were famous for traditional specialty fish food culture.

Jellyfish resources had been still very rich by the 1980s. In 1960—1979, the national average annual production was 2.5 million tons annual yield and more than 3.0 million tons in high-yield years. In 1978, Hong Huixin, Zhang Shimei, Wang Jingchi compiled publication of "Hai Zhe". This publication comprehensively introduced China jellyfish fishery species, morphological characteristics, ecological habits and other biological characteristics, highlighting the major coastal areas of the jellyfish fishery (fishing grounds, fishing season, fishing gear, fishing methods, etc. ) and environmental factors affecting jellyfish flood. It is a good reference which further promotes the use of jellyfish resources and biology jellyfish research.

However, Jellyfish resources declined severely after 1980s. In 1981, Ding Gengwu, Chen Jiekang published "The life history of *Rhopilema esculentum* kishinouye", which reveal the characteristics of each developmental stage in

*R. esculeutum* biological life history. Huang mingxia, Sun Zhong, Wang yongshun (1992) published "A study on Artificial Fertilization of Jellyfish", which made the artificial breeding jellyfish possible. In the last century, the Jellyfish proliferation and farming succeed in Liaoning, Jiangsu, Fujian and Zhejiang individual sea.

### Research of poisonous and medical use

In China, people recognize the poisonous and medical use of marine organisms for a long history. Chen Zhangqi first used jellyfish as a medicinal in "Supplement to Materia Medica" in Tang dynasty. However, modern China began studies of medicinal marine biological at 1980s, following the international research trends about 20 years.

In this century, Chinese scholars began to use high – tech methods to isolated and purified marine bioactive substance. Unfortunately, the active substances in Jellyfish are not heat – resistant and can easily be oxidized. Also, these substances may cause aggregation and sedimentation by interacting with other media. These factors increase difficulty in separation and purification, especially because of the great volatility of Scyphomedusae resources (instability of medicine source). Therefore, the Scyphomedusae poisoning mechanism in biological activity lags behind other toxic marine biotoxin research.

### Research of Large jellyfish blooms

Since the 1990s, jellyfish or alien species bloomed in many coastal countries. This phenomenon became social nuisance and caused great concern.

According to Scyphomedusae composition, biological characteristics and fauna in characteristics the China Seas, we believe that China is not the high incidence of jellyfish. There was also no large invasive alien species jellyfish. Although some large dominant populations bloomed in local waters, we still consider it belongs to normal range of population fluctuation.

As for the causes, we believe that gene delivery "relay-style" alternation of generations change exists in Jellyfish Species life cycle. Existence and reproduction in asexual generations (polyp) decides sexual generation (medusa) amount changing in next year. However, there is no clear statement whether natural environmental conditions will impact the asexual generations. What is the factor of regulating hydrula in asexual generations? Which conditions will make hydrula enter dormant? What is the factor to activate hydrula dormant? It is the core issues of changes in jellyfish populations. The researches about jellyfish blooms almost confined to the natural environment factors which can effect changes of jellyfish generations. However, these researches ignored the relationship between asexual generations and sexual generation. Their results failed to illustrate the exactly reason of jellyfish blooms.

China is the first country to exploit Scyphomedusae resource. However, China is not rich in Scyphomedusae species. There are few species value to be developed. Owing to the decline of fisheries resources, it is difficult to develop and utilize Scyphomedusae resources. Therefore, we propose the following suggestion.

**1. Strengthen the research of the China Sea Scyphomedusae resources**

It is certain that there are more than 45 species of the Scyphomedusae distributed in China Sea. Scyphomedusae have characteristics that their type generation appearing a short time, having huge size and good swimming ability. Therefore, it is difficult to capture Scyphomedusae by using conventional harvesting plankton net. The captured individuals squeezed by other catches, which impact sampling and identification work. In order to overcome this problem, we should design special collection nets to improve sampling methods and adjust survey period. Meanwhile, we should expand the depth and breadth of the investigation.

## 2. Strengthen the status of jellyfish in the marine ecosystem and discuss its impact on human society

There is a close relationship between Jellyfish and human society. The effect of Jellyfish on human society still requires further research. On the other hand, Human activities affect jellyfish survival and reproduction. Therefore, these issues have become worldwide problem and aroused general concern. However, China is just beginning to research in this field. China should attach great importance to increase research efforts.

## 3. Establishment of Rhopilema esculentum and R. hispidum protected areas

The life cycle of Jellyfish is only a year. All of its fishing are composed by the same amount of supplemental communities generations. The resources is easily damaged and restored. Therefore, we propose to create several generations of asexual breeding protected areas in coastal areas. Also, we should make our efforts to research on ecological restoration for coastal waters.

## 4. Intensive researches on artificial breeding and proliferation

*Rhopilema esculentum* and *R. hispidum* are both type of food and medicine. With the exhaustion of resources, China should vigorously carry out the artificial breeding research and achieve large area industrial production. Meanwhile, China should continue to carry out the proliferation of releasing jellyfish and recovery of sea natural resources. Developing the jellyfish fisheries can also expand source of food and medicine.

## 5. Comprehensive development and utilization of Jellyfish resources

It is necessary to research how to effectively use *Nemopilema nomurai*, *Cyanea nozakii* and *Aurelia aurita* resources. The development should not only stay in traditional pickling process, but also expand the jellyfish resources in other application such as medical supplies, health food, skin cosmetics, and other industrial products.

# Summary of Chapter

**Chapter 1. The Morphology and Structure of Scyphomedusae**

In this chapter, the system, figure types, histological and morphological structure of the Scyphomedusae were introduced form the view of animal comparative morphology in detail. A lot of figures were also attached to help readers understanding the Scyphomedusae.

**Chapter 2. The taxonomy of Scyphomedusae**

In this chapter, we have added 11 new records species of China Sea Scyphomedusae based on the taxonomy of the "Synopsis of the Medasae of the world" (Kramp P. L., 1961) and the "Fauna Sinica" Invertebrata Vol. 27 Phylumcnidaria class Scyphomedusae (Hong Huixin & Zhang Shimei, 2002).

So far, there are 45 species of Scyphomedusae in China Seas. It is about 20% of the total number of Scyphomedusae of the world. They belong to 5 orders, 18 families and 28 genuses.

The figures of Taxonomical system attached in this chapter showed the descriptions of their morphological characters, living behavior, collecting areas and geographical distribution of each species. We also listed the identification key containing the order, family and genus for the convenience of readers.

**Chapter 3. The Fauna of Scyphomedusae of China Seas**

There were 45 species of Scyphomedusae have been collected in China Sea by far. Of these, 7 species were identified belonging to Stauromedusae, 3 to

Cubomdusae, 7 to Coronatae, 8 to Semaeostomeae and 20 to Rhizostomeae, respectively. The distributions of Scyphomedusae in different part of China Sea are listed as follows: 4 species occurred in the Bohai Sea, 12 in the Yellow Sea, 29 in the East Sea and 25 in the South Sea, respectively. The result suggests that the numbers of species along the coast of China decreases with the increase of latitudes. *Cyanea nozakii*, *Rhopilema esculentum*, *Rhopilema hispidum*, *Nemopilema nomural*, *Aurelia aurita* were the dominant macro – jellyfish species in the coast of China. *Nemopilema nomurai* mainly distributes over the coasts of Bohai Sea and Yellow Sea, and *Rhopilema hispidum* distributes over the coasts of south part of East China Sea and north part of South China Sea. It could be divided into six ecological groups according to the ecological characteristics of the Scyphomedusae fauna in China Sea. It could be divided into six ecological groups according to the ecological charecteristics of the Scyphomedusae fauna in the China Sea. The inshore warm – watergroups was the dominant in the China Sea. Based on the composition of ecological groups, Scyphomedusae in the South China Sea were similar to that of those in the Malayan and Philippines Sea belonging to the Indo – Malay fauna. Those in the East China Sea were similar to that of those in the Southern coast of Japan belonging to tropical – subtropical fauna. Those in the Yellow Sea and Bohai Sea were similar to that of those in the Northern coast of Japan belonging to the North Temperate Zone fauna. The geographical distribution of the Scyphomedusae corresponds to the characteristics of the coastal current and warm – water current in China Sea.

### Chapter 4. The Behavioral Characteristics of Scyphomedusae

The Scyphomedusae is one of the lower animals. It has multi cell and double germinal layer. Their body structure lacks of many special organs. Generally, they were lack of acquired behavior. Some innate behavior of Scyphomedusae can be arranged as follows: habitat; distribution; movement; migration; feeding - habit; defensive; reproduction; development; bioluminescence; regeneration; commensalism and parasitism. This chapter purposes to arouse Chinese scholars' curiosity about the Scyphomedusae research.

### Chapter 5. The fishery of Jellyfish (Scyphomedusae)

China is the first country to develop and utilize the Scyphomedusae (*Rhizostoma*: *Rhoplilema esculentum*) resources. Scyphomedusae distributed from Bohai Sea, Yellow Sea, East Sea to northwest of South Sea. Hai Zhe (*Rhopilema esculentum*) is not only the China Sea native species, but also the dominant species. Jellyfish fisheries became the China's unique fisheries and were famous for traditional specialty fish food culture.

In this chapter, we introduced some edible species of Scyphomedusae, which appeared in the coastal of China Seas. Then we described fishing ground, fishing season, fishing gear and fishing methods. This chapter also introduced the principles of jellyfish processing and traditional processing methods. Besides, the dominant species of jellyfish in coastal China Seas – *Rhopilema esculentum*, their resources status and characters and the elements influenced the *Rhopilema esculentum* resources were also described. Moreover, we reviewed the artificial breeding and the enhancement releasing of *Rhopilema esculentum* in Liaoning, Zhejiang, Jiangsu and Fujian provinces.

### Chapter 6. The Poisonous and Medicinal Use of Scyphomedusae

The chapter introduced 17 species of the poisonous and medical use of Scyphomedusae distributed in the China Seas. Their biological, distribution and characteristics were also described. Then this chapter summarized the toxin, toxicity, symptoms and preventive methods of the poisonous species. The shapes and properties for the pharmaceutical composition, the usage and measuring were also given. We hoped to combine biology and toxicology of the poisonous and medical use species, which will help readers to distinguish and take protection. The distribution of the poisonous and medical use species could further be used for protecting the source of the new medicaments.

## Chapter 7. The Disaster and Prevention of Jellyfish

Since the 1990s, jellyfish or alien species bloomed in many coastal countries. The jellyfish blooms may have influence on fisheries, maritime industries, maritime transport and tourism. This phenomenon became social nuisance and caused great concern.

According to Scyphomedusae composition, biological characteristics and fauna characteristics in the China Seas, we believe that China is not the high incidence of jellyfish. There was also no large invasive alien species jellyfish. Although some large dominant populations (*Rhopilema esculentum*、*R. hispidum*、*Cyanea nozakii*、*Aurelia aurita*、*Nemopilema nomurai*) bloomed in local waters, we still consider it belongs to normal range of population fluctuation. As for the causes, we believe that gene delivery "relay – style" alternation of generations change exists in Jellyfish Species life cycle. Existence and reproduction in asexual generations (polyp) decides sexual generation (medusa) amount changing in next year. However, there is no clear statement whether natural environmental conditions will impact the asexual generations. It is the core issues of changes in jellyfish populations.

This chapter mainly discussed the reason why jellyfish species bloomed in China Seas and provided suggestions for the prevention.

# 目　次

**第一章　钵水母类的形态与结构** ·············································· 1
　　第一节　水螅型的形态与结构 ·············································· 2
　　第二节　水母型的形态与结构 ·············································· 5

**第二章　钵水母的分类** ·················································· 19
　　第一节　分类系统 ···················································· 20
　　第二节　十字水母目 ·················································· 21
　　第三节　立方水母目 ·················································· 29
　　第四节　冠水母目 ···················································· 34
　　第五节　旗口水母目 ·················································· 42
　　第六节　根口水母目 ·················································· 52

**第三章　中国海域钵水母类区系** ·············································· 83
　　第一节　种类组成及其生态类群 ············································ 83
　　第二节　各海区区系特征 ················································ 90
　　第三节　中国海域钵水母类与邻近海域的比较 ······································ 92

**第四章　钵水母类的行为特性** ·············································· 96
　　第一节　钵水母的分布及其栖息地 ············································ 96
　　第二节　钵水母的迁移行为 ·············································· 99
　　第三节　钵水母的摄食与防御行为 ··········································· 109
　　第四节　钵水母的生殖与发育 ·············································· 114
　　第五节　钵水母的发光、共生、寄生和再生现象及其生物学意义 ·························· 125

## 第五章　钵水母渔业 ………………………………………………………… 132
### 第一节　捕捞渔业 ………………………………………………………… 132
### 第二节　海蜇人工增养殖技术 …………………………………………… 145
### 第三节　海蜇加工与利用 ………………………………………………… 157
### 第四节　发展钵水母渔业的对策与措施 ………………………………… 166

## 第六章　有毒和药用的钵水母 …………………………………………… 171
### 第一节　有毒的钵水母 …………………………………………………… 172
### 第二节　药用的钵水母 …………………………………………………… 181

## 第七章　水母类灾害与预防 ……………………………………………… 190
### 第一节　海洋生物灾害概述 ……………………………………………… 190
### 第二节　水母的危害 ……………………………………………………… 197
### 第三节　灾害的预防 ……………………………………………………… 213

# Contents

**Chapter 1. The morphology and structure of Scyphomedusae** ............ 1
  1.1 The morphology and structure of polyp ............ 2
  1.2 The morphology and structure of medusae ............ 5

**Chapter 2. The taxonomy of Scyphomedusae** ............ 19
  2.1 Systematization ............ 20
  2.2 Order Stauromedusae ............ 21
  2.3 Order Cubomedusae ............ 29
  2.4 Order Coronatae ............ 34
  2.5 Order Semaeostomeae ............ 42
  2.6 Order Rhizostomeae ............ 52

**Chapter 3. On the Fauna of Scyphomedusae of China Sea** ............ 83
  3.1 The list and ecological group ............ 83
  3.2 The Fauna characteristics of Scyphomedusae in different parts of China Sea ...... 90
  3.3 Comparison of the percentage of Scyphomedusae occurred in China Sea and adjacent sea area ............ 92

**Chapter 4. The Behavior Characteristics of Scyphomedusae** ............ 96
  4.1 The distribution and habitat of Scyphomedusae ............ 96
  4.2 The migration behavior of Scyphomedusae ............ 99
  4.3 The feeding and defensive behavior of Scyphomedusae ............ 109
  4.4 The reproduction and development of Scyphomedusae ............ 114
  4.5 The Phenomena of Luminescence, Symbiosis, Parasitism and Regeneration ...... 125

## Chapter 5. The fishery of Jellyfish (Scyphomedusae) ……………… 132
   5.1 The fishing of Jellyfish …………………………………………… 132
   5.2 The artificial culture and resource multiplication of Jellyfish ……… 145
   5.3 The processing and utilization of Jellyfish ………………………… 157
   5.4 Strategies and measures to develop Jellyfish fishery ……………… 166

## Chapter 6. The Poisonous and Medicinal Use of Scyphomedusae ……… 171
   6.1 The Poisonous Jellyfish (Scyphomedusae) ………………………… 172
   6.2 The medicinal use of Jellyfish ……………………………………… 181

## Chapter 7. The Disaster Prevention and Control of Jellyfish ………… 190
   7.1 The summary of marine biological disaster ………………………… 190
   7.2 The disaster of Jellyfish …………………………………………… 197
   7.3 The disaster prevention and control of Jellyfish …………………… 213

# 第一章
# 钵水母类的形态与结构

钵水母(Scyphomedusae)在动物分类上隶属于腔肠动物(刺胞动物 Cnidaria)门的一个纲的种类。

腔肠动物是一类低等的多细胞，两胚层动物，是在动物进化过程中后生动物(metazoa)的开始。从体制结构特征和功能特性而言，虽然与多孔动物(Porifera)比较，它们出现许多进化上较为高等的特征。例如，有了辐射对称的固定体型；出现真正的两胚层，在两胚层之间有由内、外胚层细胞分泌的中胶层有组织分化；由内、外胚层细胞围成的胚胎发育中的原肠腔(archenteron, gastrocoel)，具有可行使细胞内、外消化功能，而且兼有循环作用，故特称为"消化循环腔"(gastrovascular cavity)或称"腔肠"(coelenteron)。腔肠动物不仅有细胞的分化，而且开始分化出简单的组织和最原始的神经系统，所有的后生动物都经过这个阶段发展起来，在动物进化过程中占有重要位置。然而，腔肠动物仍然保留了一些进化过程中低等的特征，例如，有口而没有肛门，口为胚胎发育时的原口，既行使摄食功能，又有排泄功能，消化后的废弃物仍由口排出；这表明这类动物在进化上仍然停留在原肠胚(gastrula)阶段。

腔肠动物已有固定的体型，可分为营附着生活的水螅型(polyp)和营浮游生活的水母型(medusae)两种基本体型。水螅型个体呈圆筒形，适于固着生活，而水母型个体一般呈伞形，适于浮游生活，两者虽然形态不同，但它们的结构基本一致(图1-1)。如果把水螅型个体倒置，其基本形态与水母型的伞部相当，若沿中轴往下压，即变成水母型的伞部。但两者的外部形态和内部结构，

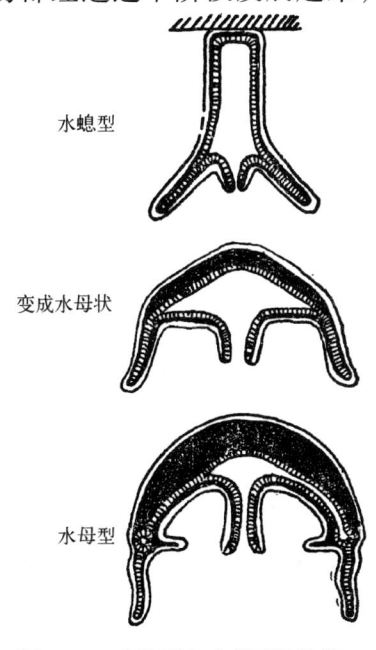

图1-1 水螅型与水母型的比较
(仿陈义)

在不同种类毕竟还有很多不同。绝大多数种类这两种体型通常出现在同一种的生活史中，成为两个不同世代——水螅型世代（无性世代）和水母型世代（有性世代）。这两个世代的相互交替是腔肠动物的一个重要特征。这类动物的另一特征是具有刺细胞，又称为刺胞动物。

钵水母纲的种类全部海产。除了十字水母目的种类水螅体发达、营固着生活方式以外，立方水母目、冠水母目、旗口水母目和根口水母目4个目的绝大多数种类其水螅体退化，仅在生活史中无性世代出现，而水母体发达，营浮游生活方式。

## 第一节 水螅型的形态与结构

### 一、外部形态

钵水母类水螅型世代的形态结构与水螅水母纲水螅体基本一致，故以水螅（*Hydra* sp.）为例进行描述。

水螅体呈圆筒形，附着的一端称为基盘（basal or pedal disk），在基盘底部表层有许多腺细胞分泌黏液附着于水底水草或其他物体上，与基盘相反向，朝上的另一端称为口端。口长在圆锥形突起部分称为垂唇（hypostome）的中央，平时口关闭呈星形，当掇食时口张开，由长在垂唇周围通常为5~10条呈辐射排列的触手（tentacle）将捕获的食物送入口中，触手能伸缩，表面长有许多小颗粒状的刺细胞，其主要功能为捕食，也可借助触手和身体的弯曲做尺蠖样运动产生位移。水螅体也能伸缩，当遇到刺激时，可立即将身体缩成一团，水螅个体很小，仅几毫米，多数无色透明。

### 二、内部结构

多细胞动物从腔肠动物开始已有组织分化。水螅型与水母型虽然两者的体形不同，生活方式也不一样，但是它们基本的内部结构却是一致的。

体壁结构都是由内、外两层细胞和夹在两层细胞之间的中胶层组成的。

外胚层：这层的细胞包括上皮肌细胞、腺细胞、感觉细胞、神经细胞、刺细胞和尚未分化的间细胞，其中以上皮细胞数目最多，主要为保护和感觉、掇食的功能。

中胶层：这是一层薄而透明为内、外胚层细胞分泌的胶状物质（在钵水母，其中胶层很厚，更富有弹性）。在中胶层中有很多小纤维，上皮肌细胞的突起延伸其中，富有弹性，对身体起支持作用。

内胚层：由内皮肌细胞、腺细胞和少数感觉细胞和间细胞组成的体内消化层。

体腔：腔肠动物身体为一空腔，即胚胎发育中的原肠腔（archenteron，gastrocoel）水螅型的体腔结构较为简单。该腔由口与外界相通，也与触手相通，具有细胞外和细胞内消化功能，兼有循环作用，食物从口进入，消化后的营养物质输送到身体各部分，残渣仍由口排出体外，故称为消化循环腔。

腔肠动物不仅有细胞分化，而且开始分化出简单的组织。水螅型其他分化的组织结构及其功能与水母型基本相同（图1-2）。

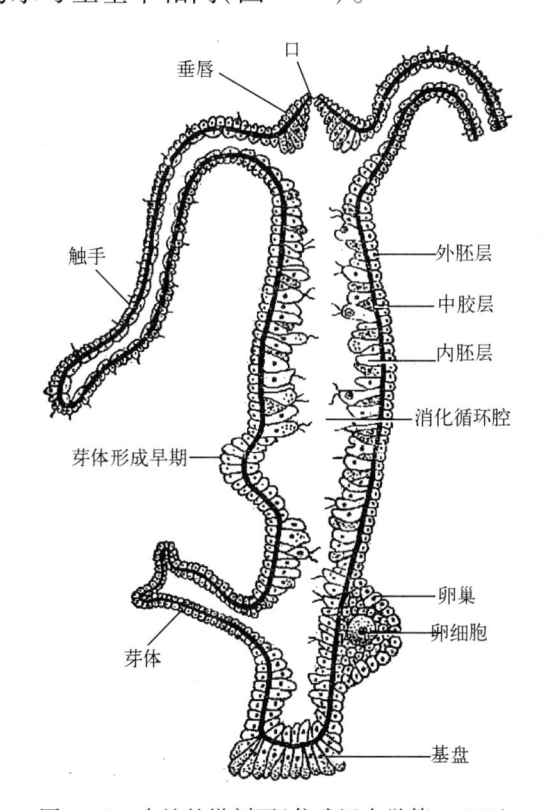

图1-2 水螅的纵剖面（仿武汉大学等，1978）

### 三、十字水母的形态与结构

十字水母目的种类属于水螅型水母，体形一般较小，仅几毫米或几厘米，形态似水螅，营固着生活，个体可分为钟形体（bell）或称萼部（calyx）和柄部

(peduncle)两部分。

**1. 钟形体(萼部)**

呈杯状或十字形，体表光滑，上面具有许多由刺细胞和腺细胞形成的白色斑点。钟形体边缘平滑，没有缘瓣。有的种类在钟形体主辐及间辐或仅在主辐位置边缘向内略为凹陷，使钟形体边缘呈8辐射形或4辐射形。多数种类沿主辐和间辐位置有首级触手，有些种类首级触手退化，变成肾状形或圆形的感觉器，称为锚(anchor)，或完全消失。感觉器能分泌黏液。在纵膈部位有8束次级触手，触手短、中空，末端为小圆球形，能分泌黏液以捕获食物。

口位于钟形体中央，口柄短，呈方形，大体维持蝶状幼体时的形态，口的周围有4个小口叶(口唇)。多数种类口柄基部间辐位各有1个漏斗管(infundibulum)。

中央胃腔位于口柄下面，在间辐位各有一列胃丝，胃腔沿着钟形体体壁向上扩展，各间辐位有膈膜将其分为4个腔，称为辐射囊(radial pouch)。

生殖腺位于各间辐两侧、排列成8行，多数为圆形或颗粒状。数量很多，少数种类呈皱褶状(图1-3)。

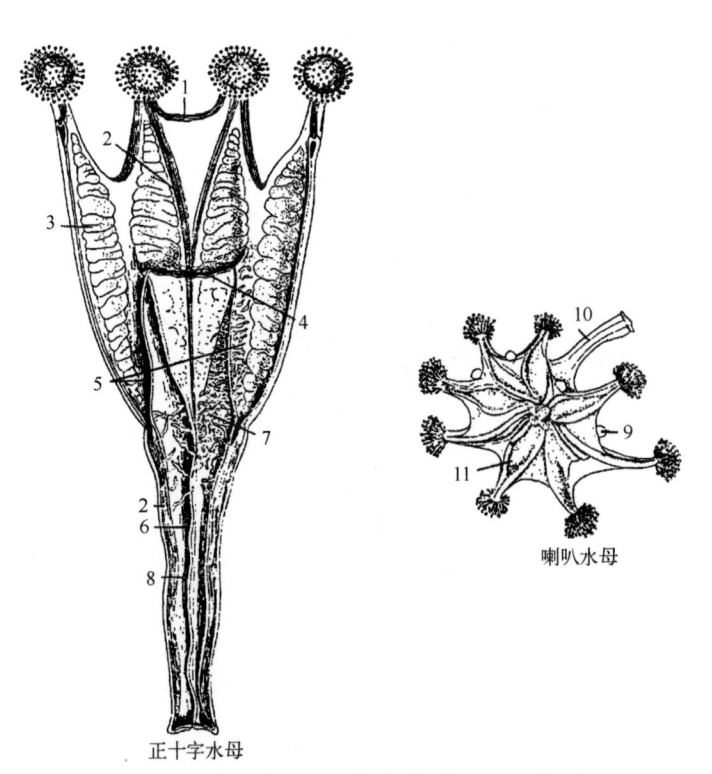

图1-3 十字水母形态结构(仿Hyman，1940)
1. 缘肌；2. 膈肌；3. 生殖腺；4. 垂管；5. 漏斗管；6. 隔片；
7. 胃丝；8. 胃管柄；9. 感觉器；10. 柄；11. 生殖腺

**2. 柄部**

钟形体反口面中央逐渐缩细延长,形成一柄部。柄部末端扩大形成圆盘状的基盘,基盘具有丰富的腺细胞,能分泌黏液,使柄部附着在其他物体上,如藻类的支条、岩石表面等。柄部内有1个中央腔,即中央胃腔。各主辐位也有1个腔,往上延伸与钟形体胃腔相通。多数种类柄部的间辐位各有1束纵肌,纵肌束在钟形体分为2叉,排列在辐隔膜的两侧(图1-4)。

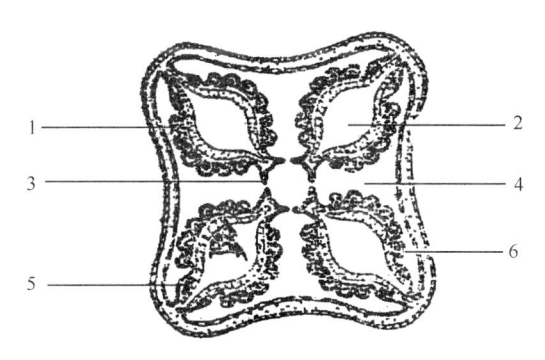

图1-4 钟形体横切(模式)(仿周太玄1957)
1. 刺细胞层;2. 漏斗管;3. 胃丝;4. 辐射腔;5. 辐射纵肌;6. 生殖腺

十字水母营固着生活方式。胶质少,体色较深,同一种也有不同体色,通常为褐色,赤褐色、绿色、白色和红色。大多数种类皆附着在港湾岩岸低潮线马尾藻(*Sargassum*)、石莼(*Ulva*)、海松(*Codium*)、绿藻(*Zostera*)和海带(*Laminaria*)等枝叶顶端部位较多。

## 第二节 水母型的形态与结构

### 一、水母型的外部形态

包括立方水母目、冠水母目、旗口水母目和根口水母目4个目的种类。其有性世代基本体形为水母型、营浮游生活方式,个体多数较大形,可分为伞部和口腕部两个部分。

#### (一)伞部(umbrella)

伞部的形状多样化,大多数呈碟形,或半球伞形,少数为扁盘形(如*Atolla*),立方形(如*Tamoya*),锥形(如*Periphylla*)等。伞径大小差别很大,最小6 mm

(如 *Atorella vanhöeffeni*),最大超过 200 cm(如 *Cyanea capillata*)。多数为 100～300 mm。外伞表面光滑或具刺胞疣,有的种类具尖锥形胶质突起(如 *Lobonema smithi*)。伞体部中胶层厚而坚实,中央部分尤为厚实,向伞缘逐渐减薄。伞部有多种体色,同一种也有不同体色,多数为无色透明、天蓝、淡黄、紫褐、咖啡等不同色泽。有些种类在外伞表面有乳白色、褐色、橘黄色小斑点,或橙黄色放射状条纹。

### 1. 缘瓣(marginal lappetes)

伞部边缘有许多缺刻,将伞缘分为若干小瓣,称为缘瓣。在缺刻内有感觉器或触手。因此,缘瓣分为两类,一类在两个缘瓣之间有感觉器的称为感觉缘瓣(rhopalar lappet),另一类在两个缘瓣之间有触手的称为触手缘瓣(tentacular lappet)。缘瓣的大小、形状和数目随着种类不同而异。在冠水母类(Coronatae),外伞中部有 1 条环沟称冠沟(coronal groove),由冠沟向伞缘分出若干条辐沟(radial furrow),将伞缘划分成若干的瓣,称为缘叶(pedalia),如 *Atolla*。

### 2. 感觉器(sense organ)

感觉器是由感觉窝(sensory pit)、感觉棍(rhopalium)或称触手囊(tentaculocyst)、平衡囊(statocyst)和眼点(ocellus)组成。在旗口水母目,缘感觉器官(marginal sense organ)包括 1 个棒状感觉棍,它是感觉管突出的小盲管(diverticulum)。感觉棍由感觉球和平衡囊组成,位于感觉凹内,两侧有缘瓣保护,上面还盖着 1 片笠(hood)。感觉棍基部表面有 1 小凹陷,称外伞感觉窝(exumbrella sensory pit);而感觉凹内两侧则称为内感觉窝(subumbrella sensory pit)。感觉棍末端的平衡囊为实心,堆积着由内胚层细胞分泌的三角形晶体,称作平衡石(statolith),其化学成分含有碳酸钙、草酸钙、硫酸钙和少量磷酸钙。感觉球具有丰富的神经细胞。在外伞侧面有外胚层眼点,而在内伞侧面则有内胚层眼点,这些眼点有感光作用(图 1-5)。在钵水母类除了立方水母有数个单眼,海月水母有简单的眼点之外,其他种类眼点都不发达。在根口水母目感觉凹的表面(即外伞表面)有的种类有放射肋如海蜇。感觉器的数目、着生位置以及感觉窝形状及感觉棍结构、平衡石、眼点的有无随种而异,也是钵水母纲主要的分类依据之一(彩图 1)。

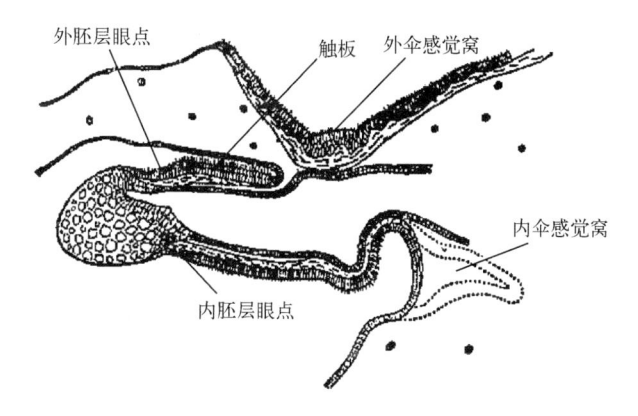

图 1-5 海月水母的缘感觉器官(纵切面)(仿 Russell，1970)

### 3. 触手(tentacle)

除了根口水母的种类没有缘触手外，在伞部边缘有成束或分散排列空心或实心触手，触手有很强的伸缩力，整条触手有刺胞和纵肌纤维。大多数触手从缘瓣之间伸出；有些种类(如 Aurelia)从伞缘的外伞表面伸出实心小触手；另有一些种类(如 Cyanea)的触手则从内伞伸出。触手的长短、数目因种而异，变化很大，少则 4 条，多则百条不等。

### 4. 生殖下腔(subgenital pits)

位于内伞口面间辐位置有 4 个呈肾形或马蹄形凹陷，称为生殖下腔。腔内有生殖腺，并有膜将腔与外界隔开。有的种类(如 Rhopilema)在每个生殖下腔开口处靠伞缘一侧，各有 1 个表面粗糙、中央略向内凹的瘤状突起，称为生殖乳突(subgenital papillae)(图 1-6，彩图 2)。

此外，在内伞表面有外胚层产生的环肌和辐肌，环肌由许多围绕胃腔作同心圆排列的环肌纤维组成，并隆起在内伞表层，呈覆瓦状(如 Rhopilema)；辐肌(放射肌)成束位于主辐和纵辐部形成十几条并行的隆起(如 Cyanea)。有些种类(如 Periphylla)还有三角肌(deltoid muscle)。

### (二)口腕部(oral arms, mouth arms)

口腕部为内伞中央生出来的下垂部分，包括口(胃)柄(相当水螅水母类的垂管 manubrium)、肩板、口腕以及附属器(物)等，以海蜇为例，即人们称为"海蜇头"的部分。

### 1. 口(胃)柄(peduncle)

即内伞腹面中央下垂呈粗大圆柱状的部分，其长短随种而异，末端中央

海蜇外形　　　　　　　　　　海蜇纵切面观（模式图）

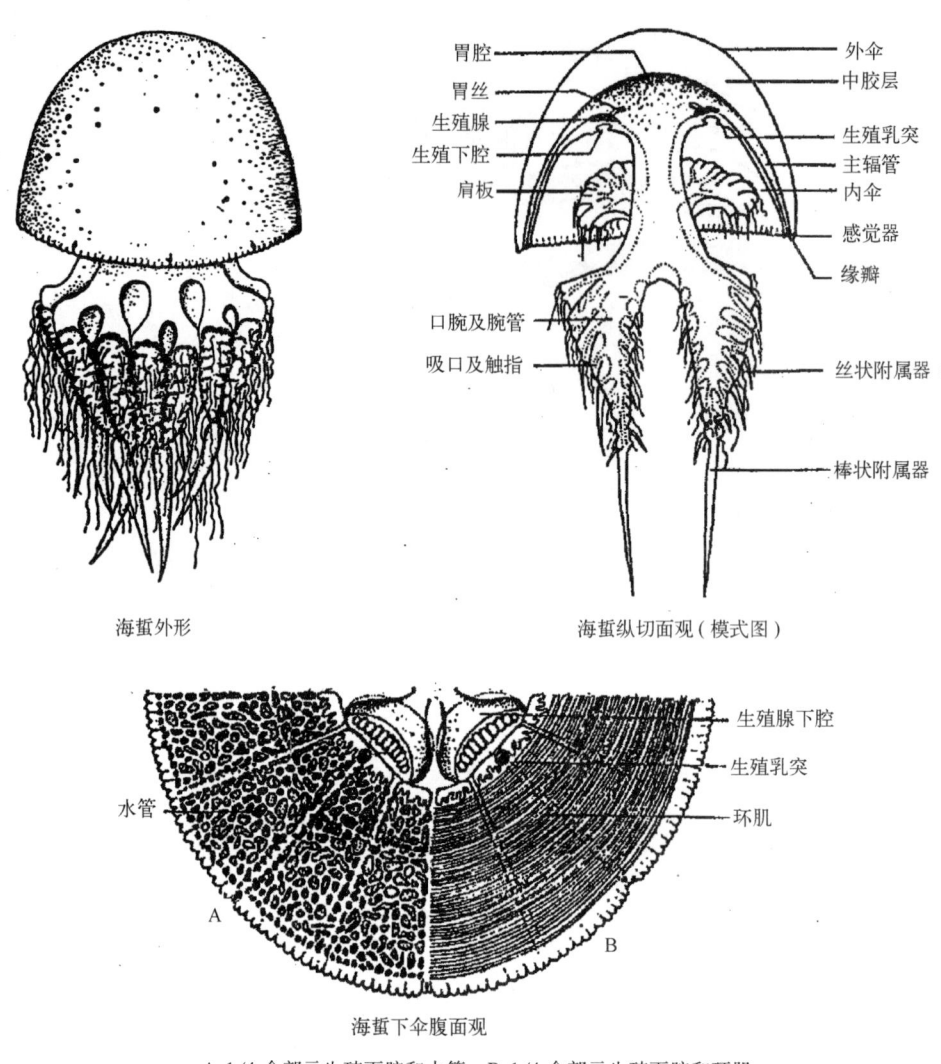

（图中标注：胃腔、胃丝、生殖腺、生殖下腔、肩板、口腕及腕管、吸口及触指、外伞、中胶层、生殖乳突、主辐管、内伞、感觉器、缘瓣、丝状附属器、棒状附属器）

海蜇下伞腹面观
（标注：水管、生殖腺下腔、生殖乳突、环肌）

A. 1/4 伞部示生殖下腔和水管；B. 1/4 伞部示生殖下腔和环肌

图 1-6　钵水母形态（一）（洪惠馨等，1978）

有"口"。

**2. 肩板（scapulet）**

有的种类（有肩板族 scapulatae）在口柄中段各从辐位置长出 1 对（共 8 对）左右侧扁的翼状物称为肩板。

**3. 口腕（mouth arms）及附属器**

在立方水母、冠水母的口柄末端口周围主辐位有 4 个简单的瓣状部分称为口唇（oral lip），但旗口水母这 4 个口唇发达，彼此分离、延长，边缘皱褶；而根口水母在其发育变态过程中 4 条口腕基部愈合，下端未愈合部分变成多种形态。愈合的种类其中央口消失，口腕边缘的皱褶处的许多小吸口营"口"的功能。

在口腕皱褶处小吸口的周围长有大小不等、形态各异的棒状、纺锤状、丝状、鞭状或指状附属器（物）。通常棒状附属器着生在口腕的末端。纺锤状附属器主要长在口腕下方两副翼和肩板上。丝状附属器着生在肩板外侧的两翼上（有150～180条）。鞭状附属器长在原口愈合点上。指状附属器遍布于肩板和口腕的各翼上。附属器一般较脆弱，容易脱落。海月水母口腕长度约与伞的半径等长，口腕边缘上长有许多累赘小的触手（图1-7）。附属器功能还不完全明了，一般认为有感觉的功能。附属器的有无、形状及数目、着生位置随种类而异，为种类分类的主要依据之一。

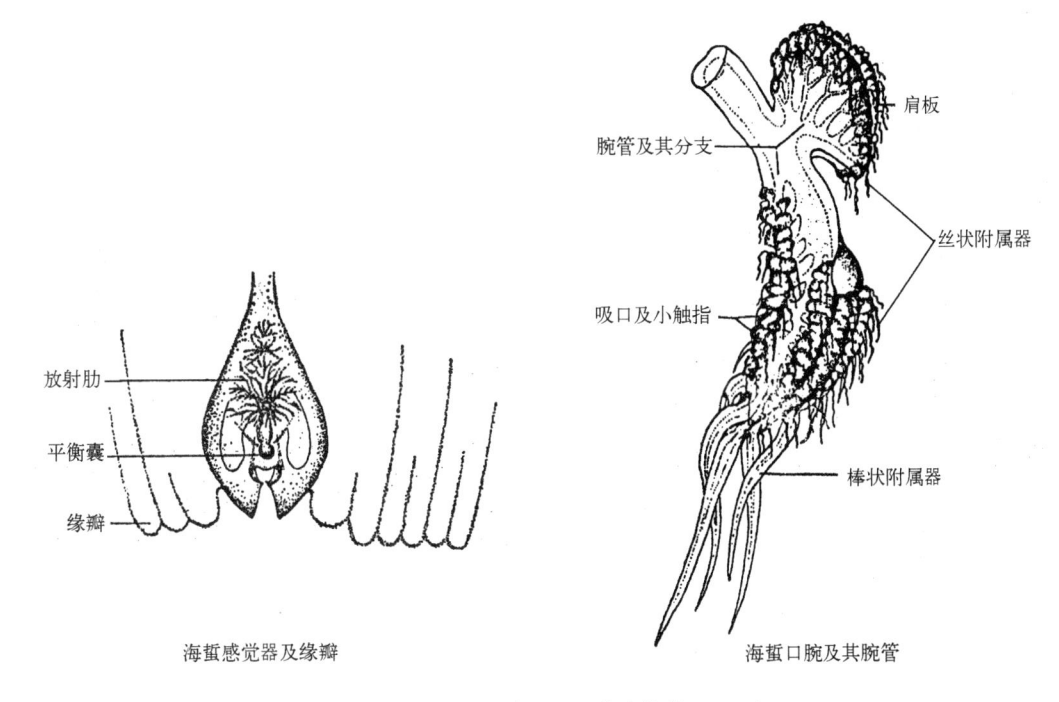

图1-7 钵水母形态（二）（洪惠馨等，1978）

## 二、水母型的内部结构

### （一）体壁的结构

水母型的体壁结构与水螅型基本一致。

**1. 外胚层**

外胚层（ectoderm）为形成体壁最外层，由上皮肌细胞、感觉细胞、神经细胞、刺细胞和间细胞组成。

上皮肌细胞（epithelio-muscle cell）：细胞体呈立方形，长柱形或扁平，其内缘常有纵列的丝状物称为肌丝，借其收缩，使身体或触手伸缩，但多数钵水母表皮细胞基部缺乏肌丝而有伪足状突起，这种细胞在外胚层中数量最多，其功能是保护和支持作用。

感觉细胞(sensory cell)：细胞体呈长柱形，上端细小，有刺或长鞭毛，分散在上皮肌细胞之间，主要分布在口的周围和触手，其下端(基部)与神经纤维连接，有感受触觉、温度和化学物质的功能。

神经细胞(nerve cell)：位于外胚层细胞基部，接近中胶层部位，有两极或多极突起，常连成网状，具有感受传导外刺激的功能。

刺细胞(cnidoblast)：是腔肠(刺胞)动物所特有的，由内、外胚层的间细胞分化形成，在水螅虫纲只存在于外胚层，而在钵水母纲和珊瑚虫纲则内、外胚层都有，它们夹杂在其他细胞中间，分布于体表，尤以触手上最多，其结构较为复杂，种类很多，每种刺胞动物都有一种或数种刺细胞。功能各异，有的无毒、有的有毒，行使防卫，捕食和辅助运动等特殊功能。

间细胞(interstitial cell)：在外胚层内有成堆的小细胞，是一种未分化的胚胎性的细胞，能分化为刺细胞。据 Campbell(1967)和 Lesh(1970)的研究，认为间细胞在组织里有移动现象，如在浮浪幼虫期，间细胞产生在内胚层，以后移动到外胚层。Polteva(1970)发现间细胞没有吞噬作用，而变形细胞有吞噬作用，是这两类细胞的主要区别。

### 2. 中胶层

中胶层(mesoglea)：位于外胚层与内胚层之间，非常厚，为内、外胚层分泌的胶状物质。在钵水母类还有形状多样化的变形细胞和纤维。中胶层一般含有大量(95%~96%)的水分，富有弹性，对伞部具有支持作用。

### 3. 内胚层

内胚层(endoderm)：为体内消化层。由内皮肌细胞、腺细胞、少数的感觉细胞和间细胞组成，有的种类还有刺细胞。

腺细胞(gland cell)：在钵水母中主要分布在胃丝(gastric filament)上，其分泌多种酶，以分解、消化食物(图1-8)。

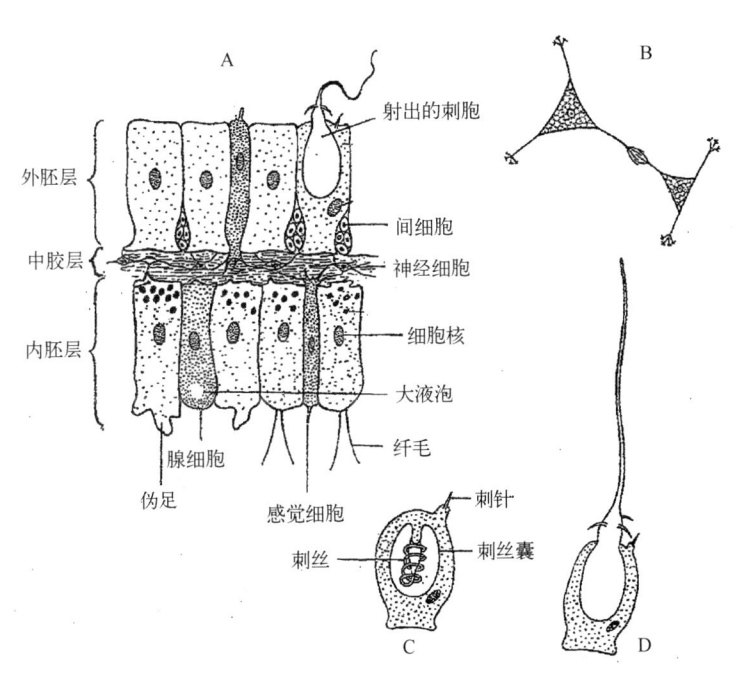

图 1-8　水螅体体壁结构（模式图）

A. 水螅体壁横切面；B. 神经细胞；C. 未弹出的刺细胞；D. 弹出的刺细胞

## （二）防卫组织——刺细胞

刺胞动物都有由刺细胞组成的防卫组织。每个刺细胞向外一端有一刺针（cnidocil），刺细胞内的基本结构由细胞核、刺丝囊、刺丝和刺胞盖等部分组成。

细胞核（nucleus）：细胞核较大，椭圆形，位于胞内近底部的一侧，行使动物细胞核的基本生理机能。

刺丝囊（nematocyst）：是一个囊状特殊细胞器，外有似几丁质的囊壁，囊体大小一般为 30~100μm，呈圆形、椭圆形、梨形或棒状等多种形状，囊的顶端延伸出一条长的丝状管称刺丝，平时盘绕在囊内，当刺针感受到刺激时，盘绕在内的刺丝立即射出，刺丝构造不同，行使不同的防卫功能。有毒的刺细胞在刺丝囊内贮有毒液。

刺丝（thread）：是一条长的丝状管，管的基部较粗膨大的一段称为粗管（butt）或称丝柄（shaft），在粗管上旋圈着不同构造的小刺（有些种类没有粗管），刺丝管末端开口或不开口（盲闭）。有毒的刺细胞其刺丝囊内的刺丝末端开口，当刺丝弹射出时能将毒液射入被袭击者组织内。

囊盖（operculum）：位于刺丝囊的顶端，平时盖着，当刺针感受到刺激时，囊盖立即打开，让囊内的刺丝射出，而囊盖则与刺丝囊胶连着（图 1-9）。

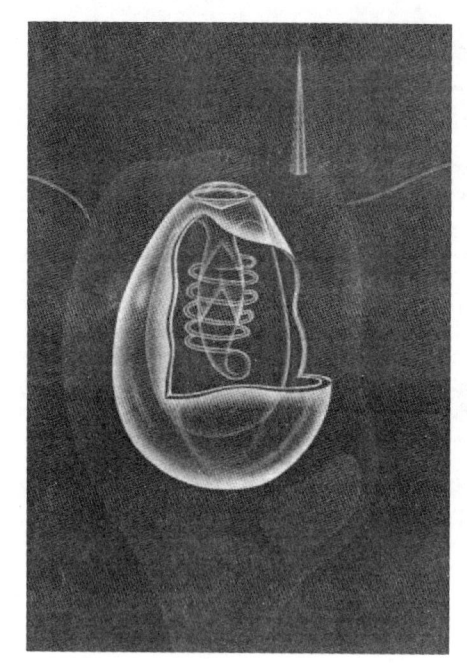

图1-9　刺细胞模式图(仿 Halstead B. W.，1965)

刺丝的构造较为复杂，是鉴定刺细胞的重要依据之一。Weill(1930、1934)依据刺丝和刺丝囊的构造和性质将刺细胞分为螺旋刺丝囊(spirocyst)和固有刺丝囊(nematocyst proper)两大类型。螺旋刺丝囊其囊壁极薄，单层，而透水，易染酸性染料，囊内的刺丝螺旋状长管，至少有部分长有螺旋状的小刺，这一类型的刺丝囊仅在寄生海葵(Zoantharia)出现。固有刺丝囊其囊壁很厚、双层，水不易渗透，易染碱性染料，囊内的刺丝长短不一，管上部分长有小刺，这一类型的刺细胞广泛分布于各类腔肠动物内、外胚层组织里(水螅虫纲仅分布在外胚层)，种类很多，刺丝和粗管的形态、构造是其分类的主要依据。据 Marischal(1974)统计，迄今已知的刺丝胞有26种。一种刺胞动物可有一种到多种刺胞。大多数刺胞分布于水螅虫纲和珊瑚虫纲的动物中，而钵水母纲的刺胞只有无细刺刺胞、等细刺刺胞、等刺短基刺胞和异刺短基刺胞4种。

无细刺刺胞(atrichous isorhizas)：刺丝囊为圆柱形，大小为(8～15)$\mu$m×(3～4)$\mu$m。刺丝在囊内盘绕规则。放射出的刺丝管等粗，无粗管和芒刺。

等细刺刺胞(homotrichous anisorhizas)：刺丝囊为圆球形，大小为(14～23)$\mu$m×(14～20)$\mu$m。刺丝在囊内盘绕不规则，多次交错。放射出的刺丝管较粗，芒刺等长，排成3列，呈螺旋状。

等刺短基刺胞(homotrichous microbacis euryteles)：刺丝囊为椭圆形，大小为(2~10)μm×(2~6)μm。刺丝在囊内粗管纵轴状，粗管外缠绕刺丝。刺丝射出后粗管与刺丝囊长度相近，有等长的小芒刺。

异刺短基刺胞(heterotrichous microbasic euryteles)：刺丝囊椭圆形，顶端略小于底部，大小为(17~20)μm×(13~18)μm。刺丝在囊内粗管呈轴状，刺丝绕粗管横向或斜向盘旋。刺丝射出后粗管约与刺囊等长，在粗管上的小刺长短不一(图1-10)。

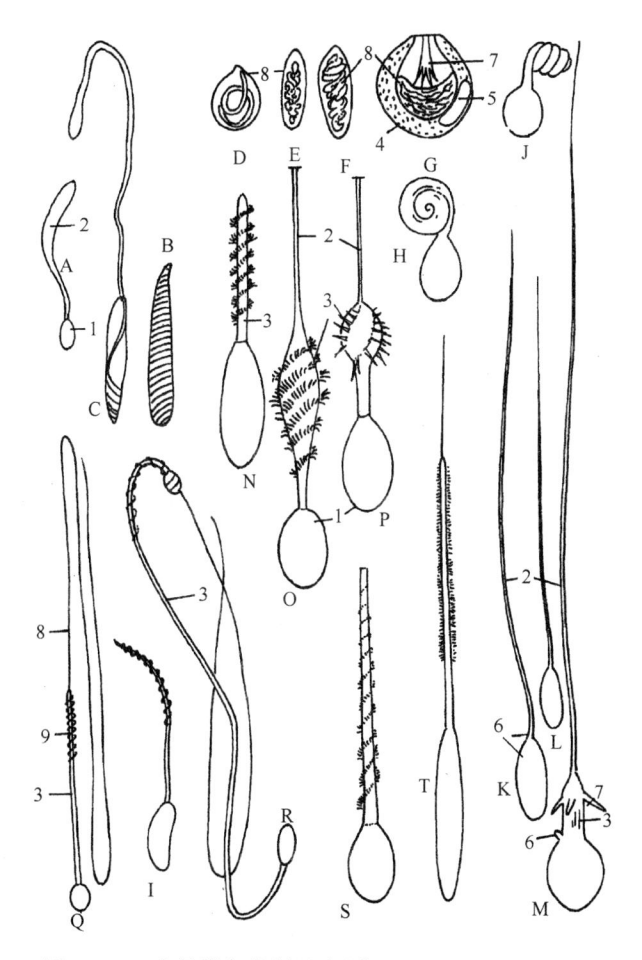

图1-10 水母类各种刺丝胞(仿 L. H. Hyman, 1940)

A. 无顶突刺胞；B，C. 螺旋囊刺胞；D~G. 各种刺胞；H，J. 卷丝刺胞；I. 长柄无丝刺胞；
K. 全刺等丝刺胞；L. 无细刺刺胞；M. 基宽刺胞；N. 短柄无丝刺胞；O. 等刺短基刺胞；
P. 异刺短基刺胞；Q. 长柄丝刺胞；R. 顶刺长端宽刺胞；S. 等细刺刺胞；T. 短柄丝刺胞
1. 刺丝囊；2. 刺丝管；3. 粗管(丝柄)；4. 刺胞；5. 核；6. 盖；7. 倒刺；8. 刺丝；9. 刺

### (三)胃管(消化水管)系统

钵水母类的胃管系统(gastrovascular system)较为复杂。由中央胃腔(gastric pouch)(内有胃丝 gastric filament)和胃管窦(gastrovascular sinus)或冠窦(coronal sinus)所组成。在冠水母,中央胃的周围有4片间辐胃隔膜(gastric septa)和4个胃穴(gastric ostia)相间排列。中央胃在4个胃穴位置与胃管窦相通,胃管窦被辐隔膜(radial septa)分成若干区。位于感觉器的位置称为感觉囊(rhopalar pouch),而位于触手的位置称为触手囊(tentacular pouch)(图1-11,A)。旗口水母和根口水母没有胃隔膜,中央胃与胃管窦相通,有些旗口水母和所有根口水母则有辐隔膜,把胃管窦分成若干区,各区有分枝和不分枝的辐管(如海月水母)。有的辐管联结成网状(如根口水母)。根据主辐口唇的位置,从中央胃分出的辐管可分为主辐管(perradial canal)、间辐管(interradial canal)和从辐管(adradial canal)(彩图3)。有些种类如海月水母主辐管、间辐管和从辐管与环管相通。海蜇仅在内伞中央的主辐管与环管相通。在旗口水母,胃管窦被辐隔膜分开,因此伞缘的辐管彼此不相连,但也有些种类在缘瓣上的辐管有分支现象(图1-11,B、C)。

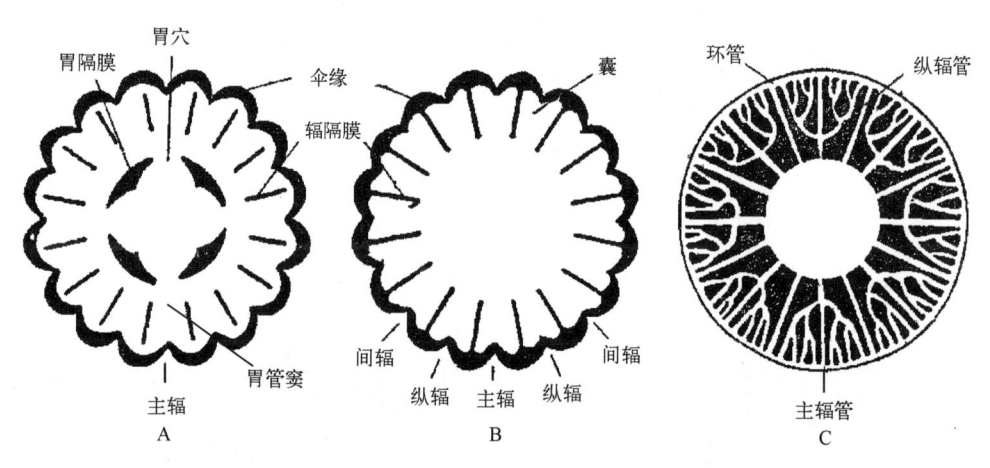

图1-11 钵水母的胃管系统 (仿 Russell, 1970)
A. 冠水母目;B~C. 旗口水母目

在伞的腹面中央下垂部分为口(胃)柄,末端有口,在立方水母类和冠水母类主辐位置有4个简单的口唇(oral lip),但在旗口水母类为4个口唇延长皱褶形成口腕(mouth arms),口腕上有许多刺胞,为捕食器官。有些根口水母类(如海蜇)口腕基部愈合,中央口消失,未愈合的下端纵分成8条口腕,从胃腔向各条口腕发出一条腕管(oral arms canal);各条腕管分支成许多小管,并与口腕上的小吸口及附属器相通,管内有纤毛,使液体可以流通。

胃丝(gastric filament)：位于中央胃腔间辐位置，成束或成行排列。胃丝由内胚层形成，胃丝上有刺胞和腺细胞。食物进入胃腔后被刺细胞杀死，并被腺细胞分泌的消化酶分解、消化。钵水母有蛋白酶、脂肪酶、糖原酶等多种消化酶。营养物质在胃管内靠游走细胞和纤毛摆动输送到身体各部分。

## (四)肌肉组织

腔肠动物已有肌肉纤维，但尚无特殊的肌细胞。一般肌纤维都着生于上皮细胞和内皮细胞基部，分别称为上皮肌和内皮(胃层)肌。上皮肌是纵行的，内皮肌是横行的。本门其他纲目的种类都与此基本构造相同(图1-12)。水螅类由这两层肌纤维组成两重的圆筒形，但钵水母类的某些细胞可分化成像较高等动物的肌细胞。钵水母类内胚层的横肌丝完全退化，上皮肌分布于内伞面及边缘。纵纤维在触手、口柄及口腕都很发达。有些种类在内伞部自中央胃腔向伞缘有辐射肌，分成4束、8束、12束的辐射肌或成三角形的肌层(deltoid muscle)。在内伞面周缘近缘瓣和触手基部(有触手的种类)有一圈很宽而发达的肌带，称冠状肌(coromal muscle)，这圈肌带通常因辐管的排列与辐射肌相对应，可隔成4段、8段、16段，这类肌系的收缩，行使水母体主要运动(游泳)功能。十字水母目有辐肌而无冠状肌，其辐肌即以狭长的隔膜肌为代表，行使身体伸缩功能(图1-13)。

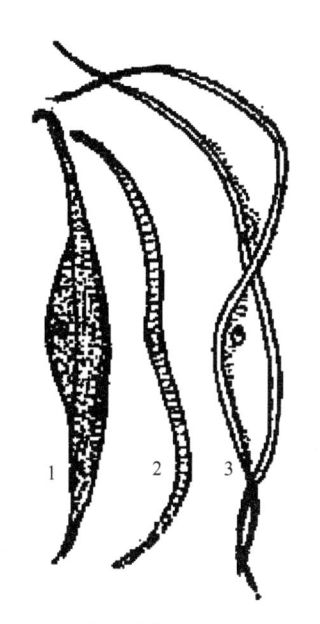

图1-12 腔肠动物的肌纤维
（仿 Hyman, 1940）
1. 游水母(*Pelagia*); 2. 棱水母(*Lizzia*);
3. 海葵(*Actiniaria*)

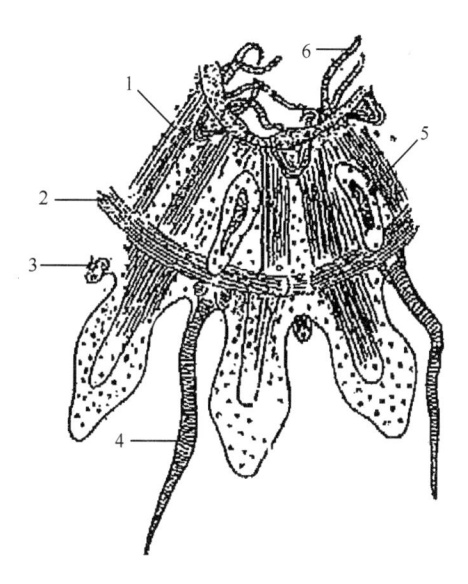

图1-13 游船水母(*Nausithöe*)反口面
（仿陈义，1993）
1. 辐射肌; 2. 冠状肌; 3. 平衡器;
4. 触手; 5. 生殖腺; 6. 胃丝

## (五)呼吸、排泄

腔肠动物尚未形成呼吸器官，仍以低等形式依靠表皮组织进行气体交换。钵水母类是依靠伞腔的收缩，将环境中含氧的水从口经过复杂的水管系统(有些种类借助腔肠内鞭毛的摆动)很有规律地输送到身体各部分，并将产生的二氧化碳再由口排出体外而行使呼吸作用。也有学者认为十字水母的漏斗管、海月水母的生殖下穴都有帮助呼吸的功能。不同种类以及同种在不同生长、发育阶段呼吸时对氧的需求量有很大的差别，在缺氧状态下，水母体收缩频率降低，借以减少氧的消耗。

腔肠动物也未形成排泄器官。腔肠动物由内外胚层细胞围成的体内的腔，即胚胎发育中的原肠腔，具有消化功能，可以行细胞外和细胞内消化。这种消化腔通过复杂的水管系统兼有循环的作用，能将消化后的营养物质输送到身体各部分，又能将消化后的残渣仍由原肠腔从口排出体外，故称为消化循环腔。它的"口"有摄食和排废的功能，"口"即为胚胎发育时的原口，与高等动物比较，腔肠动物可以认为仍处于原肠胚阶段。此外，也有学者发现在钵水母伞缘近触手基部的辐管末端有一小孔，有微弱水流排除，在这孔的附近胃层细胞中，含有氨化物颗粒，因而推测也许这些小孔具有排泄功能。

## (六)神经组织

在动物进化发展过程中，从腔肠动物开始已有真正的神经组织，而且也出现了眼点、平衡囊等感觉器官。

神经细胞位于上皮肌细胞基部，多分布于垂管、口柄、触手和伞部。每个神经细胞均有形态相似的突起与邻近细胞的突起相连，从而形成统一的网状——神经网(nerve net)的最简单、原始的神经系统。一般是由伞部内的神经网、与辐管平行的辐神经及围绕伞部边缘的神经环(钵水母类只出现在立方水母)构成。神经细胞之间的连接，经电子显微镜观察证明，一般是以突起相连接，也有非突起的连接，是由神经细胞与内、外胚层的感觉细胞、皮肌细胞等相连系。感觉细胞接受刺激通过神经细胞的传导，引起皮肌细胞的肌纤维收缩产生动作，这种结合形成神经肌肉体系(neuromuscular system)。这样对外界光、热、化学、机械以及食物等的刺激产生有效的反应，如捕食、卫防以及协调整体活动。由于腔肠动物尚未形成神经中枢，因此，神经传导一般是无定向，称为扩散神经系统(diffuse nervous system)，其传导速度要比脊椎动物的传导速度慢几百倍以上，说明其神经系统的原始性。

### (七) 生殖器官

腔肠动物生殖分为有性生殖和无性生殖两种方式。有性生殖开始出现生殖器官，即精巢和卵巢。钵水母类除已知旗口水母属(Chrysaora)为雌雄同体外，大多数为雌雄异体，外观不易区别。生殖腺由内胚层间细胞产生，除了十字水母和立方水母的生殖腺着生在主辐位隔膜两侧以外，其他各目均着生在内伞间辐位置的生殖腺下腔(Subgenital pits)内的胃腔膜上。如海蜇，其位置紧靠在胃丝带的上方，呈皱褶带状，颜色随个体不同发育阶段、个体大小以及不同种类而异，呈白色、金黄色或黄绿色。用显微镜观察，雌雄易于区别，在雌性成熟期，以成熟卵为主，同时伴以不同时相的卵细胞，成熟卵多为圆球形或椭圆形，卵径一般在 80～100 μm，核大而明显，无油球，为沉性卵(图 1-14)；雄性生殖腺内有许多精子囊，精子囊排列紧密，内有无数精母细胞，成熟后，精子囊破裂，释放出精子。精子头部呈等腰三角形，具一条长尾，有较强的游泳能力。通常钵水母均为体外受精，但海月水母为体内受精。雄性成熟的精子排出后，游入雌性体内，与卵子结合受精，形成受精卵再排出体外，在海水中发育。

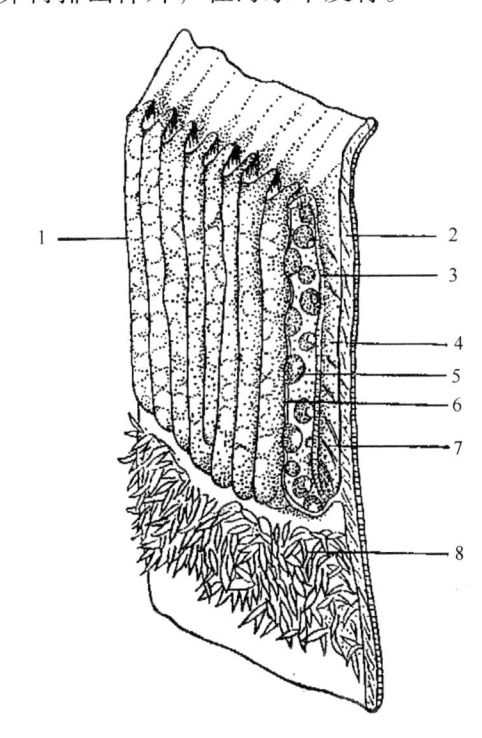

图 1-14　雌性海蜇生殖腺、胃丝纵剖面模式(仿陈大元等，1987)
1. 生殖腺；2. 胶质膜；3. 生殖上皮；4. 生殖腔隙；5. 卵细胞；6. 卵巢外膜；7. 胶质细丝；8. 胃丝

## 参考文献

陈大元，潘星光，陈介康，等. 1987. 海蜇的生殖与受精. 水产学报, 11(2)：143—147.

陈义. 1993. 无脊椎动物比较形态学. 杭州：杭州大学出版社.

陈义. 1956. 无脊椎动物学. 上海：商务印书馆.

高尚武，洪惠馨，张士美. 2002. 中国动物志、无脊椎动物. 北京：科学出版社, 27.

洪惠馨，胡晴波，吴玉清，等. 1981. 海洋浮游生物学. 北京：中国农业出版社.

洪惠馨，张士美，王景池. 1978. 海蜇. 北京：科学出版社.

江静波，等. 1982. 无脊椎动物学. 北京：高等教育出版社.

武汉大学，南京大学，北京师范大学. 1978. 普通动物学. 北京：人民教育出版社.

郑重，李少菁，许振祖. 1984. 海洋浮游生物学. 北京：海洋出版社.

周太玄，黄明显. 1957. 中国产十字水母. 生物学通报, (7)：25—30.

椎野季雄. 1978. 水产无脊椎动物学. 培风馆株式会社.

Halstead B. W. 1965. Poisonous and venomous marine animals of the world. Invertebrates. U. S. Govern. Prin. Office. Washington. D. C., Vol. I.

Hickman C. P. 1979. Integrated Principles of Zoology. The C. V. Mosby Company.

Hyman L. H. 1940. The Invertebrates：Protozoa Through Ctenophora. McGraw-Hill Book Company，New York.

Russell F. S. 1970. The Medusae of the British Isles. Cambridge At the University Press，Vol II.

# 第二章
# 钵水母的分类

海洋生物物种多样性是自然界赋予人类的宝贵财富，是人类赖以生存的物质基础，它具有巨大的商品和公益价值。虽然它们的种数比现今陆地生物的种数少，但在海洋中却存在着距今几亿年最古老的动物，如钵水母类就是其中一例，而且有现今地球上最庞大的动物（如：鲸），还可以找到许多在陆地上找不到的物种。它们直接或间接为人类提供食品、药品和工业原料；它们在调控、维持海洋生态系统平衡方面起着不可替代的地位和作用。海洋生物多样性的未知潜力为人类的生存和社会发展已显示出不可估量的美好前景。

21世纪，全球有数千名科学家参与了历时10年的全球"海洋生物普查"计划，该普查工作2000年启动，于2010年圆满完成。研究人员在普查中新发现了6 000种海洋生物。科学家预言，未来还有可能发现更多、更奇特的海洋生物。

中国海域辽阔，蕴藏着丰富的海洋生物资源。目前已知的海洋植物约有1万多种，海洋动物15万~20万种（实际上还不到全球已知总种数的10%），虽然随着普查工作的继续和深入，必然会有许许多多新记录的物种乃至新发现的物种。然而，中国是世界上人口最多、人均资源占有量最少的国家，比其他国家更依赖于生物多样性。

近几十年来，由于全球气候的变化，特别是人类活动的种种因素干扰成为海洋环境日益恶化、海洋生物多样性以空前速度丧失的根本原因。中国是联合国《生物多样性公约》缔约国，调查研究本国海洋生物多样性是保护海洋生物多样性和可持续开发利用海洋生物资源以及防止海洋生态灾害的一项极其重要的基础工作。

生物分类学是研究生物各分支科学的基础，更是研究生物多样性的基础，也是人类认识、了解物种的手段。物种的生存和分布范围受到物种自身特性及生境状况的制约。因此，必须对物种正确识别，才能对其研究得出正确的结论。为此，本章在《中国动物志》无脊椎动物27卷——刺胞动物门钵水母纲（科学出版社，2002）的基础上进行了订正、补充。记述了我国海域钵水母类5目、18科、28属、45种，其中有11种为我国新记录，希望有助于读者对我国海域钵水母类的鉴别。

# 第一节 分类系统

钵水母类的主要特征之一是水母体没有缘膜。Gegenbauri(1856)和 E. Haeckel(1880)根据这一特征称这类水母为无缘膜水母(Acraspedote medusae)，Lankester(1881)又称为钵水母纲(Scyphomedusae)；Krumbach(1924)称真水母纲(Scyphozoa)，但没有被以后的学者所采用。

E. Haeckel(1882)开始建立钵水母纲分类系统，他根据有无感觉器和感觉器的数目以及伞部的形状，分为四分水母[Tesseroniae（Tetraperiae）]和八分水母[Ephyroniae（Octoperiae）]两组(section)，前一组无感觉器或具4个感觉器，后一组有8个或更多(32个)感觉器。根据有无感觉器，触手有无分支，把四分水母组分为十字母目(Stauromedusae)、尖水母目(Peromedusae)和立方水母目(Cubomedusae)3个目；根据口腕的形状，有无触手，把八分水母组分为盘水母目(Discomedusae)，下设炮口水母(Cannostomae)、旗口水母(Semaeostomeae)和根口水母(Rhizostomeae)3个亚目。E. Haeckel 在纲以下分为组，但组是中性化名词，其用法如同族(series)、部(division)一样，尚未标准化，有时用作纲以下或纲以上阶元，所以 E. Haeckel(1882)建立的"组"始终未能被以后学者采用。E. Haeckel(1882)建立的分类系统尽管不很完善，但为钵水母纲的分类系统奠定了基础。

Mayer A. G. (1910)出版《世界水母》[Medusae of the world (Ⅰ-Ⅲ)]3部专著，他在 E. Haeckel(1882)建立的分类系统基础上，把尖水母目和盘水母目的炮口水母亚目合并建立冠水母目(Coronatae)，又把 E. Haeckel(1886)建立的盘水母目下属旗口水母和根口水母2个亚目提升为目，而取消盘水母目。这样 Mayer A. G. (1910)把钵水母纲归纳为灯水母目(Carybdeidae)、十字水母目、冠水母目、旗口水母目和根口水母目5个目。其中冠水母目下分盖缘水母科(Periphyllidae)、游船水母科(Nausithödae)等，包括了 E. Haeckel(1882)建立的尖水母目和炮口水母亚目所有的种类。所以 Mayer A. G. (1910)这一分类系统比 E. Haeckel(1882)更加合理完善。

Uchida T. (1936)综合前人的研究成果，提出新的分类系统。该分类系统中又沿用 E. Haeckel(1880 年)建立的立方水母目置换被 Mayer A. G. (1910)取代的灯水母目，将钵水母纲分为：十字水母目、立方水母目、冠水母目、旗口水母目和根口水母目5个目。又根据感觉凹有无放射褶、生殖下穴有无乳突，把根口水母目分为轮环水母亚目（Kolpophorae）和指环水母亚目（Daktyliophorae）。前者感觉凹没有放射褶、生殖下穴也没有生殖乳突；而后者既有放射褶，也有生殖乳突。又根据口腕基部有无肩板将指环水母亚目分为无肩板族（Inscapulatae）和有肩板族（Scapulatae）。Uchide T.（1936）的分类系统显然比 Mayer A. G.（1910）更完善。

Kramp P. L.（1961）发表了《世界水母概要》（Synopsis of the Medusae of the World）专著。该专著最了不起的贡献是全面核对在此之前世界所有水母类的记录，纠正了许多同种异名种类，系统整理有效种（valid species）和疑问种（doubtful species），其中钵水母纲有效种为198种，疑问种为12种和未定（spp）8种，未被承认（unrecognizable Species）1种。同时对此前的分类系统也作了修正和归纳。根据伞部肌肉类型以及有无环管将轮环水母亚目分为环肌水母族（Krikomyariae）、圆腔水母族（Kampylomyariae）和八角水母族（Actinomyariae）。尽管钵水母纲的各个分类阶元之间的亲缘关系与进化过程还需深入研究，但是迄今为止 Kramp P. L.（1961）的分类系统最为客观、全面，已为世界学者普遍采用。

本书中国海域钵水母类的分类，系采用 Kramp P. L.（1961）的分类系统。

钵水母纲分为十字水母目、立方水母目、冠水母目、旗口水母目和根口水母目共5个目。

**目检索表**

1. 水母体由萼部和柄部组成，营固着生活 ………………………… 十字水母目 Stauromedusae
   水母体无柄部，营浮游生活 …………………………………………………………………… 2
2. 水母体伞部立方形，无缘瓣 ………………………………………… 立方水母目 Cubomedusae
   水母体伞部不呈立方形，有缘瓣 ……………………………………………………………… 3
3. 水母体外伞部中部有冠状沟 ……………………………………………… 冠水母目 Coronatae
   水母体外伞部无冠状沟 ………………………………………………………………………… 4
4. 口腕彼此分离，中央有口 ……………………………………………… 旗口水母目 Semaeostomeae
   口腕基部彼此愈合，中央无口 ………………………………………… 根口水母目 Rhizostomeae

## 第二节　十字水母目

本目水螅体发达，水母体退化。水螅型水母体由萼部和柄部组成，营附着生活，萼部形状多样，圆形、锥形、十字形等。柄部粗短或细长，基部有吸盘。主要分布于黄海、渤海。十字水母目全世界已报道有2科，我国只记录1科。

最近，Marques A. C.；Collins A. G.（2004）根据形态及分子生物学对钵水母类和刺胞动物进化的分支系统学分析研究，建议将十字水母目分出，建立十字水母纲（staurozoa）。

## 瓢水母科 Eleutherocarpidae Clark，1863

本科柄部具有4个简单间辐胃囊。

本科世界报道有3亚科，我国已记录有2亚科。

### 亚科检索表

4条间辐腕均具有纵肌束 ················································· 高杯水母亚科 Lucernariinae

4条间辐腕没有纵肌束 ················································· 正十字水母亚科 Kishinouyeinae

## 高杯水母亚科 Lucernariinae Gross，1900

本科柄部有1个或4个腔，在4条间辐腕内具有纵肌束，在8个间辐腕上各生一束次级的触手。萼部边缘常具有主辐射和间辐射的凹陷，凹陷处常有感觉器（锚状）。没有8条首级触手。无中胶层，冠状肌连接或分开。

本亚科在我国沿海有2个属，4个种。

### 属检索表

萼部具有简单不开裂的边缘叶，冠状肌肉环形完全 ·········································· 十字水母属 Stenoscyphus

萼部具有发育完好的边缘叶，冠状肌肉为8个独立部分 ····································· 喇叭水母属 Haliclystus

### 十字水母属 Stenoscyphus Kishinouye，1902

*Stenoscyphus* Kishinouye，1902，J. Coll. Sci. Tokyo，17(7)：2

有8个主辐和间辐的边缘锚突，柄部有4个主辐腔，萼部有简单不开裂的边缘，无辐射叶，环肌为环形，完整。本属我国只有1种。

#### 喇叭形十字水母 Stenoscyphus inabai（Kishinouye，1893）

*Depastrum inabai* Kishinouye，1893，Zool. Mag. Tokyo，5：416.

*Stenoscyphus inabai* Kishinouye，1902：2，pl. 1，figs. 1—2，Mayer. 1910：525，text‐figs. 334—335；Uchida，1936：10—12，fig. 8；Ling，1939：282，figs. 1—4；Kramp，1961：296；周太玄等，1957：25—27，fig. 3；高尚武等，2002：179—180，fig. 103.

形态特征：体细长呈喇叭形。柄部长10~15 mm，大者达25 mm，狭窄，漏斗形，萼部略为圆形，直径为1.0～1.5 mm。体表光滑，其上分布着许多刺胞和腺细胞形成的白色斑点，钟体缘有4个主辐和间辐凹陷，略微分成8叶，主辐射凹较深，间辐射凹较浅而宽，每一个凹陷中间有1个圆形感觉器，又称锚突。在每一个辐射腕口面上有7～25条次级触手，每一条触手的柄短，末端为圆球形。

垂管四边形，口有4个简单的唇，胃腔为长圆锥形，有4个辐射囊，有许多的胃丝在间辐部位排成8行。8列生殖腺，分成4对排列在间辐部，每列生殖腺有50～70个圆形的生殖卵泡（囊）。间辐纵肌束发达，距钟形体1/5处分为两束直达钟形体缘。冠状肌完整，它围绕着整个钟形体边缘（图2-1）。

本种体色为黄绿，黄色，肉红或全白色。

采集地点：青岛的小青岛汇泉湾和大连的黑石礁等海域。

地理分布：中国（青岛、大连）、日本（北海道、浅虫、三崎、富岗）。

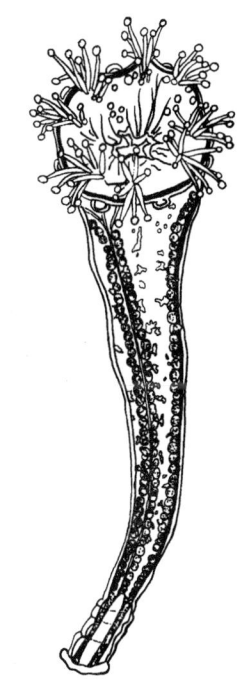

图2-1 喇叭形十字水母 *Stenoscyphus inabai*（Kishinouye）（仿周太玄等，1957）

## 喇叭水母属 *Haliclystus* Clark, 1863

*Haliclystus* Clark, 1863, J. Boston Soc. Nat. Hist., 559.

有8个主辐和间辐的边缘锚突，柄部有4个主辐腔。萼部有8个发育完整的等长边缘叶。冠状肌肉束分为8个独立部分。我国已记录有3个种。

### 种检索表

1. 触手数目不超过35条 ·················· 中国喇叭水母 *Haliclystus sinensis*
   触手数目超过35条 ·················· 2
2. 触手数目为35～60条 ·················· 耳喇叭水母 *Haliclystus auricula*
   触手数目为70～100条 ·················· 浅喇叭水母 *Haliclystus steinegeri*

## 耳喇叭水母 *Haliclystus auricula* Clark, 1863

*Haliclystus auricula* Clark, 1863, J. Boston Soc. Nat. Hist., 7：559.

*Haliclystus aruicula* Mayer, 1910：532, text-fig. 339；Ling, 1939：286；Kramp, 1942：104；Kramp, 1961：293；周太玄等，1957：28, fig. 5；高尚武等，2002：181—182, fig. 104.

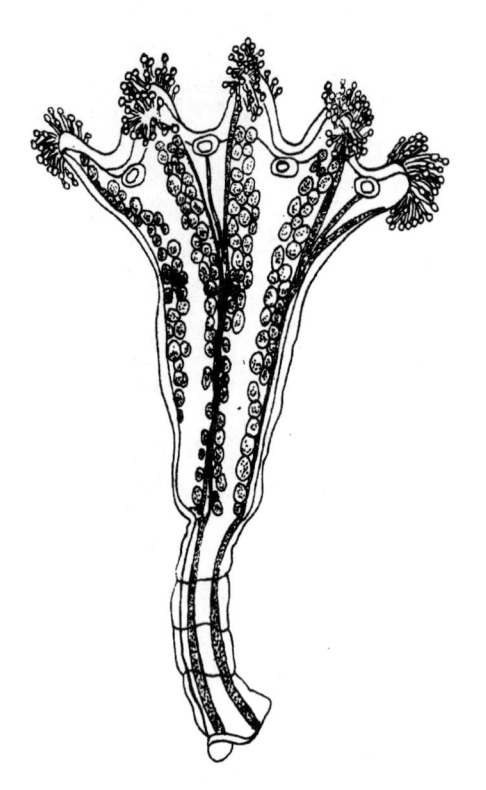

图 2-2 耳喇叭水母
*Halicalystus uricular* Clark
（仿周太玄等，1957）

形态特征：本种萼部为圆锥形到金字塔形，一般高 16 mm，最高可达 20～30 mm。萼部宽度直径为 12～15 mm，柄长为 6～10 mm，直径为 1.3～2.0 mm。4 条间辐肌束发达，萼部外表光滑，边缘凹陷成 8 个辐腕，各腕上着生 25～60 条次级触手。8 个腕形成 4 对，主辐凹陷比间辐凹较大，在每一个凹陷处有 1 个肾形的感觉器，在萼部边缘，特别在感觉器附近有许多刺胞囊和腺细胞形成的白色斑点。口柄短，口具微折叠的 4 个小唇。在间辐位上有许多胃丝。8 个生殖腺在纵辐位，生殖腺一直伸至缘叶末端，每一个生殖腺有 30～54 个小圆形生殖卵泡（囊），排成 2～3 列。内伞部平滑，环肌不连续，间辐肌束在萼部下面分为 2 叉（图 2-2）。

本种体色为褐色，有的色深或色浅，常附着于马尾藻、海松、石莼和海带等海生藻类植物体上。每年 6—9 月出现，尤以 7—8 月最为普遍。

采集地点：青岛、烟台、大连一带海域。

地理分布：中国、日本、美国、加拿大、格陵兰、丹麦、英格兰以及北欧沿海。

### 浅喇叭水母 *Haliclystus steinegeri* Kishinouye, 1899

*Haliclystus steinegeri* Kishinouye, 1899a, Proc. U. S. nat. Mus., 22: 125—129, text - figs. 1—3.

*Haliclystus steinegeri* Mayer, 1910: 535, text - fig. 340; Uchida, 1929: 125, figs. 28—34; Ling, 1939: 287, figs. 7—14; Uchida, 1954: 210, figs. 28—34; Kramp. 1961: 294; 周太玄等, 1957: 28, fig. 4; 高尚武等, 2002: 182—183, fig. 105.

形态特征：萼部呈锥形，宽度大于高度。宽度 8～9 mm，高度 5～7 mm。柄部较短，只有 1.5～3.0 mm，基部宽 1～2 mm。4 个间辐肌束发达。在 8 个辐腕上有 20~23 条次级触手，最多可达 10~100 条，各腕间有 8 个圆锥形感觉器。在各个感觉器上具有黏细胞。口柄短，口缘有 4 个微折叠的唇瓣。胃腔分 4 叶，内有 8 列胃丝，在萼部边缘有发达的不相连续的环状肌。生殖腺宽，8 列延伸至缘叶边缘并与最靠近的半个缘叶成辐射状联系在一起。每个生殖腺有 25~50 个小圆形生殖卵泡（囊），多者可达 90~120 个，成 3~6 列不规则排列。内伞部辐射褶叠，有 8 条辐射纹（图 2-3）。

图 2-3 浅喇叭水母 *Haliclystus steinegeri* Kishinouye（仿周太玄等，1957）

本种生活时，体为透明状，成熟后体略带红褐色或褐黄色，有时辐射腕背面为赤褐色。萼部上有少许刺丝胞和腺细胞形成白斑点纹。每年 7—8 月出现于浅海马尾藻等枝叶上。

采集地点：烟台、大连。

地理分布：中国、日本、北太平洋、阿拉斯加、千岛群岛、白令海。

### 中国喇叭水母 *Haliclystus sinensis* Ling，1939

*Haliclystus sinensis* Ling，1939，Lingnan Sci. J.，18(3)：287—291；周太玄等，1957：28. fig. 5；高尚武等，2002：184—185，fig. 106.

形态特征：本种外部形态与同属两种差别不大，主要差别是体形较小，体长 7~9 mm，宽 6~9 mm，柄长 3~5 mm，柄的直径 1 mm 左右。在每条辐射腕上有 30~35 条次级触手。在各辐射腕间有 8 个肾形感觉器。有 8 个生殖腺，每个生殖腺有 15~19 个圆形生殖卵泡（囊），少数个体的卵泡数可达 25 个，只排成一列（图 2-4）。

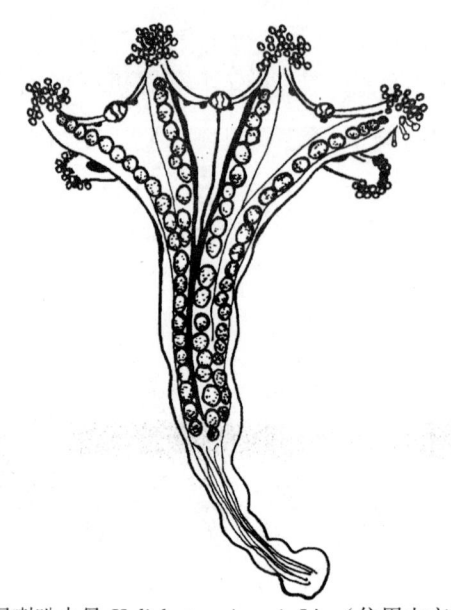

图 2-4  中国喇叭水母 *Haliclystus sinensis* Ling（仿周太玄等，1957）

本种体色为褐绿色，在萼部有少数白色斑点分布。

根据以上特征，林绍文于1939年将此种定为新种，命名为中国喇叭水母，为中国特有种。

采集地点：青岛、烟台、大连浅海区，附着于马尾藻上。

地理分布：中国（青岛、烟台、大连）。

## 正十字水母亚科 Kishinouyeinae Mayer, 1910

萼部有发育完整的边缘叶，4个主辐腕匀称分布。在4个间辐位又生出4个间辐腕，但4个主辐腕的凹陷深而宽于间辐腕。在8个辐腕上皆生一束次级触手，空心，末端圆钝。无中胶质囊。每个辐射腕的环状肌分离。柄部单腔或在基盘处有4个辐射囊。间辐射腕无丛肌束，在柄部基盘处正中开口有一反极管（亦称辐管），此管延伸至柄部的1/3处。

亚科在我国已记录2个属，3个种。

属 检 索 表

在主辐腕和间辐腕具有乳状小突起或锚状小突起 ·················· 佐氏水母属 *Sasakiella*
在主辐腕和间辐腕光滑，没有乳状或锚状小突起 ·················· 正十字水母属 *Kishinouyea*

## 佐氏水母属 *Sasakiella* Okubo, 1917

*Sasakiella* Okubo, 1917, Zool. Mag., Tokyo, 317—322.

主辐腕或间辐腕具有初级触手，末端圆钝，成锚状小突起。柄部基盘有4个辐射囊，8条环状肌。本属我国已记录2个种。

## 种 检 索 表

间辐腕有首级触手 ································································· 十字佐氏水母 Sasakiella cruciformis
间辐腕没有首级触手，而有次级触手 ··········································· 青岛佐氏水母 Sasakiella tsingtaoensis

### 十字佐氏水母 Sasakiella cruciformis Okubo，1917

*Sasakiella cruciformis* Okubo，1917，Zool. Mag. Tokyo，29：317—322.

*Sasakiella cruciformis* Uchida，1927：228，fig. 4；Uchida，1936：20，fig. 14；Ling，1937：16；Ling，1939：500—502；Kramp，1961：298—299；周太玄等，1957：28—29；高尚武等，2002：185—186，fig. 107.

形态特征：萼部呈十字形，直径 10~20 mm，柄长 3~4 mm，柄部基盘直径 3 mm，基盘正中央有 1 条盲管。柄部横切有 4 个腕，胃隔柱没有肌肉。主辐腕和间辐腕各有一束首级触手，中空。柄部基盘粗，延伸稍细，末端为圆盘状。在 4 个间辐缘叶末端又分为 2 叉。在 8 个辐腕上各生 12~32 条次级触手，末端为圆球形。口呈方形，小唇微褶叠，胃丝数量少。4 条间辐沟由口基部延伸至间辐腕，沟的两侧有许多刺胞和腺细胞形成的白色斑点。冠状肌 8 条，辐射肌 4 条。生殖腺 8 个，排列于间辐射沟两侧，每个生殖腺又有 12 个卵泡（囊）（图 2-5）。

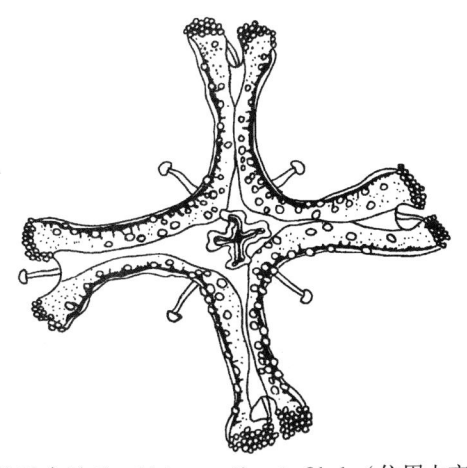

图 2-5 十字佐氏水母 *Sasakiela cruciformis* Okubo（仿周太玄等，1957）

本种有 6 对辐腕，属 12 条首级触手和 6 对辐腕 11 条首级触手的变异。

本种的体色多为褐绿色或黑褐色，栖息附着于马尾藻上。

采集地点：青岛、烟台、大连。出现季节为 6—8 月。

地理分布：中国、日本。

### 青岛佐氏水母 Sasakiella tsingtaoensis Ling，1937

*Sasakiella tsingtaoensis* Ling，1937，Peking Nat.，Hist. Bull.，2（1）：25；Uchida, 1938c, 54. figs. 5—6；Kramp, 1961：299；周太玄等, 1957：29, fig. 7；高尚武等, 2002：186—187, fig. 108.

形态特征：萼部呈十字形。直径 22～26 mm。柄部长 3 mm，各辐腕有 24～26 条次级触手。本种的外形与十字佐氏水母非常相似，主要区别是本种只在主辐腕缘叶上有 4 条首级触手，在间辐腕上没有首级触手。4 个缘叶比十字佐氏水母的缘叶更狭小。体色为褐绿色（图 2-6）。

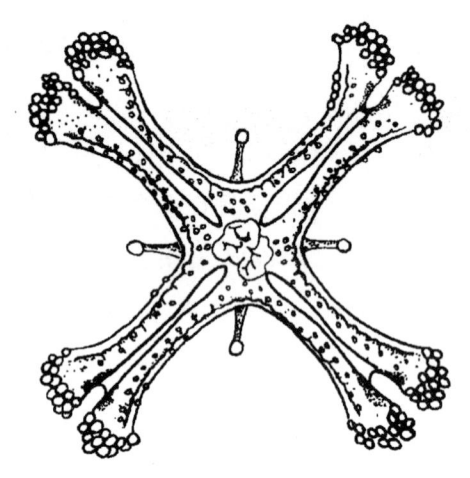

图 2-6　青岛佐氏水母 Sasakiella tsingtaoensis Ling（仿周太玄等, 1957）

本种由林绍文（1937）发现于青岛，故命名为青岛佐氏水母。

采集地点：青岛浅海，附着于马尾藻和绿藻上。出现季节为 6—8 月。

地理分布：中国、日本。

### 正十字水母属 Kishinouyea Mayer, 1910

*Kishinouyea* Mayer, 1910, Carnegie Inst. Washington Publ., 531.

在主辐腕和间辐腕上没有锚状或乳状突起，在柄部基盘处有 4 个辐射囊。

### 正十字水母 Kishinouyea nagatensis (Oka, 1897)

*Lucernaria nagatensis* Oka, 1897, Zool. Mag. Tokyo, 9：9, pl. 1.

*Kishinouyea nagatensis* Mayer, 1910：531. fig：338；Uchida, 1936：22, fig. 15；Kramp, 1961：297；周太玄等, 1957：28, fig. 8；高尚武等, 2002：187—188, fig. 109.

形态特征：萼部呈十字形，直径 15～24 mm，柄部 3 mm。8 个辐射缘叶成对，4 个主辐腕上的缘叶间"V"形凹口是 4 个间辐腕的缘叶间"V"形凹的 2 倍深。各辐射腕上有 25～50 条次级触手，次级触手的数目比十字佐氏水母和青岛佐氏水母变化大，数目不定。体形大致与前两种水母相似，主要区别是主辐腕和间辐腕上皆无首级触手(图 2-7)。

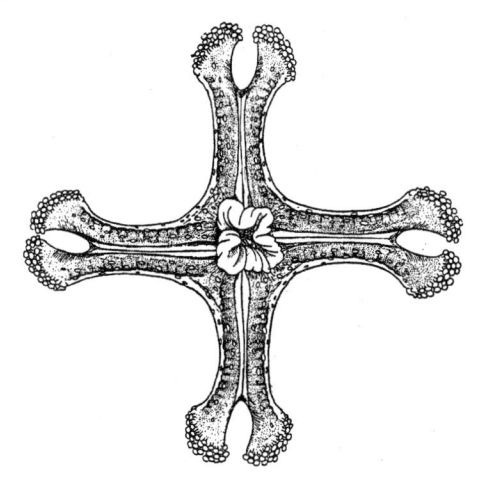

图 2-7　正十字水母 *Kishinouyea nagatensis*(Oka)（仿林绍文，1939）

本种体色多为淡绿色和灰褐色。

采集地点：浙江舟山嵊山岛(30°43′N)，为本种在北半球太平洋西部沿岸分布最南端的记录。

地理分布：中国、日本。

## 第三节　立方水母目

本目种类伞部呈立方形，故名。具有假缘膜(velarium)。伞缘无缘瓣。4 条或 4 束间辐位触手，从伞缘 4 个胶质翼状或弯刀状的基板(pedalia)长出。触手空心，多数有发达的肌束，具刺胞。4 个主辐位的感觉器，位于伞缘稍上方的凹穴内。感觉器的结构较为复杂，其下方为平衡囊，由结晶体组成，外侧有 6 个眼点，其中位于中央的 2 个较大，尤其是下方的最大，有水晶体，侧面的 4 个较小，分成 2 对，下方的呈新月形，上方的成小粒状。中央胃腔被 4 片间辐隔膜(interradial septa)隔成 4 个宽大的主辐胃囊(穴)(perradial sacs)，并由此分出许多条辐射胃囊(胃盲管，radial pocket)至伞缘。4 条发达的生殖腺位于间辐隔膜两侧，呈叶状，并延伸到胃腔。

本目种类个体发育没有发现世代交替，只有有性世代，但发育也要经过浮浪幼体产生钵水螅，但后期发育至今尚不清楚。

本目水母体无色，半透明状。触手略呈淡红色，感觉器呈暗褐色，少数种类伞部略呈褐色。

本目种类大多数分布于热带、亚热带水域。

本目有灯水母（Carybdeidae）和四束水母（Chirodropidae）两科。前者在我国东南海域已记录2个属、3个种。后者在我国海域尚未发现。

### 科 检 索 表

具有单一或三重间辐触手。4个胃囊没有盲管 ·························································· 灯水母科 Carybdeidae
具有4束间辐触手。4个胃囊有8条盲管 ····································································· 四束水母科 Chirodropidae

## 灯水母科 Carybdeidae Gegenbaur, 1856

伞部具有由4个基板长出4条或4束触手。4个胃囊，没有盲管。

本科有3个属，我国已记录有2个属。

### 属 检 索 表

1. 4个间辐位基板具触手束 ······························································································ 三束水母属 *Tripedalia*
   4个间辐位基板仅具单一触手 ························································································································· 2
2. 胃腔很深，有主辐隔膜与内伞连续 ··············································································· 火水母属 *Tamoya*
   胃腔很浅，没有主辐隔膜 ······························································································· 灯水母属 *Carybdea*

### 灯水母属 *Carybdea* Peron et Lesueur, 1809

*Carybdea* Peron et Lesueur, 1809, Annu. Mus. Hist. nat., 14: 332.

伞部呈方形，上伞有许多刺胞。伞缘间辐位有4个简单的基板和4条富有伸缩性的触手。假缘膜狭，在各从辐位有1条分枝的缘膜管。口柄小型，没有和下伞连接的膜状物。胃扁平，腔很浅，没有胃隔膜。胃丝呈刷状，在胃囊间辐角上面水平展开。感觉器凹浅，在上方有三角形薄片掩盖着。生殖腺在各间辐两侧，发达呈叶片状。

本属已记录6个种，我国沿海有2个种。

#### 灯水母 *Carybdea rastonii* Haeckel, 1886

*Carybdea rastonii* Haeckel, 1886, 20: 591, pl. 35, figs. 1—15; Mayer, 1910: 508; Uchida, 1936: 25, fig. 16; Kramp, 1961 40: 305—306; 许振祖等, 1962, 9(2): 211, pl. 2, figs. 14—16; 洪惠馨等, 1985, 2: 9; 高尚武等, 2002: 189—190, fig. 110.

形态特征：伞部呈方形，侧面垂直，外伞部有许多刺胞疣。伞高 25~120 mm，伞宽 30~70 mm。触手基板为弯刀状，长度约为高度的 1/3；触手简单，其上具有许多环状排列的刺胞。4个感觉器位于伞缘上方 5~10 mm 处，其外部有胶质薄片覆盖着，下面开孔与外界相通，感觉器有6个眼点，中央2个较大，侧面4个很小，成粒状，在感觉器末端有一个大而透明的平衡囊。

假缘膜很发达，宽18 mm，具有许多环状肌。假缘膜每1/4有4束分枝的缘膜管，每束有2~3个主支管，每支管又分出许多小支管，小支管彼此不相连接。胃扁而宽，在胃底部间辐位上，布满许多成束排列的胃丝。垂管短呈四方形，其长度不超过伞部的一半，末端有4个简单而弯曲的口唇。4个叶片状的生殖腺位于内伞的间辐位上，每叶中间有1条隔片，将生殖腺分成2个半叶片。

伞部为半透明状，生殖腺、假缘膜以及触手均呈乳白色或微黄色；胃、垂管和口唇呈乳白色（图2-8）。

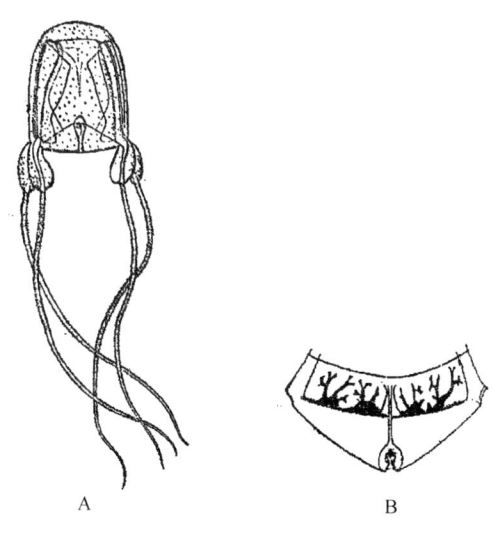

图2-8 灯水母 *Carybdea rastonii* Haeckel（仿 Uchida，1936）
A. 整体侧面观；B. 假缘膜和感觉器

采集地点：中国长江口以南海域，浙江、福建（崇武、诏安、东山）、台湾、广东海域。

地理分布：本种为暖水种，多分布于北半球的热带、温带海区，日本、菲律宾、马来西亚。

### 疣灯水母 *Carybdea sivickisi* Stiasny, 1926

*Carybdea sivickisi* Stiasny, 1926, 9: 240, figs. 1—4; Kramp, 1961, 40: 306. 许振祖等，1978，(4): 46, pl. X, fig. 58. 洪惠馨等，1985，(2): 9；高尚武等，2002: 190, fig. 111.

形态特征：本种与灯水母外形十分相似，主要区别是上伞部有许多疣状突起。个体一般较小，伞宽12~14 mm，伞高10~12 mm，只有前者的1/10左右。感觉器的胶质薄片不发达,没有完全覆盖整个感觉穴腔。触手简单粗短(图 2-9)。

采集地点:福建(诏安、东山)、广东(南澳)等。

地理分布:中国、菲律宾。

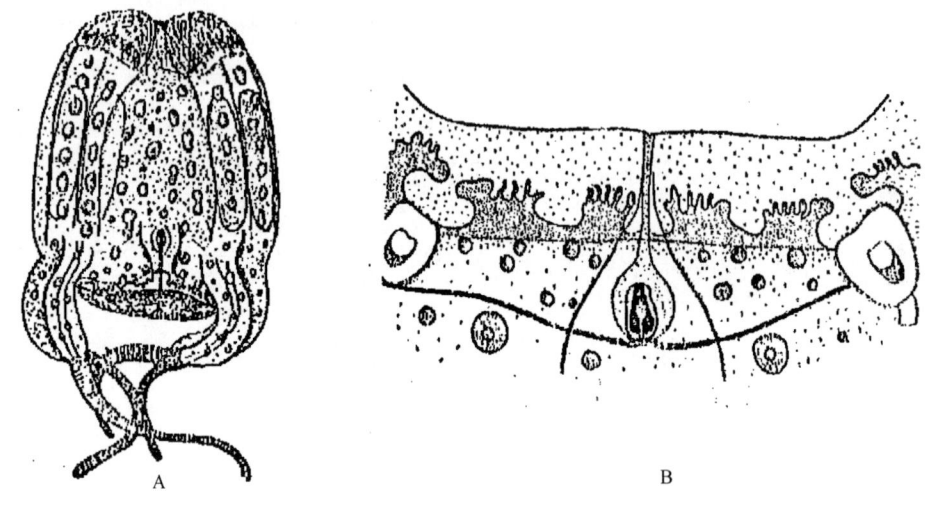

图 2-9 疣灯水母 *Carybdea sivickisi* Stiasny(仿 Stiasny,1926)
A. 整体侧面观;B. 假缘膜和感觉器

## 火水母属 *Tamoya* Müller, 1859

*Tamoya* Müller, 1859, Abhandl. Naturf. Ges. Halle, 5: 1.

伞缘间辐位有 4 个触手基板,各基板着生 1 条有伸缩性的长触手。胃腔很深,主辐隔与内伞连接。胃丝发达,沿着间辐位的胃壁垂直延伸。生殖腺位于间隔两侧,呈皱褶带状。

本属已记录 2 个种。我国东南海区有 1 个种。

### 火水母 *Tamoya alata* (Reynaud, 1830)

*Carybdea alata* Mayer, 1910: 512.

*Tamoya alata* Uchida, 1929: 172. figs. 81—88; Uchida, 1936: 27—28. fig. 17; 洪惠馨, 1965: 135—137. fig. 1; 洪惠馨等, 1985: 9; 高尚武等, 2002: 191—192, fig. 112.

*Tamoya gargantus* Kramp 1961: 306.

形态特征:伞部呈立方形,外伞部有许多刺胞。本种个体较大,伞高达 220 mm,宽 130 mm 以上,伞顶 4 个间辐角的胶质较厚,并略突出形成 4 个隆起。由这 4 个隆起部分与主辐面之间形成浅沟凹面,并各有 1 条浅沟延伸到伞缘;从这 4 个间辐隆起的正中,也各有 1 条狭长的浅沟延伸到基部,这 8 条浅沟使外伞部呈现成8条瓣状凸起。外伞有较多的刺胞群分布,尤其在伞顶、间辐部以及伞缘处较密集。纵切面观,在中胶层有许多发达的肌肉束。

触手4条,分别长在4个间辐面的触手基板上,基板呈弯刀状。触手较粗长,空心,富伸缩性,表面具有许多环状排列的刺胞。感觉器4个,各位于感觉窝内;感觉窝表面的开孔直接与外界相通,孔的直径3~7 mm。每个感觉器由1个平衡囊和6个单眼组成。

假缘膜很发达,宽12~25 mm,约占伞高的1/6。假缘膜的各主辐以系带支持。胃管系统复杂,每1/8区中有4条主管和20条以上的小管,各管再分枝呈复杂的树枝状或网状。

垂管简单,呈瓶状,长35~52 mm,末端具有4个三角形的口唇。胃腔大形呈八角状,各间辐有隔膜分开,形成4个放射腔,在各间辐的伞缘附近与小孔连接。在胃腔的间辐位有许多短的胃丝。生殖腺呈皱褶带状,着生于间辐面的两侧(图2-10)。

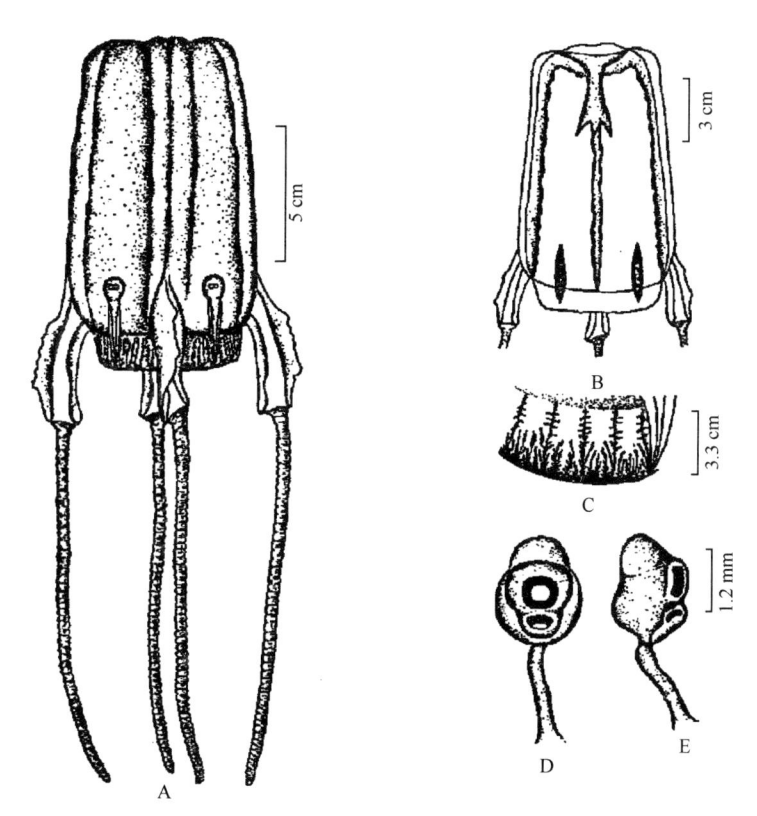

图2-10 火水母 *Tamoya alata*(Reynaud,1830)(仿洪惠馨,1965)

A. 整体侧面观;B. 纵切面观,示生殖腺、胃管及感觉器;C. 假缘膜,示缘膜管分枝;D. 感觉器正面观,示感觉棍、单眼及平衡囊;E. 感觉器侧面观

本种的刺胞剧毒，渔民的皮肤受到螫刺后，有火辣辣的感觉，故称火水母。

生活时伞部无色，半透明状，触手为淡红色，刺胞群为浅褐色，生殖腺为橘黄色。

采集地点：浙江(舟山)、福建(平潭、惠安、东山)、广东(南澳)海域。

地理分布：广泛分布于印度洋，太平洋的热带、亚热带海域。马来西亚群岛、澳大利亚、日本海域。

## 第四节 冠水母目

本目种类伞部呈圆盘形、钟形或圆锥形。伞缘具缘瓣。在外伞中部有一条很明显的环状沟，称为冠沟(coronal groove)，这是本目最主要的特征。冠沟将伞部区分为上、下两个部分。上部平滑，下部被若干条辐沟(radial furrow)划分成若干个瓣，称为缘叶(pedalia)。在各缘瓣之间，感觉器和实心的触手相间排列。胃管系统比较复杂，由中央胃腔和胃管窦(gastrovasular sinus)组成。中央胃腔被4片间辐胃隔膜(gastric septa)分隔成4个胃穴(gastric ostia)，胃穴与胃管窦相通，胃管窦被辐隔膜(radial septa)分成若干区。位于感觉器位置称为感觉囊(rhopalar pouch)，位于触手位置称为触手囊(teutacular pouch)。中央胃腔通过胃穴向伞缘扩展，形成若干条放射状胃盲管(stomach pouches)延伸到缘瓣和感觉器。在中央胃腔间辐位，有发达的胃丝。生殖腺位于从辐位。

本目大多为深海种类，其个体发生尚不清楚。沿岸性种类 Ephyrosidae 以及 Linuche 观察到卵裂，前者的钵水螅有几丁质样的围鞘，成群体，个体漏斗状，在中央口的周缘有许多触手。这种钵水螅形成横裂体，产生碟状体(前两目种类发育不产生碟状幼体)，从本目开始以后各目的个体发生均产生碟状幼体。

本目深海种类水母体呈紫色、赤色或黑褐色。沿岸种类一般半透明。

本目有 Atollidae, Atorellidae, Linuchidae, Nausithöidae, Paraphyllinidae 和 Periphyliidae 等6科。我国海区已记录的有 Atollidae, Atorellidae, Linuchidae, Nausithöidae 和 Periphyllidae 等5个科的种类。

科 检 索 表

1. 伞部有8个以上感觉器 ·················································· 领状水母科 Atollidae
   伞部有8个以下感觉器 ························································································· 2

2. 伞部只有 8 个感觉器 ······················································································· 3
   伞部感觉器少于 8 个 ······················································································· 4
3. 内伞有许多个泡状囊；16 条胃盲管多分枝 ·························· 灯罩水母科 Linuchidae
   内伞没有泡状囊；16 条胃盲管不分枝 ···························· 游船水母科 Nausithöidae
4. 伞部有 6 个感觉器，6 条触手 ········································· 六手水母科 Atorellidae
   伞部只有 4 个感觉器 ······················································································· 5
5. 伞部 4 个主辐感觉器 ··························································· Paraphyllinidae
   伞部 4 个间辐感觉器 ··········································· 盖缘水母科 Periphyllidae

# 领状水母科 Atollidae Haeckel, 1880

本科伞部具有 8 个以上的感觉器，与同等数目的触手交替排列，而缘瓣的数目为触手数的两倍。

本科只有 Atolla 1 个属 3 个种。我国已记录 1 个种。

### 礁环冠水母属 *Atolla* Haeckel, 1880

*Atolla* Haeckel, 1880, Syst. Der Medusen, 488.

本属具有 8 条从辐位的生殖腺和 4 个间辐位的生殖下孔。伞部甚为扁平，中央厚而呈凸透镜形，冠沟很深。

### 礁环冠水母 *Atolla wyvillei* Haeckel, 1880

*Atolla wyvillei* Haeckel, 1880：Syst. der Medusen, 488.

*Altolla bairdii* Mayer, 1910：563—565. text - fig. 357.

*Atolla wyuillei* Mayer, 1910：566, fig. 361；Uchida, 1936：34, fig. 20；Kramp, 1961：311—312；洪惠馨等，1989：12, pl. 1, figs. 1—2；高尚武等，2002：194, fig. 113.

形态特征：本种伞部特别扁平，呈圆盘状，伞径 70～150 mm，伞高 35～50 mm。冠沟深位于伞顶 1/5 处，在冠沟上面伞部中央厚而呈凸透镜状，在冠沟下面伞部有 20～22 条浅的放射辐沟（radial furrow）使伞部分成 20～22 个缘叶（pedalia）。有 22～26 个感觉器，与同等数目的触手相间排列，触手着生于环肌的外侧；在两个触手之间有 1 对缘瓣，因此缘瓣的数目为触手的两部。环肌发达，位于下伞部冠沟的下面（又称冠状肌 coronal muscle）。口大，口柄短，有 4 个末端呈尖形的口唇。从中央胃腔发出放射状的胃盲管，其数目和缘瓣等同。各条胃盲管延伸至各个感觉器及触手的基部。有 4 个间辐生殖下孔（subgenital ostia）和 8 条从辐生殖腺（图 2 - 11）。

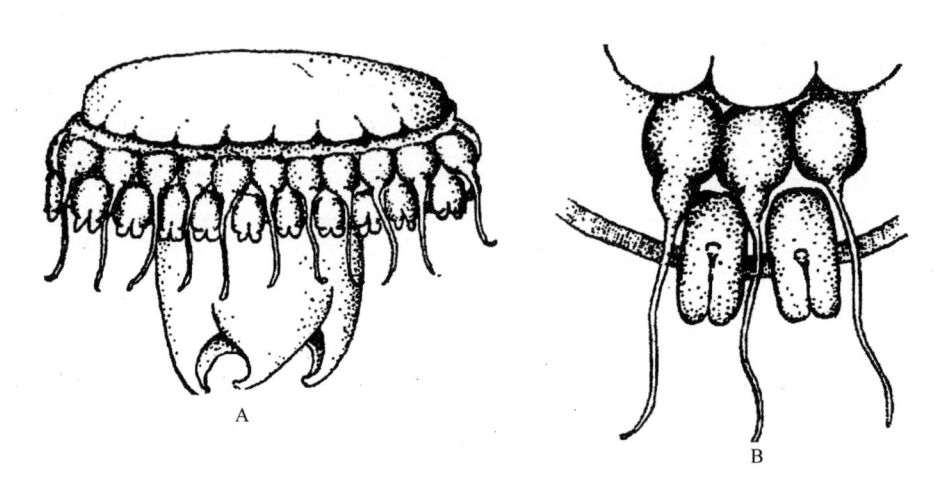

图 2-11　礁环冠水母 Atolla wyvillei Haeckel（仿供惠馨等，1989）
A. 侧面观；B. 部分缘瓣放大

采集地点：本种属于深水大洋性种类。在东海区水深 1 300 m 处采到 1 个标本。

地理分布：世界三大洋。在菲律宾海域、安达曼海域、日本的北海道至本州中部一带深水海域有分布。

## 六手水母科 Atorellidae Vanhöffen，1902

本科伞部具有 6 个感觉器，6 条触手。

已记录 1 个属 3 个种，我国均有记录。

本科种类在中国仅见名录，未见附图及形态特征描述（陈清潮等，1988）。本书作者未采集到标本，因此，根据有关文献将这 3 种的分类位置、形态特征及地理分布做文字表述，供读者参考。

### 六手水母属 Atorella Vanhöffen，1902

Atorella Vanhöffen，1902. Vanhöffen，1902，p. 33，pl. 3，fig. Ⅱ.

本属伞部具有 6 个感觉器，6 条触手和 12 个缘叶交替排列。有 12 个缘瓣。环肌不明显。4 或 6 个生殖腺。

种检索表

1. 具有 6 条生殖腺 ·················································· 阿氏六手水母 Atorella arcturi

　只有 4 条生殖腺 ·············································································· 2

2. 外伞表面光滑，每簇胃丝 20 条 ································· 小球六手水母 A. subglobosa

　外伞表面具刺胞疣，每簇胃丝 80~100 条 ··················· 端球六手水母 A. vanhöffen

### 阿氏六手水母 *Atorella arcturi*，Bigelow 1928

*Atorella arcturi*，Bigelow，1928：502，figs. 180. 181；Kramp，1961：313；陈清朝等，1988：234.

形态特征：本种伞径 15 mm，缘区（包括缘瓣）宽仅 7～8 mm，12 个缘瓣，末端圆形；胃腔基部 4 边不对称；6 个生殖腺（其中间辐位 2 个，从辐位 4 个）；6 条长触手末端不呈瘤状；6 个感觉器。个体透明无色（图 2-12）。

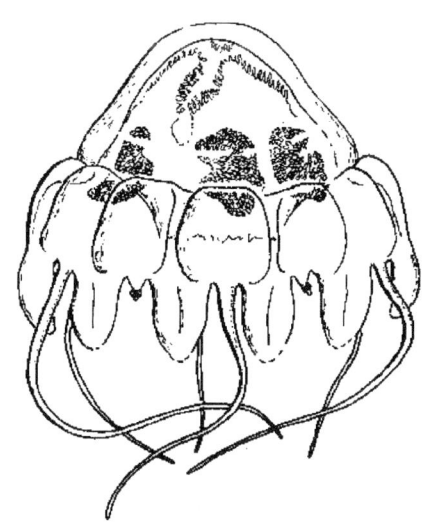

图 2-12 阿氏六手水母 *Atorella arcturi*，Bigelow（仿 Bigelow，1928）

采集地点：南海中部海域。

地理分布：可可（Cocos）群岛、热带太平洋海域。

### 小球六手水母 *Atorella subglobosa* Vanhöffen 1902

*Atorella subglobosa* Vanhöffen，1902：33，pls，1. 11. 12；Bigelow，1909a：30；Mayer. 1910：568，fig. 362；Ranson，1945c：29，pl. 2，fig. 14；Kramp，1961：313；陈清朝等，1988：234.

形态特征：伞径 15～17 mm，呈小球状；外伞表面光滑，冠沟不太深；缘瓣较长舌状；有 4 簇胃丝，每簇大约有 20 条；4 条隆起的生殖腺分别位于 4 个间辐位；触手末端不呈瘤状（图 2-13）。

采集地点：南海中部海域。

地理分布：马来群岛、加那利群岛、非洲东部沿海。

### 端球六手水母 *Atorella vanhöffen* Bigelow 1909

*Atorella vanhöffen*，1909：30，pls. 1，11，12；Mayer，1910：568，fig. 363；Kramp，1961：313；陈清朝等，1988：234.

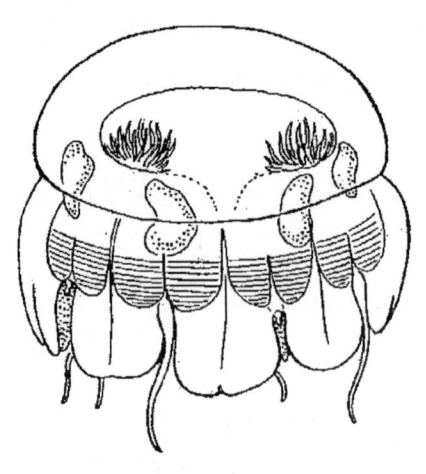

图 2-13 小球六手水母 *Atorella subglobosa* Vanhöffen（仿 Mayer，1910）

形态特征：伞宽仅 7 mm，高 3～5 mm，外伞表面有刺胞疣；冠沟很深；缘瓣椭圆形；4 簇胃丝，每簇多达 80～100 条，从一个坚硬胶质瘤长出；生殖腺呈叶片状；每条触手末端呈瘤状，是本种最显著特征（图 2-14）。

采集地点：南海中部海域。

地理分布：巴拿马。

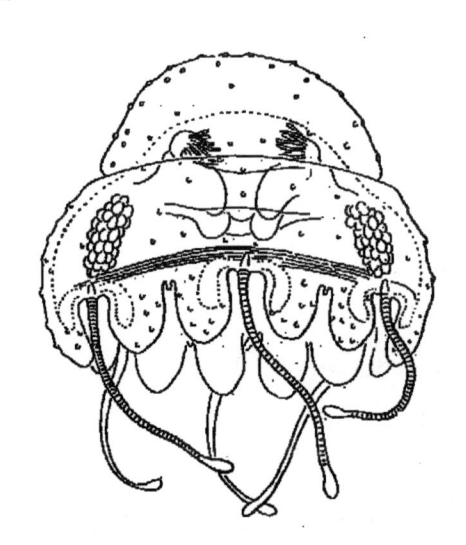

图 2-14 端球六手水母 *Atorella vanhöffen* Bigelow（仿 Mayer，1910）

## 灯罩水母科 Linuchidae Claus, 1882

本科伞部具有 8 个感觉器，8 条触手和 16 个缘瓣。内伞部具有许多泡囊状突出物。由中央胃腔发出 16 条辐射胃（盲管）延伸至缘瓣，并形成参差不齐的分枝。

本科有 2 个属 3 个种，我国已记录罩水母属（*Linuche*）的 1 个种类。

属检索表

只有 4 个间辐位生殖腺 ········································································ 藜水母属 *Linantha*

具有 8 个(4 对)生殖腺 ········································································ 罩水母属 *Linuche*

### 罩水母属 *Linuche* Eschscholtz，1829

*Linuche* Eschscholtz，1829，Syst. der Acalephen，91.

本属伞部呈灯罩状，缘瓣为钝椭圆形，具有 8 个(4 对)生殖腺。下伞部有 2～3 条环形空心突起，具有多分枝辐射状的胃盲管。

### 平罩水母 *Linuche draco*（Haeckel，1880）

*Linerges draco* Haeckel，1880：496；Mass，1903：24—26，figs. 1—2.

*Linerges aquila* Mayer，1910：560.

*Linuche draco* Kramp，1961：314. 洪惠馨等，1985：9—10，pl. 1，figs. 1—2；高尚武等，2002：195，fig. 114.

形态特征：本种伞部呈灯罩状，伞顶平坦，在靠近伞顶 1/4 处有 1 条冠沟。伞高 15～16 mm，宽 6～7 mm，伞缘有 16 个卵圆形的缘瓣。有 8 个感觉器和 8 条短小触手相间排列。口柄有 4 个主辐位口唇。4 对生殖腺呈"八"字形的排列，在每一对生殖腺之间有 3 个空心大泡囊，其中 2 个分别悬附在每一条生殖腺上，各对生殖腺之间（在间辐位上）还有 1 个大泡囊，内伞部共有 16 个大泡囊。此外，在靠近环肌又有一圈小泡囊，每 1/8 伞缘有 4 个小泡囊（共 32 个）。环状肌发达。缘瓣内有分枝的小管（图 2-15）。

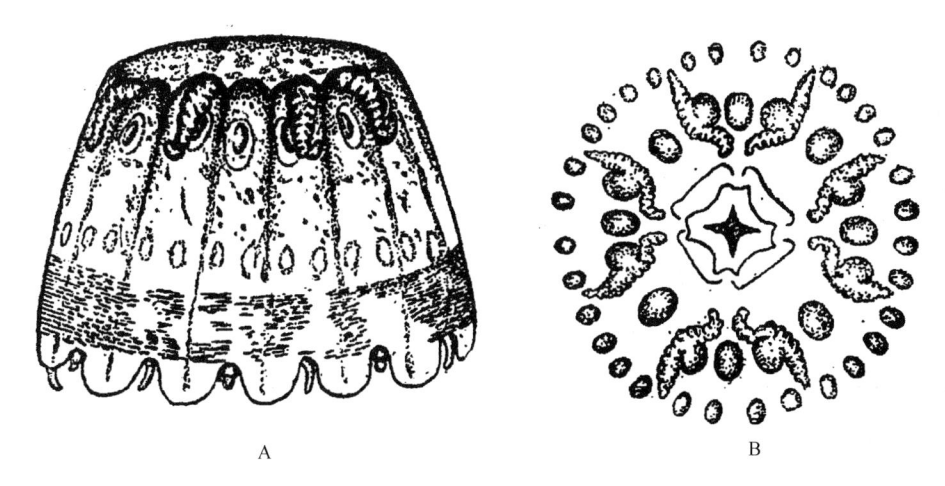

图 2-15　平罩水母 *Linuche drao*（Haeckel）（仿洪惠馨等，1985）

A. 侧面观；B. 口面观，示生殖腺及大、小泡囊

Kramp（1961）认为本种即 Haeckel(1880)在中国海发现的 *Linerges draco*．n. g.，sp.。

本种生活时，伞部呈淡绿色，生殖腺为橘黄色。游动时迅速，密集成群。

采集地点：西沙群岛的珊瑚岛海面，数量很多。在中国系首次报道。

地理分布：分布于热带的太平洋海域。

## 游船水母科 Nausithöidae Haeckel，1879

本科有 8 个感觉器，8 条触手和 16 个缘瓣。内伞无泡囊状突起，几乎没有垂管，口有 4 个唇瓣。中央胃腔分出 16 条不分枝的辐射管（盲管）。

本科有 2 个属，我国已记录游船水母属(*Nausithöe*)的一个种。

属 检 索 表

有 8 个从辐位的生殖腺 ·················································· 游船水母属 *Nausithöe*

有 4 个间辐位的生殖腺 ·················································· 灰白水母属 *Palephyra*

### 游船水母属 *Nausithöe* Kölliker，1853

*Nausithöe* Kölliker，1853，Zeit. fur wissen. Zool.，4：323.

有 8 个纵辐位的生殖腺。本属我国有 1 种。

#### 红斑游船水母 *Nausithöe punctata* Kölliker，1853

*Nausithöe punctata* Kölliker，1853：323；Mayer，1910：554，figs. 352—353，pl. 60，figs. 4—5；Uchida，1936：31，fig. 18；Kramp，1961：316；许振祖等，1978：46，pl. 10，fig. 60；洪惠馨等，1985：10；高尚武等，2002：197，fig. 115.

形态特征：伞部呈圆盘状，一般伞径为 7～15 mm，伞顶部中央处胶质较厚。外伞无辐射沟，有斑点。胃丝不成束，为单排分出，每排 6～8 条。具 16 条不分枝的辐射胃盲管。8 个大的近球形的从辐位的生殖腺。16 个舌状的缘瓣，在缘瓣之间有 8 条触手和 8 个感觉器相间排列。在各感觉器末端有由内胚层产生的结晶体，腹面有眼点。触手短，长不及伞径。环状肌通到生殖腺的外方（图 2-16）。

本种伞部无色或稍呈褐色。缘瓣含晶体者呈黄褐色，生殖腺为黄褐色。

本种为暖水性广布种，分布于我国东海和南海西沙和南沙群岛。

采集地点：粤东外海，西沙和南沙群岛。

地理分布：三大洋。日本、马来西亚、澳大利亚、马尔代夫群岛、地中海、刚果（布）和安哥拉等。

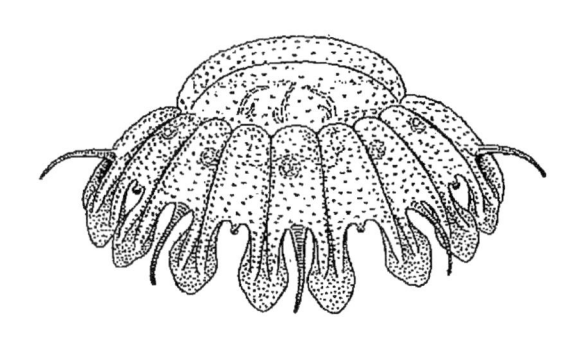

图 2 – 16　红斑游船水母 *Nausithöe punctata* Kölliker（仿 Mayer，1910）

## 盖缘水母科 Periphyllidae Claus，1886

伞部具有 4 个间辐位的感觉器和 4 条或更多（多达 28 条）的触手。

本科已记录 3 个属 6 个种，我国有盖缘水母属（*Periphylla*）的 1 个种。

### 盖缘水母属 *Periphylla* Haeckel，1880

*Periphylla* Haeckel，1880，Syst. der Medusen，418.

具有 12 条触手。主辐 4 条，从辐 8 条。具有 16 个缘瓣和 8 个生殖腺。

### 紫蓝盖缘水母 *Periphylla periphylla*（Péron et Lesueur，1809）

*Carybdea periphyaal*（Péron et Lesueur，1809）：20.

*Periphylla hyacinthina* Mayer，1910. 544，figs. 342—343；Uchida，1936：36—37，fig. 21.

*Periphylla periphylla* Kramp，1961：320；洪惠馨等，1985：10，pl. 2，fig. 1；高尚武等，2002：198，fig. 116.

形态特征：本种外伞中部有一条明显的冠沟，在冠沟顶上部分呈圆锥状或尖锥状。伞部直径 22～24 mm，伞高 16～18 mm。伞缘有 16 个缘瓣，4 个感觉器和 12 条触手（其中 4 条为主辐位，8 条为从辐位）。在每一个感觉器的两侧有 1 对较小呈舌状的感觉缘瓣。触手较粗，长度约与伞高等长。口柄末端有 4 个口唇，并与周围唇膜连成裙套形。胃囊中有胃丝。生殖腺 4 对，位于从辐位，呈"U"字形或卵圆形（图 2 – 17）。

生活时，伞部呈白色，胃丝为紫褐色，下伞部为紫蓝色，相当美观。本种为深水性种类。

采集地点：标本采自东海区水深 1 200 m 的海域。

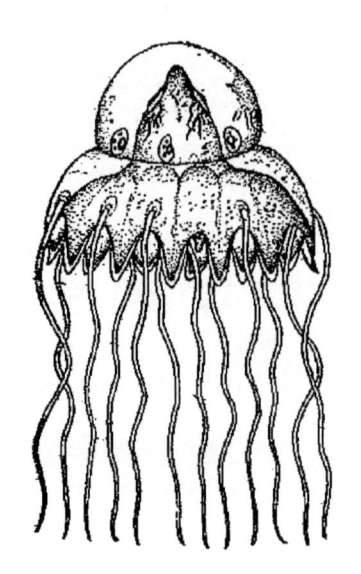

图2-17 紫蓝盖缘水母 *Periphylla periphyaal* (Péron et Lesueur)(仿洪惠馨，1985)

地理分布：本种为外洋深海种，广泛分布于三大洋的深水区；日本、菲律宾、印度、美国东部、太平洋海区以及挪威丹麦、阿拉伯等海区。

## 第五节 旗口水母目

本目种类一般伞部较低，呈圆盘状，伞缘具缘瓣，无冠沟及触手基板。胶质层较厚而柔软。下伞部中央的口柄发达形成4条长的皱褶带状的口腕(oral arm)，腕上有许多刺胞，为捕食器官。生活时口腕飘荡如旗帜，故名为旗口水母。口腕基部中央有略呈十字形的口。感觉器位于伞缘各个主辐和间辐处，少数种类在从辐位。触手从缘瓣之间产生，如 Pelagiidae 科；从内伞部产生，如 Cyaneidae 科；从外伞部的伞缘产生，如 Ulmaridae 科。触手的长度以 Pelagiidae 科和 Cyaneidae 科的种类较细长，而 Ulmaridae 科却细短。感觉棍细长，其末端有结晶体和眼点。中央胃腔呈圆形或十字形。胃管系统随种而异。有的种类辐射管仍保持着碟状幼体的原形，除了在主辐、间辐位的8条以外，还有从辐位的8条，如 *Chrysaora*, *Pelagia* 等属的种类。有些种类辐管在缘瓣多分枝，如 Cyaneidae 科。也有的种类辐管与环管相连，如 *Aurelia* 属。生殖腺着生在内伞各间辐位凹陷处呈囊状的生殖腺下腔，腺体常形成多皱褶。

本目种类的发育都经过变态。其生活史有世代交替(如 *Aurelia*)和无世代交替

(如 *Pelagia*)两种方式。

本目多数种类栖息于温带海域,寒带和热带海域也有分布。本目的种类,据 Kramp(1961)的统计,全世界已记录有 3 科、18 属、54 种。

我国沿海已记录有 3 科、5 属、8 种。

### 科检索表

1. 伞缘具有环管 ·········································································· 洋须水母科 Ulmaridae
   伞缘无环管 ·························································································································· 2
2. 触手从伞缘缘瓣之间生出,数量较少 ············································· 游水母科 Pelagiidae
   触手从内伞部生出,细长,数量多 ················································· 霞水母科 Cyaneidae

## 游水母科 Pelagiidae Gegenbaur, 1856

本科口为十字形,口腕长,呈皱褶状。中央胃腔大,被隔膜完全分隔,成为许多辐射胃盲管。没有环状管。触手从伞缘缘瓣之间生出数量较少。生殖腺在内伞的各间辐位,呈皱褶状。

本科已记录 3 个属,我国沿海均有记录。

### 属检索表

1. 伞缘着生 16 个感觉器,32 条辐射胃盲管 ········································ 沙水母属 *Sanderia*
   伞缘着生 8 个感觉器,16 条辐射胃盲管 ······················································· 2
2. 16 个缘瓣,8 条触手 ·································································· 游水母属 *Pelagia*
   32~48 个缘瓣,24(或更多)条触手 ················································ 金黄水母属 *Chysaora*

### 游水母属 *Pelagia* Péron et Lesueur, 1809

*Pelagia* péron et Lesueur, 1809, Annu. Mus. Hist. nat., 14:349.

外伞表面有许多刺胞疣。4 条长的口腕。具 16 个缘瓣,8 个感觉器和 8 条触手,感觉器和触手相间排列。16 条辐射胃盲管,每条的末端又分叉成小管伸向各个缘瓣。

本属已记录 1 个种,我国沿海有记录。

#### 夜光游水母 *Pelagia noctiluca* (Forskål, 1775)

*Medusae noctiluca* Forskål, 1775; Descript Anim Itin Orient., 109.

*Pelagia noctiluca* Mayer, 1910:572, pl. 60, figs. 1—3; Kramp, 1961:329; 许振祖等, 1978:46, pl. X, fig. 57; 洪惠馨等, 1985:11; 高尚武等, 2002:200, fig. 117.

形态特征:本种的特征同属一致。伞体宽可达 65 mm。外伞表面及口腕有许多刺胞疣，伞缘有16个缘瓣。8条触手，8个感觉器，触手与感觉器相间排列。有4条长的口腕。本种是一种具有很强发光能力的水母类，这是由于生殖腺具有发光蛋白酶缘故(图2-18)。

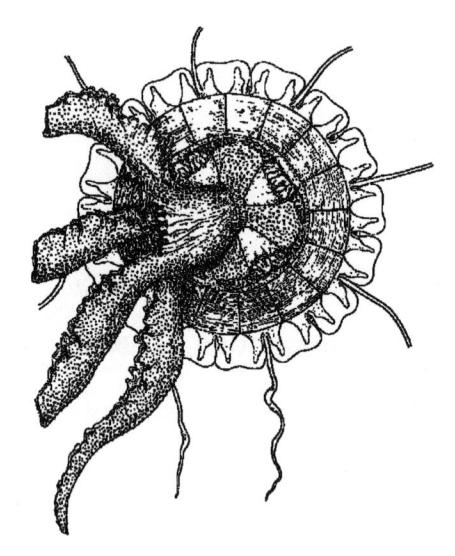

图2-18 夜光游水母 *Pelagia noctiluca* (Forskål)(仿 Russell, 1970)

本种分布广泛，东海南部海域、南海包括西沙群岛海域均有分布。

采集地点：福建南部(漳浦、诏安、云霄、东山等)，台湾海域，海南省的三亚、榆林及西沙群岛海域。

地理分布：日本、菲律宾、马来西亚、印度尼西亚等海域。三大洋热带海域。

## 金黄水母属 *Chrysaora* Péron et Lesueur, 1809

*Chrysaora* Péron et Lesueur, 1809, Annu. Mus. Hist. nat., 14: 364.

本属外伞部有许多细小的刺胞疣突。8个感觉器。32~48(或更多)个缘瓣。每2个感觉器之间有3条(或更多条)触手。16条辐射胃盲管。位于伞缘的8个感觉胃盲管的宽度比触手胃盲管狭窄。本属所有种的特征变异性很大。

本属已记录12个种，我国沿海有1种。

## 金黄水母 *Chrysaora helvola* Brandt, 1838

*Chrysaora helvola* Brandt, 1838; Mem Acod Sci. St. Petersburg Sci. Nat., Sar. 6, 2: 384, pl. 15, figs. 1—4.

*Chrysaora helvola* var. chinensis Mayer, 1910: 581, fig. 366.

*Chrysaora helvola* Kramp, 1961: 324; Uchida, 1936: 41, fig. 24; 许振祖等, 1962: 211—212. pl. 3. fig. 20; 洪惠馨等, 1985: 11; 高尚武等, 2002: 202,

fig. 118.

形态特征：本种伞体近半球形，伞径 70~90 mm，中央部位胶质层较厚，伞缘稍薄。外伞表面覆盖许多小颗粒疣状突起，外观似鳞片状。感觉缘瓣和触手缘瓣近钝三角形，在两者之间还有1个长舌形的缘瓣，故每1/8伞缘有6个缘瓣。触手位于缘瓣之间，每1/8伞缘有触手3条，共24条。8个感觉器位于主辐和间辐位，感觉器无眼点。

口为十字形，四角具4条飘带状的口腕，口腕长轴部有沟的地方较厚，两侧边略为皱褶，其上布满白色的刺胞。中央胃腔发达，由四周延伸出16条辐射胃盲管，感觉胃盲管在隔膜分叉处扩大，约为触手胃盲管宽度的2倍，但在伞缘处感觉胃盲管缩小，只有触手胃盲管的1/2。胃丝不成束，分散着生于胃壁上，有些胃丝在末端分为2~3个小叉。4个马蹄形的生殖下穴，位于间辐位上。没有生殖乳突，腔的上缘没有盖。生殖腺具脑纹状皱褶，附于胃腔上（图2-19）。

图2-19 金黄水母 *Chrysaora helvola* Brandt（仿 Uchida, 1936）

生活时，在外伞部有淡褐色的小斑点和32条淡褐色或橙黄色的放射条纹。

本种广泛分布于热带、温带海域。

采集地点：广东、香港、福建（厦门、平潭、崇武）海域。

地理分布：日本、菲律宾、印度东海岸；太平洋北部沿海等。

### 沙水母属 *Sanderia* Goette, 1886

*Sanderia* Goette, 1886, Sitzungsber. Akad. Wissen. Berlin, Jahrg., 835.

外伞部有许多刺胞疣，伞缘具 32 个缘瓣。16 个感觉器和 16 条触手相间排列。有 32 条辐射胃盲管。

本属已记录 1 个种，我国沿海有记录。

### 马来沙水母 Sanderia malayensis Goette，1886

*Sanderia malayensis* Goette，1886. Sitzungsber. Akad. Wissen. Berlin, Janrg. 1886：835.

*Sanderia malayensis*, Mayer, 1910：590, fig. 375；Kramp, 1961：331；Uchida, 1936：45—46, fig. 27；许振祖等，1978：47, pl. 10, fig. 56；洪惠馨等，1985：11；高尚武等，2002：202—203, fig. 119.

形态特征：伞体扁平，直径 60～100 mm，外伞部有大的刺胞疣突。有 32 个缘瓣。16 个感觉器和 16 条触手相间排列。4 个口腕的两侧缘有许多皱褶。从圆形的中央胃腔放射出 32 条辐射胃盲管，其中 16 条延伸与感觉器相连，另 16 条与触手相连。4 个间辐位生殖腺呈马蹄形。在每个生殖下穴外部有 24～30 条指状突起排列在边缘部位，并突出于伞外（图 2 – 20）。

生活时伞部为淡紫色，在上伞部分布着许多褐色小斑点，生殖腺为赤褐色。

本种为暖水性种类。

采集地点：福建（厦门、漳浦、诏安）、广东、海南、西沙群岛海域。

地理分布：日本、马来西亚、新加坡、菲律宾等海域。

图 2 - 20  马来沙水母 *Sanderia malayensis* Goette（仿 Mayer，1910）

## 霞水母科 Cyaneidae L. Agassiz，1862

本科种类是大型水母。感觉器 8 个，在主辐和从辐处各有 4 个。触手中空，细长，从内伞缘上方从辐位生出。口腕 4 个，大型宽阔、扁平并在两侧边缘形成许多皱褶。从中央胃腔延伸出 8 条辐射胃盲管,各辐射盲胃管在缘瓣处分出许多分枝。没有环管。生殖腺发达,位于间辐内伞壁上,呈复杂、扭曲的皱褶状。

本科已记录 3 属,17 种;我国沿海有 1 属,4 种。

### 属 检 索 表

1. 具有 8 束从辐位触手,每束分几排排列 ·································································· 2
   触手不成束,从宽阔的内伞区生出 ······················································ 单水母属 *Drymonema*
2. 内伞具有放射肌束 ······················································································ 霞水母属 *Cyanea*
   内伞没有放射肌束 ··················································································· 束水母属 *Desmonema*

## 霞水母属 *Cyanea* Péron et Lesueur,1809

*Gyanea* Péron et Lesueur,1809,Annu. Mus. Hist. nat.,14:363.

有 8 个感觉器。8 束从辐位触手,每束分几排并列。内伞有环肌和放射肌,肌层较薄。本属我国已记录 4 种。

### 种 检 索 表

1. 感觉胃盲管和触手胃盲管横向连接 ···················································· 白色霞水母 *Cyanea nozakii*
   感觉胃盲管和触手胃盲管完全分离 ························································································ 2
2. 缘瓣水管垂直,不分枝 ········································································· 棕色霞水母 *Cyanea ferruginea*
   缘瓣水管垂直,分枝 ·················································································································· 3
3. 缘瓣水管弯曲,分枝不连结成网状 ······················································· 发状霞水母 *Cyanea capillata*
   缘瓣水管多分枝,彼此连结成网状 ······················································· 紫色霞水母 *Cyanea purpurea*

## 白色霞水母 *Cyanea nozakii* Kishinouye,1891

*Cyanea nozakii* Kishinouye,1891:1—3,pl. 1;(In Japanese with a German summary)Cyanea nozakii 周太玄等,1956:9—12. figs. 1—4;Uchida,1936:50,fig. 30;许振祖等,1962:212,pl. 2,figs. 17—18;洪惠馨等,1985:11;高尚武等,2002:204—205,fig. 120.

形态特征:伞部扁平呈圆盘状,伞径一般 200~300 mm,大型个体超过 600 mm。外伞表面平滑,近中央的伞顶上有许多密集的刺胞丛隆起。伞缘有 16 个缘瓣。8 个感觉器位于 8 个浅凹缘瓣之间。感觉器为棱形,其远端具有 1 个豆形状的平衡囊。没有眼点。内伞部从辐位有 8 束"U"形细长的触手,每束触手的数目很多,分几排排列。一般较粗的触手靠近中央处,而较细的触手靠近伞缘。有 16 束放射肌,在主辐和从辐部形成十几条并行隆起的环肌,明显形成 16 个部分,宽窄相间排列。口呈方形,口腕薄非常发达,长度超过伞部半径,基部愈合,四翼形,各翼向下延伸两侧构成复杂的皱褶。中央胃囊宽,约为伞径的 1/3,从胃囊发出 16

条辐射胃盲管,在从辐位发出的 8 条,通过环肌束丛后即分叉。所有 16 条辐射胃盲管的分枝,在缘瓣处彼此联合构成网状。无环管。雌雄异体,有 4 个生殖下穴穴内有扭曲状的生殖腺位于胃壁上(图 2-21)。

生活时外伞部和口腕呈乳白色或浅褐色,生殖腺雄性为白色,雌性为淡黄褐色,触手淡红色。

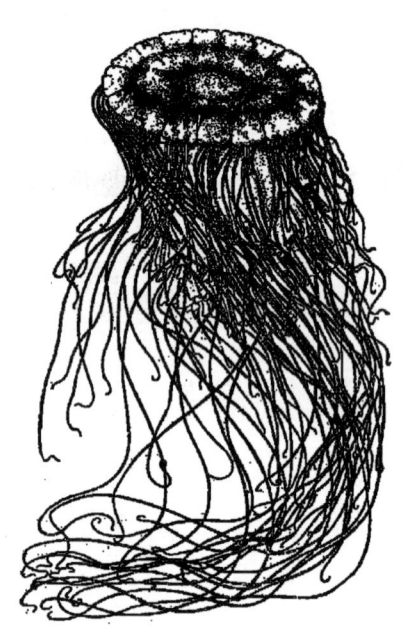

图 2-21　白色霞水母 *Cyanea nozakii* Kishinouye(仿周太玄等,1956)

本种为暖水性广布种,是近海常见的大型水母。夏季常大量密集于黄海、东海各河口区水域,尤其黄海群体更密集,常堵塞渔网,把网胀裂,严重影响渔业生产,渔民称它为"烂鲊"。

采集地点:全国沿海均有分布,主要分布于山东(烟台、青岛)、江苏(吕四)、浙江(舟山)、福建(东山)、广东等海域。

地理分布:太平洋西北部海域、日本。

### 发状霞水母 *Cyanea capillata* (Linné, 1758)

*Medusae capillata* Linnaeus, 1758; Sysema Nalure, Ed. 10, 1: 600.

*Cyanea capillata* Mayer, 1910: 596, pl. 65, text-figs. 3—4; Uchida, 1936: 48—49, fig. 28; Kramp, 1961: 332—333; 洪惠馨等, 1989: 12, pl. 1, fig. 3; 高尚武等, 2002: 205—206, fig. 121.

形态特征:伞部扁平圆盘状,中央部和从辐位近缘瓣处略为隆起,在外伞部形成浅沟。伞部直径超过 1 400 mm,外伞表面光滑,伞缘有 16 个缘瓣,各缘瓣之间的缺刻在主辐和间辐位较浅，而从辐位较深。8个感觉器位于2个缘瓣之间；16束放射肌，略成列着生于辐射肌与环状肌之间。中央胃大，发出16条较粗的辐射胃盲管，延伸至缘瓣处，并分出约10条枝支小管，少数分枝小管彼此相连，但不构成网状。感觉胃囊和触手胃囊完全分开。缘瓣水管弯曲分枝，但不连成网状。口腕4条呈薄幕状。边缘形成复杂皱褶。生殖下穴略呈三角形，生殖腺呈绳索状，淡褐色(图2-22)。

本种生活时体色呈红棕色或淡黄色。

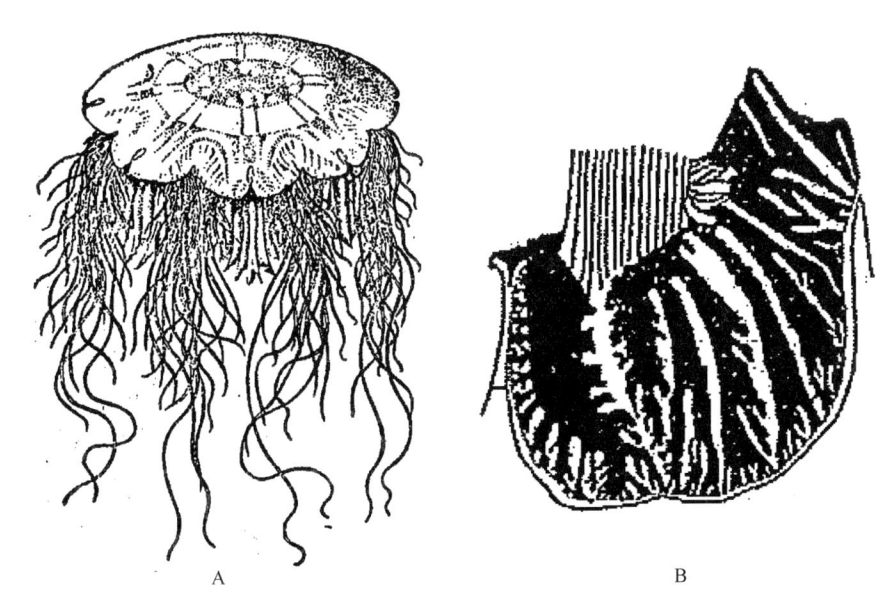

图2-22　发状霞水母 *Cyanea capillata* Linné

A. 整体侧面观(仿山路勇，1980)；B. 水管系统(仿 Uchida, 1927)

本种在形态构造上的特征，如缘瓣、触手数、环肌和射肌束的数目等变化较大，往往使许多学者误定为许多变种。Pérson 和 Lesueur(1809)定名北极霞水母(*Cyanea arctica*) n. Gen. sp. 系本种同物异名。

采集地点：黄海北部海区。

地理分布：南北极温带海域。美国东海岸，阿拉斯加、格陵兰、丹麦、挪威。太平洋西、北部及大西洋北部。日本(陆奥湾以北，北海道、千岛、桦太等)、印度(特里凡得琅沿岸)。

## 棕色霞水母 *Cyanea ferruginea* Eschscholtz, 1829

*Cyanea ferruginea* Eschscholtz, 1829, Syst. der Acalephen, 70, pl. 5, fig. 1.

*Cyanea capillata* Mayer, 1910. 596：synonym of C. capillata.

*Cyanea ferruginea* Kramp, 1961：334；洪惠馨等，1989：13, pl. 1, fig. 4；高尚

武等，2002：206，fig. 122.

形态特征：伞部直径400 mm以上，外伞表面光滑，没有刺胞颗粒。胃管窦有辐隔膜。感觉胃盲管与触手胃盲管完全分开。缘瓣水管不分枝，彼此也不相连接，垂直延伸至伞缘（图2-23）。生活时伞部呈现棕褐色。

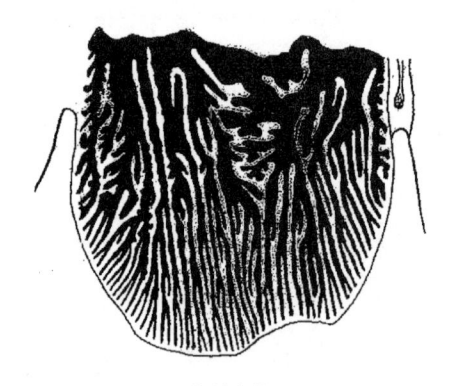

缘瓣水管

图2-23　棕色霞水母 *Cyanea ferruginea* Eschscholtz（仿洪惠馨等，1989）

采集地点：黄海南部、东海北部海域，但个体数量极少。

地理分布：分布于北太平洋的温带海域。

### 紫色霞水母 *Cyanea purpurea* Kishinouye，1910

*Cyanea purpurea* Kishinouye，1910；J. Coll Sci.，Tokyo，27(9)：16，pl. 4. figs. 18—19；*Cyanea purpurea* Mayer，1910：601；Uchida，1936：49，fig. 29；洪惠馨等，1989：(2)：13，pl. 2，fig. 1；高尚武等，2002：206—207，fig. 123.

形态特征：伞部直径300 mm以上，外伞表面有许多刺胞颗粒。胃管窦有隔膜。感觉胃盲管与触手胃盲管完全分开。缘瓣水管多分枝并相互连接（图2-24）。

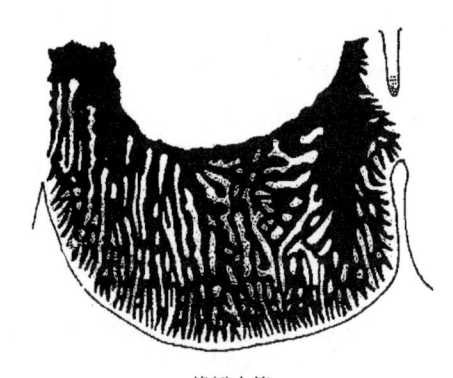

缘瓣水管

图2-24　紫色霞水母 *Cyanea purpurea* Kishinouye（仿洪惠馨等，1989）

本种生活时伞部呈现淡紫色或紫色,十分美丽。

采集地点:我国东南沿海,尤以厦门集美一带海域较为常见。

地理分布:日本、印度洋。

## 洋须水母科 Ulmaridae Haeckel, 1880

本科种类的辐射胃盲管有分枝和不分枝两种类型。有分枝的辐射胃盲管彼此相连接构成不同程度的网状。具有环管。触手众多,从外伞边缘产生。感觉器 8 个。有或无生殖下穴,生殖腺为囊状。口腕 4 条,有分枝或不分枝两种类型。

本科的种类广泛分布于热带、温带海区。寒带海区也有少数种类分布。

本科的种类分为 4 个亚科,12 属,25 种;我国沿海已记录 1 个亚科,1 属,1 种。

### 亚科检索表

1. 具有伞缘触手 ········································································································ 2
   没有伞缘触手 ·········································································· 无缘触手亚科 Stygiomedusinae
2. 触手从外伞边缘上生出,有生殖下穴 ···································· 海月水母亚科 Aureliinae
   触手不是从外伞边缘上生出,没有生殖下穴 ·················································· 3
3. 触手从内伞生出 ··································································· 内伞触手亚科 Sthenoniinae
   触手从缘瓣之间生出 ··························································· 洋须水母亚科 Ulmarinae

海月水母亚科 Aureliinae L. Agassiz, 1862

触手和缘瓣均从外伞边缘上生出。生殖腺具有生殖下穴。

本亚科只有海月水母属(*Aurelia*)和 *Aurosa* 两属。后者 4 条口腕两叉形,仅有 *Aurosa furcata* 一种,产于印度洋 Cocos 岛附近海区。

#### 海月水母属 *Aruelia* Péron et Lesueur, 1809

*Aurelia* Péron et Lesueur, 1809, Annu. Mus. His. Nat., 14:359.

本属伞缘有 8 个或 16 个缘瓣。有 4 条不分枝的口腕。少数或所有辐射胃盲管分枝构成网状。许多细小触手均从伞缘的上部(外伞部)生出。有生殖下穴。

##### 海月水母 *Aurelia aurita* (Linnaeus, 1758)

*Medusae aurita* Linnaeus, 1758, Systema Nature, Ed. 10, 1:660.

*Aurelia aurita* Mayer, 1910:623—626, fig. 397; Kramp, 1961:337—340; Uchida, 1936:57—58, fig. 34; 许振祖等,1962:212, pl. 2, fig. 19; 洪惠馨等,1985:11.; 高尚武等,2002:207—208, fig. 124.

形态特征：本种为温水性种类，在我国北方海区广为分布，对其研究也较多、较详细，被作为钵水母纲的代表编入各类教科书。

本种伞体呈白色，半透明的圆盘状，外伞中央部位的胶质层较厚，伞缘的胶质层较薄，伞部收缩时呈近半球形。伞径100～200 mm，最大可达400 mm。伞缘着生短小纤细的触手（一般为8×24条）和8个宽大的缘瓣。各缘瓣间有1个感觉器。内伞凹入，中央为方形的口柄。口呈十字形，由口部四角伸出4条口腕。口腕长度为伞径的1/2，口腕上长有许多刺胞，沿口腕内侧有纵沟。口直通中央胃腔，胃囊底部有胃丝，其上密集刺胞。

海月水母的胃管系统十分复杂，根据主辐口唇的位置，从中央胃分出的辐射管分为：主辐管（4条），由两胃囊之间伸出，各管分枝直达伞缘与环管接合；间辐管（4条）与主辐管相间排列，分枝也与环管相通；从辐管（8条），位于主辐管和间辐管之间，不分枝，直达环管。

海月水母为雌雄异体，雌性个体的口腕曲折，雄性个体口腕平直。4个生殖腺为马蹄形，呈粉红色，具生殖下穴。

本种生活时伞部透明、无色。生殖腺为浅红色或褐色（彩图4）。

采集地点：山东（烟台、青岛）、浙江（舟山）、福建（平潭）、台湾（西部）近海。

地理分布：分布很广，遍及世界各海区，可视为世界种。

## 第六节　根口水母目

在钵水母纲中本目是进化最为高等、构造最为复杂和机能最为完善的水母类。大多数种类分布于热带至亚热带海域，温带海域分布的种类较少，而寒带海域的种类更少。

本目均为大型水母，伞部多数为半球形，中胶层非常发达、坚实。内伞中央的口柄在个体发育过程中几经褶折变得复杂。中央口成体愈合形成如仙后水母属（*Cassiopea*）的8条口腕，各口腕又反复褶折形成羽状；或2翼型如棱口水母属（*Netrostoma*）；或3翼型如硝水母属（*Mastigias*）。在口柄基部，缨口水母属（*Thysanostoma*）变为口盘状，硝水母属（*Mastigias*）变成口柱状，海蜇属（*Rhopilema*）变成肩板。由于口腕基部愈合，中央口消失，分离部分呈羽状分枝或翼状，各翼边缘皱褶密布许多小吸口，在各小吸口附近具有小触手囊状或丝状附属物，有的种类具有大形棒状附属物。小吸口各有单一或分枝的微细管彼此相连接，并与口柄（垂管）或口盘管相连接，最后与中央胃腔相通，形成十分复杂的胃管系统。

伞缘具有许多缘瓣，没有触手。伞缘各主辐、间辐位有感觉器。感觉器的构造与海月水母的感觉器构造大体相同，但本目绝大多数种类，外伞具有感觉凹。在内伞各间辐处有生殖下穴，有的种类在生殖下穴口的外侧有胶质的乳头状突起称为生殖乳突（subgenital papilla）。中央胃腔宽大，十字形，辐射管都呈网状结构。在硝水母属只有主辐、间辐8条明显的辐射管，从辐8条不明显，但在伞缘可以看到彼此相连成网状。在海蜇属8条从辐管也很明显，其16条幅射管都向伞缘延伸，前半段不分枝，后半段急剧分枝形成网状，各辐射管之间彼此连接形成网状管。胃丝位于胃腔的间辐位成对并行排列。生殖腺发达成皱褶状，也位于间辐位。发育经过变态。

本目的一些种类如海蜇属的海蜇（*R. esculentum*）盛产于我国沿海近岸，由于个体大、胶质层厚、分布广、数量大，自古以来国人以盐矾加工处理伞部制成"海蜇皮"，口腕部称为"海蜇头"，是深受人们喜爱食用的水产佳品，是本目具有经济价值的种类。

本目的种类可分为轮环水母亚目（Kolpophorae）和指环水母亚目（Daktyliophorae）。

亚 目 检 索 表

1. 内伞网状管直接与中央胃腔相连。感觉凹平滑，没有放射褶。生殖下穴没有乳突 ……………………………………………………………………………………………………………… 轮环水母亚目 Kolpophorae
2. 内伞网状管不直接与中央胃腔相连，而与环管相连。感觉凹内具有放射褶。生殖下穴有乳突 ……………………………………………………………………………………………………… 指环水母亚目 Daktyliophorae

# 轮环水母亚目 Kolpophorae

本亚目口腕呈双叉形、三角形或三翼形。缺乏原始的环状管。消化循环系最初呈圆盘状，以后逐渐发展成网状。内伞的网状管直接同中央胃腔相连。感觉凹内没有放射褶。生殖下穴没有胶质的乳突。

本亚目的种类据 P. L. Kramp（1961）分为3族、5科、10属（含1个可疑属），38种以及3个可疑种和4个未定种。

我国已记录有3族、4科、7种。

### 族 检 索 表

1. 内伞有环肌、有环管，胃腔方形。口腕3翼，4个生殖下腔相通合一 ············ 环肌水母族 Krikomyariae
   内伞有或无环肌、无环管，胃腔非方形。口腕羽状分枝，4个生殖下腔彼此分离 ···················· 2
2. 内伞有环肌，无辐肌，胃腔圆形。口腕羽状分枝，原管4条 ·············· 圆腔水母族 Kampylomyariae
   内伞有辐肌，无环肌，胃腔八角形。口腕双叉羽状分枝，原管8条 ·········· 八角水母族 Actinomyariae

## 圆腔水母族 Kampylomyariae

本族种类内伞辐肌羽状。辐管通常为感觉器数目的2倍（最多32条）。没有或不明显的环管。中央胃腔圆形，腕盘（arm disk）八边形，有4条原管（primary canals）。4个生殖腺下穴小而圆，彼此完全分离。本族仅有1科。

## 仙后水母科 Cassiopeidae Stiasny, 1921

本科口腕羽状或不规则分枝。感觉器8~16个。辐射管数目为感觉器2倍；环管不明显或没有环管。内伞辐肌呈羽状，没有辐肌；4个彼此分离的生殖下穴。

本科仅仙后水母属 *Cassiopea* 1属。

### 仙后水母属 *Cassiopea* Péron & Lesueur 1809

*Cassiopea* n. g. Péron & Lesueur 1809：356.

有8条羽状或不规则分枝口腕，在口腕腹面仅有1个开口和大、小不一的囊状附属物，没有环管（或不明显）。通常有16个感觉器和大约16条（或更多）间感觉辐管，各条辐管分枝组成网状相互连接于感觉器（图2-25）。

网状水管系统

图2-25 仙后水母属 *Cassiopea* Péron & Lesueur（仿 Stiasny 1923）

本属已记录10个种（含1个可疑种），我国沿海有1个种。

### 安氏仙后水母 *Cassiopea andromeda*（Forskål 1775）

*Medusa andromeda* n. sp. Forskål，1775；107，pl. 31，three figs.

*Cassiopea andromeda* Eschscholtz 1892：43；Mayer 1910：637；Stiasny，1924a：488；Kramp，1961：348。

形态特征：伞部扁平呈盘状，伞径 100～120 mm，伞高 20～30 mm，缘瓣粗短，末端钝，数目常变。口腕宽而扁平，每条口腕呈树枝状，有 4～6 条侧扁、侧面短的分枝。在每条口腕和口之间有许多小的和 5 个较大的棒状囊泡（彩图 5）。

采集地点：海南琼海、台湾屏东。俗称"倒立水母"。本种为我国首次记录。

地理分布：马来半岛、菲律宾、泰国、新加坡、非洲东海岸、红海、印度洋东部。

## 八角水母族 Actinomyariae

本族种类内伞有发达的辐射肌。8 条感觉辐管。没有环管。4 个生殖下穴小而圆，彼此基本分离。胃腔八角形，有 8 条原管（primary canals）。仅有 1 科。

## 皇冠水母科 Cepheidae Stiasny，1921

本科口腕 2 翼型，各腕末端有一条短的附属物。辐射管 16 条。无环管。辐肌十分发达。有 4 个生殖下穴彼此基本分离或内部相通合成 1 个棱形胃腔（Netrostoma）。感觉器 8 个，感觉凹没有放射褶。

本科已记录 4 个属（含 *Polyrhiza* 可疑属），我国沿海有 2 个属。

**属检索表**

1. 外伞中央光滑，每 1/8 伞部有 13 条以上辐管，口腕表面有吸盘 ·················· 八角水母属 *Cotylorhiza*
   外伞中央有疣突，每 1/8 伞部有 13 条以下辐管，口腕无吸盘 ······················································ 2
2. 外伞中央疣突小，每 1/8 伞部有 3 条以上辐管，口腕表面长有细丝状附属物 ·············· 松果水母属 *Cephea*
   外伞中央疣突很大，每 1/8 伞部只有 3 条辐管，口腕和腕盘长有硬的附属物 ·············· 棱口水母属 *Netrostoma*

### 棱口水母属 *Netrostoma* Schultze，1898

*Netrostoma*，Schultze，1898，Denkschr. Med. Nat. Gesell. Jena. (8)：457.

本属口盘大，呈八角形。口腕为 2 翼型，在口腕和口盘表面长有短小硬的附属物。每 1/8 伞缘只有 3 条间感觉辐管（图 2-26）。无环状管。生殖下穴小而圆，在内部有时连接形成大的腔。

本属已记录 4 个种，我国沿海有 2 个种。

网状水管系统

图 2-26 棱口水母属 Netrostoma Schultze（仿 Stiasny 1923）

## 蝶形棱口水母 Netrostoma setouchianum（Kishinouye, 1902）

*Microstylus setouchianus* Kishinouye, 1902, J. Coll. Sci. Tokyo, 17(7): 11, pls. 1—2, figs. 8—10.

*Cephea cephea* var. *setouchiana* Mayer, 1910: 657, text - fig. 409.

*Netrostoma setouchianum* Stiasny. 1937: 110—115, figs. 1, 2; Uchida, 1936: 66, text - fig. 39; Kramp, 1961: 356; 洪惠馨等, 1985: 12, pl. 1, fig. 3; 高尚武等, 2002: 211, fig. 125。

形态特征：伞径 100~280 mm，伞部为圆盘状，中央部分比较厚实，其上分布至少 50 个以上不规则尖硬的疣状突出物，伞中部略为凹陷，致使其外周形成一条环沟状。伞部边缘很薄，伞缘被 8 个感觉器 8 等分，每 1/8 伞缘有 6~8 个椭圆形缘瓣。8 条感觉辐管在接近伞缘处分枝，与每 2 条感觉辐管之间的 3 条分枝的间辐管彼此连接成网状。8 条口腕，每条口腕为 2 翼型，并有 2~3 个羽状分叉。在口腕皱褶有许多小吸口和短小附属物。4 个生殖下穴圆形，彼此相通，没有环管。生殖腺淡褐色，伞部表面和口腕为紫蓝色（图2-27）。

图 2-27 蝶形棱口水母 Netrostoma setouchiamum（Kishinouye）（仿洪惠馨等, 1985）

采集地点：浙南海域，水深 40~90 m 数量较多。

地理分布：日本、斐济群岛。

### 墨绿棱口水母 *Netrostoma coerulescens* Maas, 1903

*Netrostoma coerulescens* Maas, 1903, Siboga Exped., Monogr., XI, 35, Pl. 5, figs. 37, 46.

*Cephea octostyla* var. *coerulescens* Mayer, 1910：653, text – fig. 405.

*Netrostoma coerulescens* Stiasny, 1921：77, Pl. 1, fig. 2, Pl. 3, figs. 19, 20, text – figs. 3—4；Uchida, 1936：67, text – fig. 40；Kramp, 1961：356；洪惠馨等 1985：12, pl. 1, figs. 4—6；高尚武等, 2002：212, fig. 126。

形态特征：本种伞部呈圆屋顶形，宽 200 mm 以上；与蝶形棱口水母相似，不同之处为：伞部中央处的疣状突出物的数目较少，一般约 10 个。口腕长有 2 种附属物，一为又小又薄的管状物，其上长出许多突出的刺胞疣突；另一为稍大的突出物，细长呈纺锤状（图 2 – 28）。

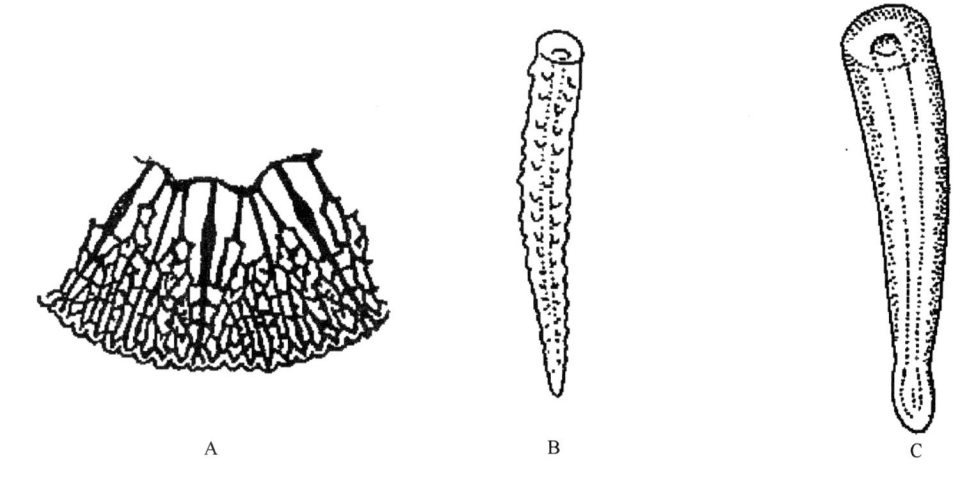

图 2 – 28　墨绿棱口水母 *Netrostoma coerulescens* Maas（仿洪惠馨等, 1985）

A. 水管系统；B. 位于腕盘具瘤状突起的附属器；C. 位于口腕的棒状附属器

采集地点：浙南沿海，水深 40~90 m。

地理分布：日本、菲律宾、马来西亚、印度支那、印度洋、马尔代夫群岛、澳大利亚。

### 松果水母属 *Cephea* Péron et Lesueur, 1809

*Cephea* Péron et Lesueur, 1809, Annu. Mus. Hist. nat., 14：360.

伞部每 1/8 有 3 条以上的感觉辐管。外伞部中央表面有许多疣状突出物。口腕

2翼型。从口盘缝合皱褶处生出长丝状附属物。有8条通向各感觉器的感觉辐管，在接近伞缘处分枝，与每2条感觉辐管之间的3条以上的分枝辐管在伞缘相互连接形成网状（图2-29）。口盘大，胶质厚。4个生殖下穴小，圆形，彼此相通。环状肌不发达，但放射肌发达。感觉器8个，感觉凹没有放射褶。

本属已记录4个种，我国沿海有1种。

网状水管系统

图2-29 松果水母属 *Cephea* Péron et Lesueur（仿 Stiasny 1923）

### 松果水母 *Cephea conifera* Haeckel, 1880

*Cephea conifera* Haeckel, 1880, Syst. der Medusen, 576, pl. 36, figs. 3—6.

*Chphea cephea* var. *conifera* Mayer, 1910, 655, text-fig. 407.

*Cephea conifera* Stiasny, 1921: 75; Kramp, 1961: 352; 洪惠馨等, 1989: 13, pl. figs. 6—7; 高尚武等, 2002: 13. figs. 127.

形态特征：本种伞径100~120 mm，伞高50~60 mm。伞部呈圆盖形，外伞部有一条环形沟，沟内侧胶质厚，形成圆形隆起，表面长出30多个大型和许多小型疣状突出，形似松树的毯果；沟外侧至伞缘胶质层逐渐变薄。伞缘有80条浅的放射沟，将伞缘分成80个不典型的缘瓣，边缘没有缺刻。感觉器8个，无放射褶。8个感觉管在深凹处明显可见。每1/8有7条间辐管，各管向伞缘延伸并多次分枝，并与相邻2条感觉管彼此相连接构成网状。口盘下有8条胶质坚实的口腕。口腕为双叉型，每叉外端再分成许多短小分枝，末端皱褶有许多小吸口，在皱褶上长有许多细小、长短不一的丝状附属物。从中央胃腔发出8条辐管至各个口腕末端，各辐管再多分枝与各小吸口相通。没有环管。有4个位于间辐位的生殖腺。生活时，伞体无色，透明状（图2-30）。

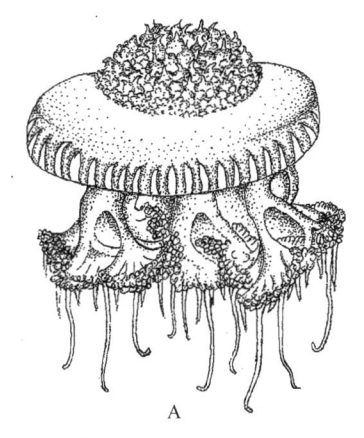

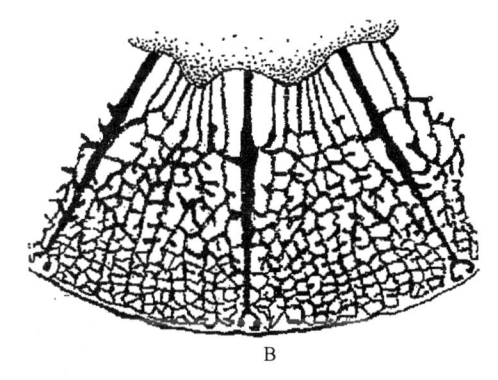

图 2-30　松果水母(*Cephea conifera* Haeckel，1880)(仿洪惠馨等，1989)

A. 整体侧面观；B. 水管系统

采集地点：浙南沿海、台湾海峡。

地理分布：热带太平洋区的萨摩亚和加罗林岛一带海域。

## 环肌水母族 Krikomyariae

本族种类内伞有环肌。8 条感觉辐管。有环管。4 个生殖下穴宽大，穴内相通合一。没有生殖乳突。胃腔方形，有 4 条原管。

本族已记录 3 个科，我国有 2 个科。

## 硝水母科 Mastigiidae Stiasny，1921

本科口腕为 3 翼型，各翼呈角锥形，末端有大形棒状附属物。除有 16 条主、间辐管之外，还有多条从辐射管。有环管。环状肌十分发达，但辐射肌不发达。感觉器 8 个，在感觉凹没有放射褶。4 个生殖下穴相通合一，没有胶质乳突。

本科已记录 3 个属 45 个种(含 4 个可疑种)，我国沿海只有硝水母属 *Mastigias* 的 2 个种。

### 属 检 索 表

1. 口腕末端有 1 条大形棒状附属物 ·················································· 硝水母属 *Mastigias*
   口腕末端没有 1 条大形棒状附属物 ································································· 2
2. 口腕没有附属物 ······································································ 鞭硝水母属 *Mastigietta*
   口腕有许多丝状附属物 ···························································· 叶硝水母属 *Phyllorhiza*

### 硝水母属 *Mastigias* Agassiz，1862

*Mastigias* Agassiz，1862，Contr. Nat. Hist. U. S.，4：152.

本属口腕末端有 1 条大形棒状附属物。口腕扁平，三翼形，皱褶、边缘上均有小吸口,而且扩展到口腕侧面都有小吸口,周围有许多小棒状物和丝状物。感觉器 8 个,感觉凹没有放射状褶。每 1/8 内伞网状管有 8 条间感觉器和 6~20 条管根(canal roots),通常与感觉辐管相连合(图 2-31)。

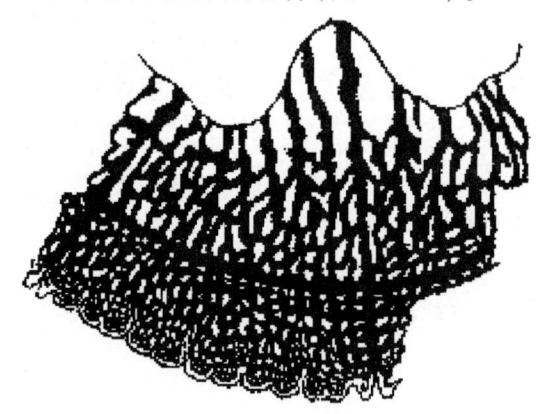

图 2-31 硝水母属 *Mastigias* Agassiz, 1862（仿 Stiasny, 1923）

### 巴布亚硝水母 *Mastigias papua* (Lesson, 1830)

*Cephea papua* Lesson, 1830, Voyage de la Coquille Zooph., 122, pl. 11, figs. 2, 3.

*Mastigias papua* Mayer, 1910: 678; taxt-fig. 415; Light, 1921: 42; Uchiada, 1936: 71—72, text-fig. 43; Kramp, 1961: 359—360; 洪惠馨等, 1985: 12, pl. 2, fig. 2; 高尚武等, 2002: 14, figs. 12, 8.

形态特征:伞部呈半球形,伞径 90~200 mm,外伞表面有许多细小的颗粒状突起。8 个感觉器分别与主辐管和间辐管相连接。在 2 个感觉器之间有 8 个缘瓣(共有 64 个缘瓣)。在每个缘瓣之间有一条深沟。8 条口腕,长度约为伞径的一半,每条口腕为三翼型,腕的横切面为三角形,每条口腕的末端有一条大形棒状附属物。胃腔呈"十"字形。辐管系统发达,每 1/8 内伞的网状管约有 10 条管根,通常与感觉管相连接(图 2-32)。

采集地点:广东、海南、福建(厦门、诏安、云霄)等海域。

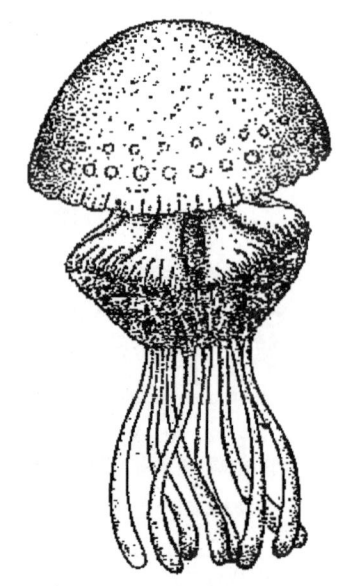

图 2-32 巴布亚硝水母
*Mastigias papua*
(Lesson, 1862)
(仿洪惠馨等, 1985)

地理分布:印度洋、太平洋、日本、斐济、马来西亚、新加坡、菲律宾等海域。

## 眼硝水母 *Mastigias ocellatus*（Modeer, 1791）

*Medusa ocellata* Modeer, 1791, Nova. Acta. Phys. Med., N. C., 8, Append. 27.

*Versurapalmata* Mayer, 1910: 685.

*Mastigias ocellatus* Stiasny, 1922e: 530—534, text - figs. 4—6; 1924a: 490—493, text - figs. 2—3; Kramp, 1961: 358—359; 洪惠馨等, 1985: 7—18; 高尚武等, 2002: 14, figs. 128.

形态特征：伞部的中胶层较厚，外伞表面有许多呈多角形的刺胞疣，并有眼状的色素斑点（外圈白色，边缘和中央为褐色）。每1/8 伞缘有12 个圆形缘瓣。腕盘有少量丝状附属物，口腕厚较短，有大而坚实的侧枝，并附有丝状和棒状附属物，纵切面末端呈三角形。每1/8 内伞的网状管有15~20 条管根。主辐感觉管呈瓶状，没有联合（图2-33，彩图6）。

采集地点：海南（榆林港）、香港、台湾、福建沿海。

地理分布：菲律宾、马来半岛、印度洋。

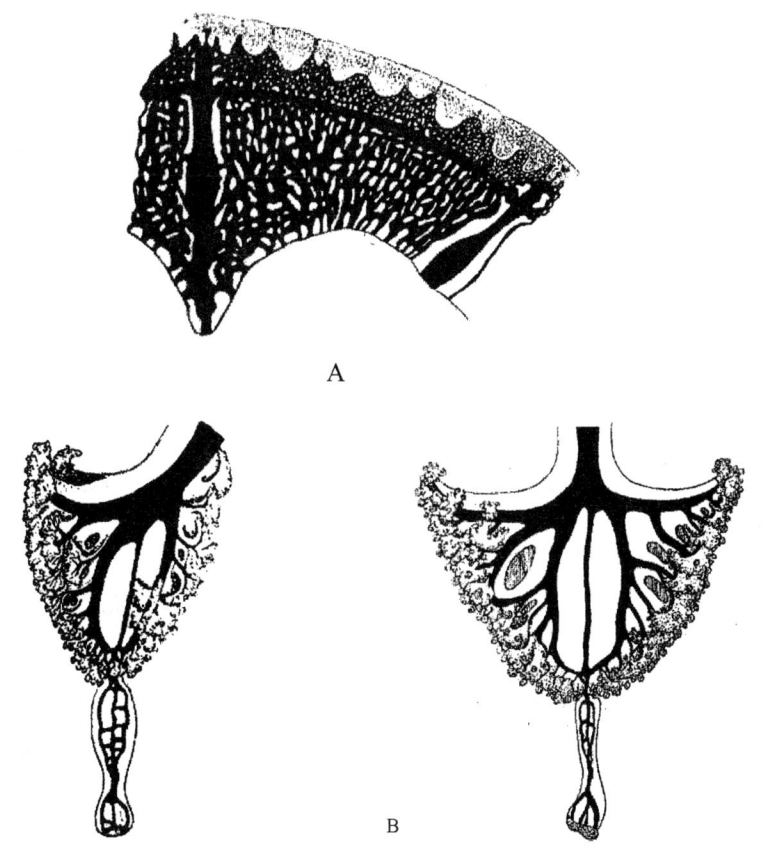

图2-33 眼硝水母 *Mastigias ocellatus*(Modeer, 1791)（仿：Stiasny, 1922）
A. 每1/8 内伞网状管及主辐感觉管；B. 口腕纵切面

## 缨口水母科(Thysanostomatidae Agassiz, 1862)

本科伞部呈半球形，外伞表面粗糙有细颗粒突起；口腕狭长，鞭状，横切面呈三角形或三翼形，末端有或无附属物。

本科已记录1属3种，我国仅有1种。

### 缨口水母属 *Thysanostoma* L. Agassiz, 1862

*Thysanostoma* n. g. L. Agassiz, 1862: 153.

本属特征与科相同。口腕末端光秃或有棒状附属物，8条辐管全部相连接，有环管。

### 鞭腕缨口水母 *Thysanostoma flagellatum* (Haeckel, 1880)

*Lorifera flagellata* Mayer, 1910: 695; Stiasny, 1929c: 204, fig. 4.

*Thysanostoma flagellata* Stiasny, 1940a: 25; Kramp, 1961: 364; 洪惠馨等, 2009: 21, fig. 1.

形态特征：伞部略呈半球形，伞径120～150 mm，外伞有细颗粒状突起。伞缘有8个感觉器，感觉凹无放射褶。每1/8伞缘有8个椭圆形缘瓣。口腕8条，狭长、鞭状，其末端有1条逐渐变细呈线状附属物，其长度约为腕长2/3。有环肌和环管，内环网管直接与中央胃腔相连，网眼细，每1/8内环网约有20条管根(canal roots)。生殖下穴相连，没有生殖乳突(图2-34)。

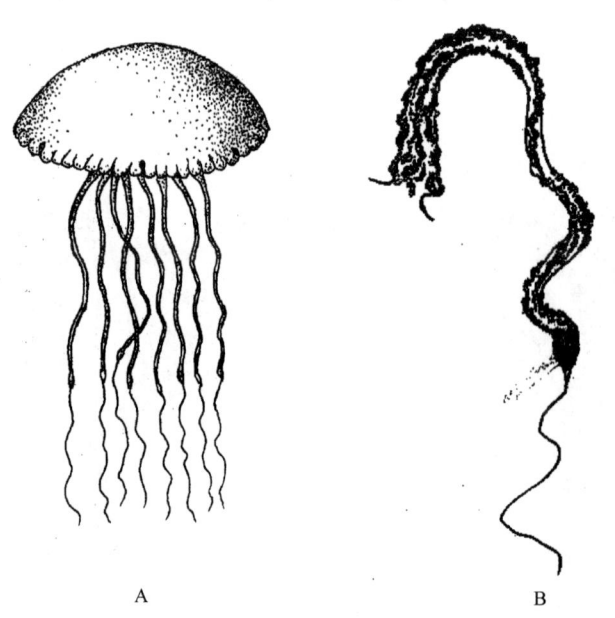

图2-34 鞭腕缨口水母 *Thysanostoma flagellatum* (Haeckel 1880)(仿洪惠馨等, 2009)
A. 侧面观；B. 口腕

采集地点：南海中部（标本系中国科学院南海海洋研究所提供）。
地理分布：菲律宾、马来群岛、夏威夷、加里曼丹。

## 指环水母亚目 Daktyliophorae

本亚目口腕三翼形。内伞的网状管不与中央胃相连接，而与环管相连接。感觉凹有放射褶，下伞有环肌。生殖下穴狭窄，有生殖乳突。

本亚目的种类较多，据 Kramp(1961) 将本亚目分为 2 族、5 科、15 属、42 种。

我国沿海已记录 2 族、5 科、7 属、14 种。

### 族 检 索 表

口腕基部无肩板，辐管没有全部延伸达到伞缘。生殖下穴彼此相连····················· 无肩板族 Inscapulatae
口腕基部具肩板。辐管都延伸至伞缘。生殖下穴彼此分隔····························· 有肩板族 Scapulatae

## 无肩板族 Inscapulatae

口腕基部没有肩板。具有环管。16 条或 32 条辐管没有全部都延伸至伞缘。生殖下穴彼此相连。

我国海域已记录以下 3 科、5 属、9 种。

### 科 检 索 表

1. 16 条辐管之间具有末端盲状的向心管·························································· 向心水母科 Lychnorhizidae
   16 条辐管之间没有向心管ᅟᅟᅟᅟᅟᅟᅟᅟᅟᅟᅟᅟᅟᅟᅟᅟᅟᅟᅟᅟᅟᅟᅟᅟᅟᅟᅟᅟᅟᅟᅟᅟᅟᅟᅟᅟᅟᅟᅟᅟᅟᅟᅟᅟᅟᅟᅟᅟᅟᅟᅟᅟᅟᅟᅟᅟᅟᅟᅟᅟᅟᅟᅟᅟ 2
2. 内环网状管与部分或全部辐管相连接。口腕薄片状，侧面具有多个"窗状"开孔······ 叶腕水母科 Lobonematidae
   内环网状管不与辐管相连接。口腕较厚，角锥状，侧面无窗状开孔························· 端棍水母科 Catostylidae

## 向心水母科 Lychnorhizidae Haeckel, 1880

具有 16 条辐管，辐管之间具有末端盲状、互不相连的向心管。口腕宽、多皱褶。

本科已记录 3 个属，我国仅有向心水母属 *Lychnorhiza* 2 个种。

### 属 检 索 表

1. 口腕末端有附属物ᅟᅟᅟᅟᅟᅟᅟᅟᅟᅟᅟᅟᅟᅟᅟᅟᅟᅟᅟᅟᅟᅟᅟᅟᅟᅟᅟᅟᅟᅟᅟᅟᅟᅟᅟᅟᅟᅟᅟᅟᅟᅟᅟᅟᅟᅟᅟᅟᅟᅟᅟᅟᅟᅟᅟᅟᅟᅟᅟᅟᅟᅟᅟᅟᅟᅟᅟᅟᅟᅟᅟᅟ 2
   口腕末端没有附属物ᅟᅟᅟᅟᅟᅟᅟᅟᅟᅟᅟᅟᅟᅟᅟᅟᅟᅟᅟᅟᅟᅟᅟᅟᅟᅟᅟᅟᅟᅟᅟᅟᅟᅟᅟᅟᅟᅟᅟᅟᅟᅟᅟᅟᅟᅟᅟᅟᅟᅟᅟᅟᅟᅟᅟ *Lychnorhiza*
2. 口腕末端有细长棒状附属物，口腕上还有许多丝状附属物 ·································· *Anomalorhiza*
   口腕末端棒状附属物很大，口腕上没有其他附属物ᅟᅟᅟᅟᅟᅟᅟᅟᅟᅟᅟᅟᅟᅟᅟᅟᅟᅟᅟᅟᅟᅟᅟᅟᅟᅟ *Pseudorhiza*

## 向心水母属 *Lychnorhiza* Haeckel，1880

*Lychnorhiza* Haeckel，1880. Syst. der Medusen，P. 587，pl. 34，figs. 1—8.

本属种类口腕轴的末端没有棒状附属物；口腕上有或没有丝状附属物。8 条辐管到达伞缘，另 8 条仅到达环管。在 16 条辐管之间。各有 2～4 条向心管(图2-35)。

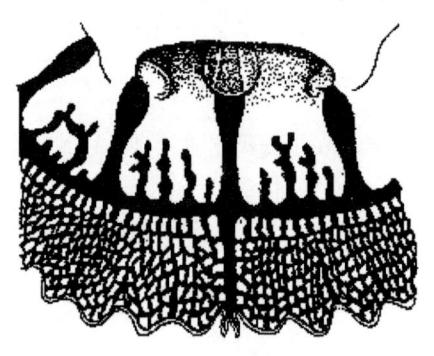

向心管

图 2-35 向心水母属 *Lychnorhiza* Haeckel，1880(仿 Stiasny 1923)

### 种 检 索 表

1. 向心管 4 条，口腕无附属物 ·················································· 马来向心水母 *Lychnorhiza malayensis*
   向心管 2 条，口腕有附属物 ································································································· 2
2. 每 1/8 伞缘有 8 个尖形缘瓣；口腕上有短的丝状附属物 ········································· 向心水母 *L. arubae*
   每 1/8 伞缘有 4 个大缘瓣；口腕上有许多长的丝状附属物 ················································· *L. lucerna*

## 向心水母 *Lychnorhiza arubac* Stiasny，1920

*Lychnorhiza arubac* n. sp Stiasny，1920：225—226；1921 b：120，Pl. 2，fig. 8；Kramp，1961：366；洪惠馨等，2009：20—30，fig. 2.

形态特征：伞部近半球形，伞径 60～230 mm，伞部高 100～130 mm；外伞表面有细颗粒。口腕与腕盘半径等长，每条口腕基部彼此距离较大，各腕有短的丝状物。有环管。8 个感觉器，感觉凹有放射褶。每 1/8 伞缘有 8 个尖的缘瓣。8 条较宽的感觉幅管延伸至伞缘，另 8 条较狭的间幅管仅与环管相连。外环网眼稍大，一直延伸至伞缘。每 2 条幅管之间有 2 条向心管。4 个生殖下穴表面有生殖乳突(图 2-36)。

据 Kramp(1961)报道，本种外伞部从顶端到伞缘有许多条放射肋，但笔者的标本未看到这一特征。

采集地点：广东湛江沿海。

地理分布：马来群岛。

图 2-36　向心水母 *Lychnorhiza arubac* Stiasny，1920（仿洪惠馨等，2009）

## 马来向心水母 *Lychnorhiza malayensis* Stiasny，1920

*Lychnorhiza malayensis* Stiasny，1920：226；1921b：122，Pl. 2；fig. 9；1932：89—95，figs. 1—4；Kramp，1961：367；洪惠馨等，2009：20—30，fig. 3.

形态特征：伞部半球形，伞径 100～150 mm，外伞表面有不规则网状刺细胞。8 个感觉器，感觉凹有放射褶。每 1/8 伞缘有 8 个尖缘瓣。口腕大约与伞径等长，没有任何附属物。在每 2 条幅管之间有 4 条向心管。4 个生殖下穴表面有生殖乳突（图 2-37）。

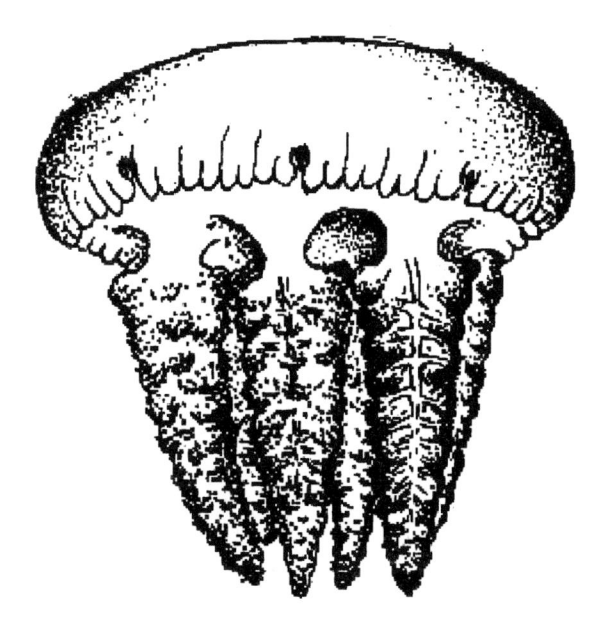

图 2-37　马来向心水母 *Lychnorhiza malayensis* Stiasny，1920（仿洪惠馨等，2009）

采集地点：广东湛江沿海。

地理分布：马来群岛、印度尼西亚（爪哇岛）、印度洋（马德拉斯沿海）。

## 端棍水母科 Catostylidae Claus, 1883

8 条感觉辐管延伸至伞缘，另有 8 条间感觉辐管仅与环管相接。内环网状管与环管相接，但不与 16 条辐射管相接。口腕呈金字塔形。

本科已记录 5 个属，我国有 2 属 5 种。

### 属检索表

1. 内环网状系统宽，直接与辐管相连接 ················································································· 2
   内环网状系统窄，不与辐管相接，仅与环管相连接 ···························································· 3
2. 仅与感觉管相连接；口腕有鞭形丝状附属物 ·········································· 端鞭水母属 Acromitus
   还与其他辐管相连接；口腕末端没有附属物 ·········································································· 4
3. 口腕末端没有棒状附属物 ····································································································· Crambione
   口腕末端有棒状附属物 ········································································································ Crambionella
4. 内环网状系统还与间感觉管相连接 ······················································································· Acromitoides
   内环网状系统除了与间感觉管相连接外，还与感觉器相连接 ················ 端棍水母属 Catostylus

### 端棍水母属 Catostylus L. Agassiz 1862

*Catostylus* L. Agassiz, 1862: 152—153.

内网状系统宽，直接与感觉器和间辐管相连接，内网管的网眼较大，外网管延伸到缘瓣，网眼细小；有环管；口腕没有附属物（图 2-38）。

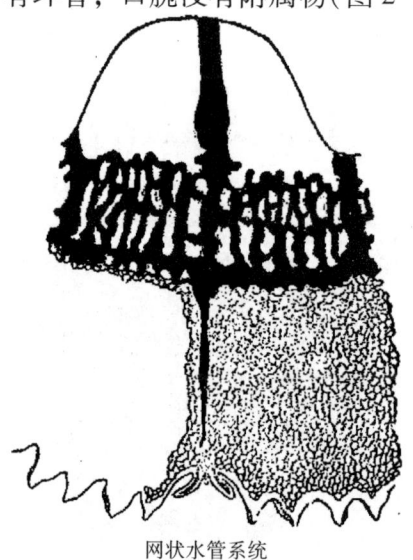

网状水管系统

图 2-38　端棍水母属 *Catostylus* L. Agassiz, 1862（仿 Stiasny 1922）

### 端棍水母（*Catostylus townsendi* Mayer，1915）

*Catostylus townsendi* n. sp. Mayer 1915：188，fig，5；Stiasny，1921 b：144，pl. 2，fig. 12，pl. 5，figs. 39，47，text – fig. 10；Stiany 1925：5，fig. 1—5；Kramp 1961：371—372.

形态特征：外伞部呈较平的半球形，表面有细小颗粒状突起，胶质层坚硬；缘瓣数目变化较大，缘瓣长约为宽的2倍，两个缘瓣之间的裂缝较深并向上延长；感觉缘瓣小，卵圆形；口腕长为伞部直径的2/3，三翼形部分为基部长的2~4倍，口腕末端逐步变尖（彩图7）。

采集地点：台湾。

地理分布：加里曼丹、马来群岛、爪哇、泰国湾。

### 端鞭水母属 *Acromitus* Light，1924

*Acromitus* Light，1924，China J. Sci.，2：449.

伞部内环网状管直接与环管和感觉辐管相连接，但不与间感觉管相连接。口腕末端有1条长鞭形丝状附属物（*A. hardenbergi* 除外）（图2 – 39）。

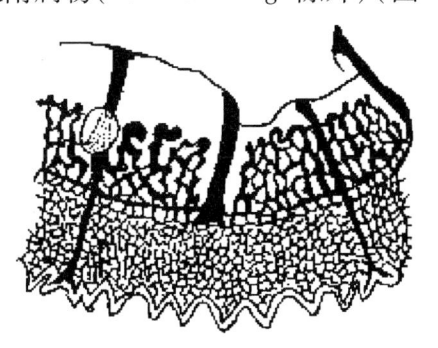

内环网状管

图2 – 39 端鞭水母属 *Acromitus* Light，1924（仿 Stiasny 1934）

#### 种 检 索 表

| | |
|---|---|
| 1. 每条口腕末端都有1条丝状附属物 | 2 |
| 每条口腕末端没有1条丝状附属物 | 哈氏端鞭水母 *Acromitus hardenbergi* |
| 2. 内环网状管多分枝 | 3 |
| 内环网状管分枝少（不超过3条） | 4 |
| 3. 口腕末端丝状附属物长；生殖乳突梨形 | 陈嘉庚水母 *A. tankahkeei* |
| 口腕末端丝状附属物短；生殖乳突槌形或心形 | 端鞭水母 *A. flagellatus* |
| 4. 3条内环网管模糊；生殖乳突呈片瓣状 | *A. maculosus* |
| 3条内环网管清晰；生殖乳突呈三角锥形 | 拉宾水母 *A. rabanchatu* |

## 陈嘉庚水母 [①]*Acromitus tankahkeei* Light, 1924

*Acromitus tankahkeei* Light, 1924, China J. Sci., 2: 449—450, fig. 1.

*Acromitus tankahkeei* Kramp, 1961: 369—370; 许振祖等, 1962: 23, pl. 3, fig. 21; 洪惠馨等, 1985: 13, pl. 11, fig. 3. 高尚武等, 2002: 217, fig. 130.

形态特征：伞部略呈半球形，伞径 40 ~ 120 mm，外伞表面光滑，在外伞表面、生殖下穴底部及下穴之间部位都分布着红褐色的斑点。每 1/8 伞缘有 4 对长舌状缘瓣和 1 对狭小感觉缘瓣（位于感觉器的两侧）。8 个感觉器。平衡囊上有一丛色素。生殖下穴具有一个梨形乳突，有的个体有几个小乳突。生殖腺成弧形排列。

有 8 条口腕，长度为伞径的 2/3，口腕为三翼型，各翼有许多丝状物，末端具有 1 条长的鞭状附属物。所有 16 条辐射管在环管的外侧构成复杂网状，但在环管内侧只有 8 条辐管与环管相连接，并构成网状。下伞有环肌。

生活时伞部有红褐色小斑点，口腕为乳白色（图 2 - 40）。

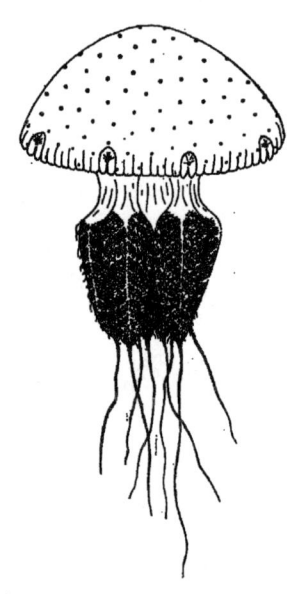

图 2 - 40 陈嘉庚水母 *Acromitus tankahkeei* Light, 1924（仿 Light, 1924）

采集地点：福建（晋江、惠安、厦门、诏安、云霄、东山）、广东（汕头）。

地理分布：中国特有种（endemic specie）。福建南部—广东西北部沿海。

### 端鞭水母 *Acromitus flagellatus* (Maas, 1903)

*Himantosma flagellatus* Maas, 1903, Siboga Exped., Monogr., 11: 77, pl. 10,

---

[①] 本种系美籍教授 S. F. Light 于 1924 年在厦门大学工作时在厦门海区发现，为纪念厦门大学创办人陈嘉庚先生而命名为陈嘉庚水母。

figs. 87—92.

*Conifera flagellatus* Mayer, 1910 Carnegie Inst. Washington, Publ., 695.

*Acromitus flagellatus* Stiasny 1934b: 5; Stiasny, 1934c: 8—10, fig. 1; Uchida, 1954: 218; Kramp, 1961: 368—369; 洪惠馨等, 1985: 13, pl. 11, fig. 3; 高尚武等, 2002: 218, fig. 313.

形态特征：伞部半球形，伞径120～130 mm，外伞部表面光滑或有细小颗粒。伞缘8个感觉器，感觉凹有放射褶；每1/8伞缘有8个缘瓣。口腕8条，狭长，约与伞径等长，有许多短丝状物，口腕末端有1条长的丝状物。内环网状管宽，网眼大，直接与感觉管相连接(不与感觉间管相连接)。外环网状管密集、多分枝，网眼小，延伸至缘瓣。生殖下穴彼此相通，生殖乳突呈槌形或心形(图2-41)。

国外学者(Maaden，1935)曾在我国厦门沿海采到过本种标本，定名为(*Acromitus maculsus* var. sp.)的一个变种，Uchida(内田亨)于1955年报道在我国台湾沿海采到标本。洪惠馨等于1977年曾在福建诏安沿海采到1个标本。

采集地点：福建(诏安、厦门)、广东(汕头)、湛江沿海、台湾。

地理分布：马来群岛、日本、加里曼丹、印度洋。

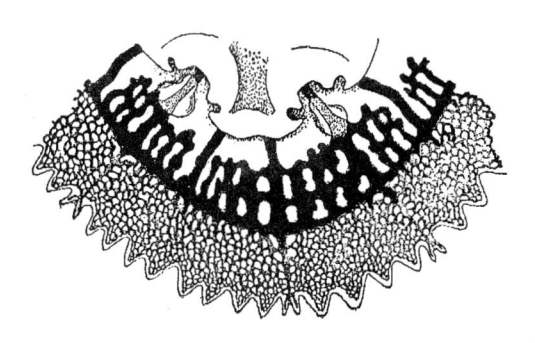

生殖乳突及水管系统

图2-41 端鞭水母 *Acromitus flagellatus* (Maas，1903)(仿 Stiasny 1934)

## 哈氏端鞭水母 *Acromitus hardenbergi* Stiasny, 1934

*Acromitus hardenbergi* n. sp, Stiasny 1934b: 1—7, figs. 1—5; Kramp, 1961: 369; 洪惠馨等, 2009: 20—23, fig. 4.

形态特征：伞部较低，胶质较薄，略为透明。伞径90～100 mm，外伞部表面有许多刺胞疣突。感觉器8个，有放射褶。每1/8伞缘有8个缘瓣。口腕较为短小，长度略短于伞的半径，三翼型，各翼扁薄，边缘略呈羽状分枝，有许多短的鞭形丝状物，但口腕末端没有1条长的丝状物，为本属唯一例外种类。内环网状管宽、多分枝,仅与感觉管相连接,外环网状管分叉,延伸至缘瓣。4个生殖下腔彼此相通,生殖乳突呈梨形或卵圆形(图2-42)。

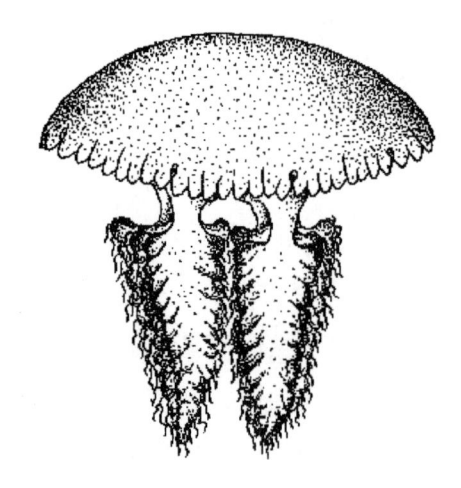

图2-42 哈氏端鞭水母 *Acromitus hardenbergi* Stiasny,1934(仿洪惠馨等,2009)

采集地点:广东湛江沿海。

地理分布:加里曼丹海域。

### 拉宾端鞭水母 *Acromitus rabanchatu* Stiasny,1925

*Acromitus rabanchatu* Stiasny,1925:11,figs.6—10;1934b:5;Kramp,1961:369;洪惠馨等,2009:20—23,fig.5.

形态特征:伞部半球形,伞径130~200 mm,外伞部表面有精细小颗粒。伞缘有8个感觉器,感觉凹有放射褶,每1/8伞缘有8个缘瓣,每2个缘瓣之间的裂缝较深。口腕略长于伞径,三翼形部分约为其基部的2倍长,各翼有许多短的鞭形丝状物,口腕末端有1条长的丝状物。有环肌和环管,内环网状管宽,直接与环管及感觉管相连接。环管内侧有少数(不多于3条)分枝模糊的网状管。生殖下穴彼此相通合一,生殖乳突粗大呈三角形(图2-43)。

采集地点:广东湛江沿海。

地理分布:印度东部沿海。

## 叶腕水母科 Lobonematidae Vanhoffen,1888

本科有16~32条辐射管。内环网状管与环管相连接,也与部分或全部的辐射管相连接,但不与胃腔直接相连接。口腕薄片状,侧面有许多个"窗状"开孔。

本科已记录2属5种,我国沿海有2属2种。

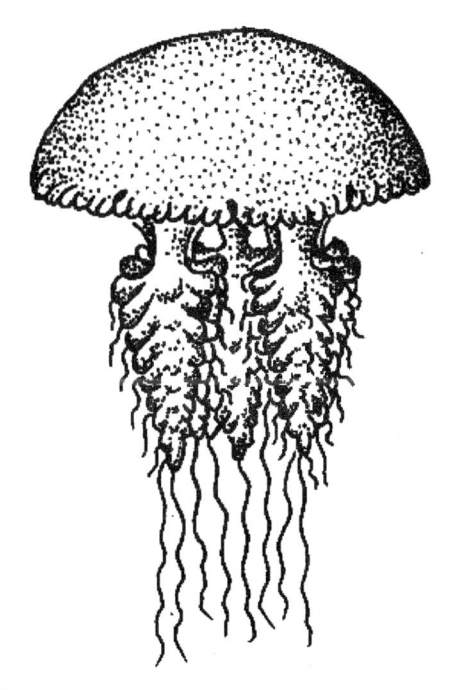

图2-43　拉宾端鞭水母 *Acromitus rabanchatu* Stiasny，1925（仿洪惠馨等，2009）

**属 检 索 表**

内环网状管与主辐管、间辐管以及环管相连接。缘瓣延长呈触手状 ·················· 叶腕水母属 *Lobonema*

内环网状管只和主辐管，环管相连接。缘瓣不延长呈触手状 ·················· 拟叶腕水母属 *Lobonemoides*

## 叶腕水母属 *Lobonema* Mayer，1910

*Lobonema* Mayer，1910，Carnegie Inst. Washington Publ.，689.

内环网状管与主辐管、间辐管以及环管相连接。缘瓣延长呈触手状（图2-44）。

水管系统

图2-44　叶腕水母属 *Lobonema* Mayer，1910（仿 Stiasny 1923）

### 叶腕水母 *Lobonema smithi* Mayer, 1910

*Lobonema smithi* Mayer, 1910, Carnegie Inst. Washington Publ., 689, text - figs. 417—418.

*Lobonema smithi* Kramp, 1961: 376; 洪惠馨等, 1978: 16—17, fig. 11; 洪惠馨等, 1982: 14, figs. 1—2; 洪惠馨等, 1985: 13; 高尚武等, 2002: 219—220, fig. 132.

形态特征：本种俗称"粉鲊"。伞径230 mm以上。中胶层肥厚而较坚实，外伞部表面上具有许多尖锥形的胶质突起，伞中央处的突起最长，可达20~30 mm。具刺胞。伞缘有8个感觉器，感觉窝有放射褶，感觉缘瓣很小，三角形，在每两个感觉器之间（即每1/8伞缘）有4个缘瓣，缘瓣尖细而延长90~100 mm，很像触手，这是本种形态上最突出的特征。内伞有发达的环肌。口腕长150 mm，三翼型，翼状长度为基部的1.5倍，呈片状，有许多丝状和纺锤状附属物。各腕侧面各有多个"窗状"大孔洞。有环管。16条辐管（8条辐管、8条间辐管）均有分枝小管，与环管彼此交错相接，构成复杂的内环网状管系。有4个生殖下穴，穴内彼此相连。有生殖乳突（图2-45）。

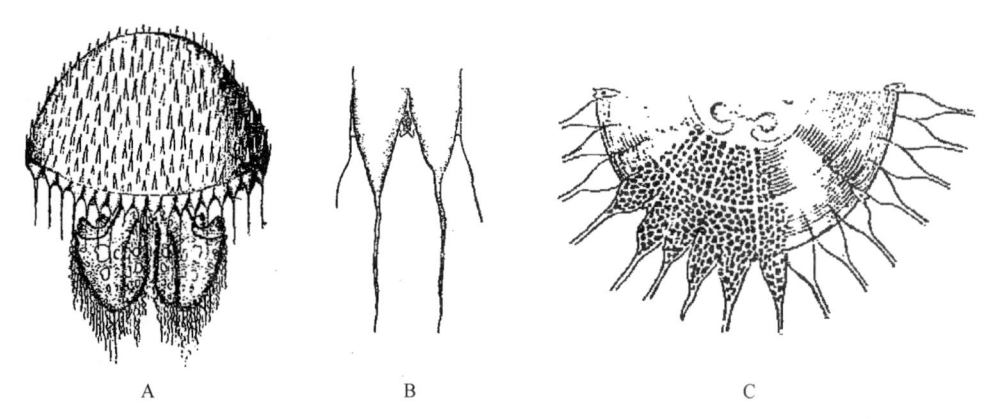

图2-45 叶腕水母 *Lobonema smithi* Mayer, 1910（仿洪惠馨等, 1978）
A. 外形图；B. 缘瓣和感觉器；C. 环肌和水管系统

本种为大型暖水性水母，可食用。主要分布于福建南部至广东、海南海域，秋季数量大，形成渔汛。加工后的产品也称"海蜇皮"。产量少，为群众渔业兼捕对象。

采集地点：福建（龙海、云霄、东山、诏安）、广东（南澳）、海南（三亚）海域。

地理分布：东海南部、南海、热带太平洋、印度洋。

### 拟叶腕水母属 *Lobonemoides* Light, 1914

*Lobonemoides* Light, 1914b, Philipp. J. Sci., 222.

内环网状管的网孔较小,只有主辐管与环管相连接,间辐射管不与环管相连接,缘瓣末端不延长呈触手状(图 2-46)。

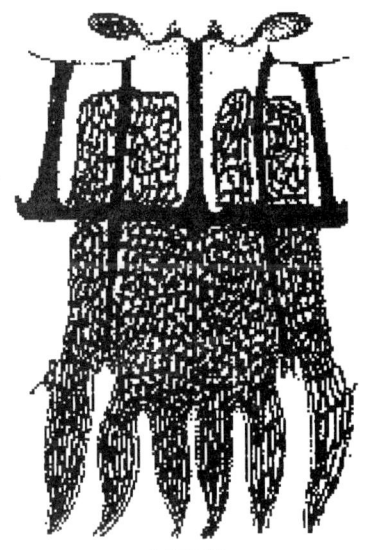

水管系统

图 2-46 拟叶腕水母属 *Lobonemoides* Light,1914(仿 Stiasny,1923)

## 拟叶腕水母 *Lobonemoides gracilis* **Light,1914**

*Lobonemoides gracilis* Litht,1914,Philipp. J. Sci.,9,222,figs. 10—13.

*Lobonemoides gracilis* Kramp,1961:375;洪惠馨等,1978:14—15,figs. 5—7;洪惠馨等,1982:12—17,fig. 1;洪惠馨等,1985:13;高尚武等,2002:220—221,fig. 133.

形态特征:伞体呈白色半透明,伞部半球形。外形与叶腕水线十分相似,主要区别在于本种外伞部中央部分无胶质突起,但四周仍有细长尖锥状突起以及缘瓣不延长。伞径 300 mm 以上,为大型水母类。14 个感觉器,感觉窝内有放射褶和平衡囊,感觉缘瓣很小(约只有缘瓣的 1/3 长)。每 2 个感觉器之间有 4 个不延长呈舌状缘瓣。28 条辐管(14 条主辐管、14 条间辐管)全部延伸到伞缘。主辐射管分枝与环管交错形成网状管系。无中央口,由间辐位上长出 8 条彼此分离(基部也不愈合)的口腕。腕盘分为八边形,各腕末端均为三翼型,每一翼为叶片状,其上有多个"窗状"大孔洞。腕管多分枝,末端为小吸口与外界相通(小吸口是觅食食物的主要通道)。无数小吸口通入许多小分枝管汇合与胃腔相连。在各腕翼边缘又长出许多丝状附属物。内伞部发达的环状肌,宽度可达到伞部宽度的 1/2。4 个狭长形的生殖下穴,各穴彼此相通。无生殖乳突(图 2-47)。

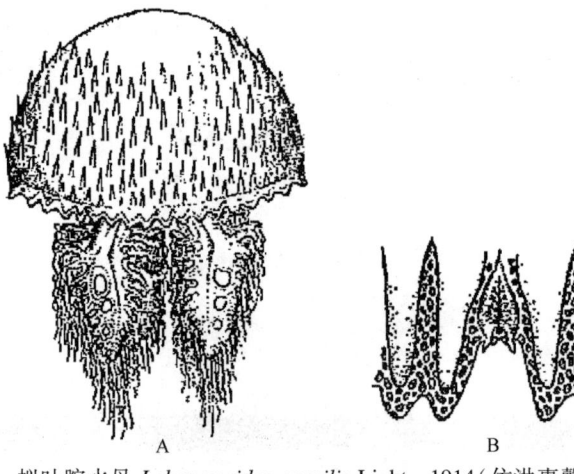

图2-47 拟叶腕水母 *Lobonemoides gracilis* Light, 1914（仿洪惠馨等, 1978）

A. 外形图; B. 缘瓣和感觉器

本种也为大型食用水母，其生活习性及分布与前种基本相同。

采集地点：福建（龙海、诏安、东山）、广东（南澳、汕头）海域。

地理分布：菲律宾。

## 有肩板族 Scapulatae

本族口腕基部有8对肩板。有或无环管。16条辐管都延伸至伞缘。有4个分开的生殖下穴。已记录2科5属10种（含1个可疑种），我国海域有1科2属4种。

### 科检索表

口腕仅在基部愈合，没有中央口。口腕末端有棒状附属物 ················· 根口水母科 Rhizostomatidae
口腕全部愈合，有中央口。口腕末端没有棒状附属物 ····················· 口冠水母科 Stomolophidae

## 根口水母科 Rhizostomatidae Stiasny, 1921

本科口腕仅在基部愈合，中央口封闭。垂管具有复杂的管道系统。每个口腕远端三翼状，通常其末端有1条棒状物。

本科已记录4个属9个种，我国沿海有2个属4个种。

### 属检索表

1. 口腕上有附属物 ·························································································· 2
   口腕光秃，没有附属物 ······················································· 真水母属 *Eupilema*①
2. 口腕上有许多丝状或棒状附属物；肩板大，垂管长 ············································· 3
   口腕仅在末端有单一棒状附属物。肩板小，垂管短 ···················· 根口水母属 *Rhizostoma*

---

① 该属仅 *E. scapulare* Haeckel 1880 一种。Stiasny G. 1921 和 Krmap P. L. 1961 均怀疑该属的存在，认为很可能是 *Rhopilema* 受损坏、不完整的标本。

3. 口腕外侧有若干个小孔洞，末端没有棒状附属物 ·················· 越前水母属 *Nemopilema*
   口腕外侧没有小孔洞，末端有 1 条棒状附属物 ························ 海蜇属 *Rhopilema*

## 海蜇属 *Rhopilema* Haeckel, 1880

*Rhopilema* Haeckel, 1880, Syst. Der Medusen., 596.

本属种类有大的肩板和长的垂管。口腕有许多棒状和丝状附属物。在每一口腕末端通常有 1 条发达的棒状物或球状物。一般没有环管。网状管宽，具有许多细小的网孔，间感觉管宽（图 2-48）。

本属有 4 种。我国沿海已记录有 3 种，都是大型水母，特别是海蜇，为我国重要渔业之一。

### 种 检 索 表

1. 外伞表面光滑，无突起 ······································································· 2
   外伞表面有小而尖的突起，口腕末端附属物膨胀呈小球状 ············· 黄斑海蜇 *Rhopilema hispidum*
2. 肩板大，垂管长；有生殖乳突 ································································· 3
   肩板小，垂管短；没有生殖乳突 ··································· 棒状海蜇 *R. rhopalophorum*
3. 每 1/8 伞缘有 14~20 个小缘瓣；口腕上的棒状附属物表面光滑 ············· 海蜇 *R. esculentum*
   每 1/8 伞缘只有 6 个大椭圆形；口腕上的棒状附属物表面有许多瘤状刺细胞囊 ············· 疣突海蜇 *R. errilli*

水管系统

图 2-48  海蜇属 *Rhopilema* Haeckel, 1880（仿 Stiasny 1923）

## 海蜇 *Rhopilema esculentum* Kishinouye, 1891

*Rhopilema esculentum* Kishinouye, 1891 Zool. Mag., Tokyo, 3：53.

*Rhopilema esculentum* Mayer, 1910：704—706；Uchida, 1936：77, fig. 46；Kramp, 1961：380；吴宝玲, 1955：35—40；许振祖等, 1962：214, pl., 3, figs. 22—23；洪惠馨等, 1978：2—5. figs. 1—4；洪惠馨等, 1982：12—17. 洪惠馨等, 1985：

13—14；高尚武等，2002：222，fig. 1.

海蜇伞径300～500 mm，最大个体为800 mm，重达40余千克。外伞表面光滑，胶质层厚实，无触手。感觉器8个，分别位于主辐管和间辐管的末端，在每2个感觉器之间有14～20个缘瓣。感觉器两侧各有一片呈叶状的小缘瓣（称为感觉缘瓣）。内伞表面有许多围绕胃腔作同心圆、呈覆瓦状排列的环肌。环肌呈红褐色、深褐色、金黄色或乳白色。没有辐肌。在内伞间辐位上有4个肾状形的凹陷的生殖下穴，穴内侧有膜隔开，不与外界相通。每个生殖下穴外侧有1个表面粗糙的乳状突起。口腕基部1/2处的外侧着生8对肩板，下端为口盘，分出8条口腕。肩板侧扁，外侧三翼型，各翼具有许多皱褶（称缝合褶）。褶上着生许多小指状（触指）附属物和小吸口。翼片上也着生许多长丝状附属物。口腕也呈三翼型，内侧一翼片较大，称主翼，外侧翼片较小，称副翼。在各翼皱褶上着生许多小指状和纺锤状附属物，并有许多小吸口和棒状附属物。腕的末端有1条粗而长的棒状附属物。口腕部各小吸口呈喇叭状，由小管与腕管相通，由腕管通入胃腔。胃管系统发达，自中央胃腔向内伞延伸出16条辐射管，其中4条主辐管从胃柱伸出，4条间辐管从胃膜上界伸出，8条从辐管与主辐管和间辐管相间排列。在内伞1/2处有一条退化的环管（幼体期明显），与各辐管相连接。在环管内侧主辐、间辐管均多分枝（从辐管不分枝）相连构成网状管。在环管外侧16条辐管均分枝，并向伞缘延伸彼此连接构成网状（图2-49）。

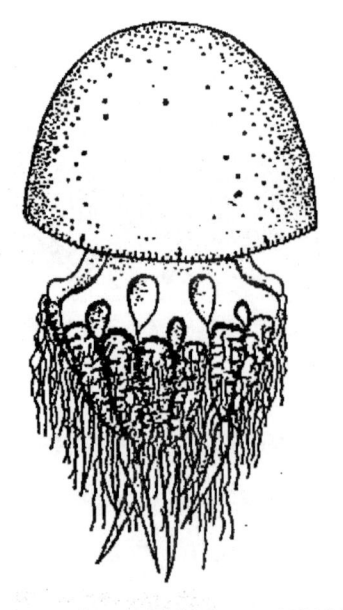

图2-49 海蜇 *Rhopilema esculentum* Kishinouye，1891（仿洪惠馨等，1978）

本种成体一般为乳白色，由于发达的环肌具有多样色素细胞，致伞部出现红褐色、青蓝色、淡黄色、褐色。由于栖息海区不同，颜色也有差异，常构成不同群体的颜色差异。

本种为暖水性近岸种类，盛产于我国，分布于我国沿海。在我国最早记录始于晋代；在历代古文献中有诸多记述。俗称：石镜、水母、蜡、樗蒲鱼、水母鲜、鲊鱼、海𩶭等，并对它的生态习性及生物学以及捕捞、加工、食用、药用等作了较为详细的描述。

采集地点：我国渤海、黄海、东海和南海北部沿岸以及岛屿附近均可采到，尤以辽宁、山东、江苏、浙江沿海数量最大。

地理分布：中国、朝鲜、日本。

### 黄斑海蜇 *Rhopilema hispidum* (Vanhöffen, 1888)

*Rhizostoma hispidum* Vanhöffen，1888，Bibliotheca Zoologica, Bd.，1(3)：32，43，pl. 5，figs. 1—2.

*Rhopilema hispidum* Maas，1903，Siboga Exped. Mongr. 11, Livr. X 73, Pl.，9, figs. 78—81.

*Rhopilema hispidum* Mayer，1910：706；Stiany. 1933c：162—174, text-figs. 1—8；Uchida, 1936：80—81；Kramp, 1961：380；许振祖等，1962：214, pl. 3, figs. 22—23；洪惠馨等，1978：13—14, figs. 洪惠馨等，1985：14；高尚武等，2002：224—225，fig. 135.

形态特征：本种与海蜇颇为相似。与其最主要的差别是：本种外伞部表面具有许多短小而尖硬的疣突，并有黄褐色小斑点。每1/8伞缘有8个长椭圆形的缘瓣。口腕上着生的棒状附属物比较短小，在末端呈球形或槌状。生殖乳突很大，为卵圆形，其表面有尖刺的突起。

伞径为350~540 mm，伞部为半球形，伞部中央较肥厚，结实，伞缘较薄。8个感觉器的内窝处有放射肋，平衡棍末端具有褐色素。16条辐管都延伸至伞缘。各辐管侧分枝彼此相连构成复杂的网状管。口腕8个，三翼型，具有许多末端膨大的槌状附属物。有8对肩板，在肩板上有许多丝状附属物。生殖下穴4个。

成体为乳白色，外伞表面散布着黄褐色的小斑点。本种为热带种类(图2-50)。

采集地点：福建(厦门、诏安、东山)、广东(汕头、阳江)、广西、香港海域。

地理分布：日本、菲律宾、马来半岛、孟加拉湾、印度洋。

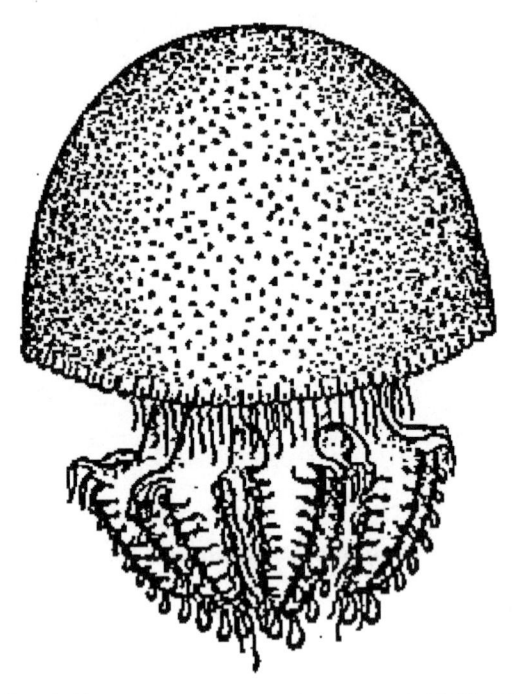

图 2 - 50　黄斑海蜇 *Rhopilema hispidum*（Vanhöffen）（仿洪惠馨等，1978）

## 棒状海蜇① *Rhopilema rhopalophorum* Haeckel, 1880

*Rhopilema rhopalophorum* Haeckel, 1880, Syst. der Medusen. , 596.

*Rhopilema rhopalophorum* Stiasny, 1933b：149—155, figs. 1—4；Kramp, 1961：480—381.

形态特征：本种个体很小，伞径 42～100 mm，伞高 50 mm。外伞十分光滑，很薄，每 1/8 伞缘有 14～16 个略呈圆形扁平的缘瓣。没有生殖乳突。肩板很小，垂管特别短。口腕长约 25 mm，基部 3 mm，腕盘 12 mm，着生在口腕上的棒状附属物稀少，末端棒状附属物长 10～12 mm。丝状附属物不发达，仅着生在肩板上。环管不发达，内环网状系统宽而明显，内边轮廓大致与胃腔平行。感觉管分枝成网状（图 2 - 51）。

采集地点：福建厦门。

地理分布：中国、马达加斯加、印度。

---

①本种系 Haeckel（1880）发现于马达加斯加东部海域，此后 Stiasny（1933）报道曾在中国厦门海区采得，多年来我们一直注意，但仍未采到本种标本，现综合 Haeckel（1880）、Stiasny（1933）和 Kramp（1961）作过的形态描述，以供参考。

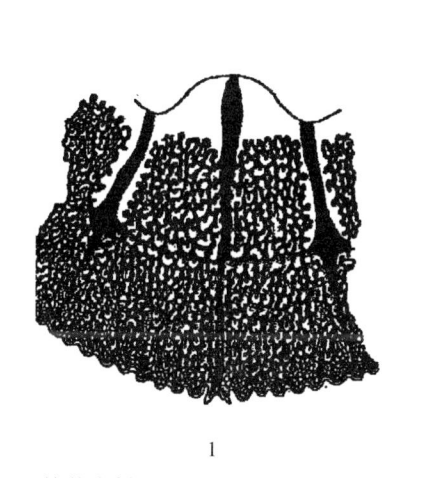

图 2 – 51　棒状海蜇 *Rhopilema rhopalophorum* Haeckel, 1880（仿 Stiasny, 1933）

1. 水管系统；2. 口腕及棒状附属物

### 越前水母属 *Nemopilema* Kishinouye, 1922

*Nemopilema* Kishinouye 1922, Dobulsugaku Zasshi Tokyo. 34：343—346, pl. 9.

本属伞部呈半球形，表面粗糙，有许多尖细疣突；口腕基部愈合，腕盘中央口被一片狭的膜所覆盖；口腕两翼型，外侧边缘有若干个小孔洞；有鞭状附属物，但没有纺锤形或棒状附属物；没有生殖乳突。

本属只有野村水母（*Nemopilema nomurai*）1 种。

### 野村水母[①]（*Nemopilema nomurai* Kishinouye, 1922）

*Nemopilema nomurai* Kishinouye, 1922, Dobulsugaku Zasshi Tokyo. 34：343—346, pl. 9; Uchida, 1936：81. Omori. M. &Kilamura M., 2004：45—50, fig. 8—10.

*Stomolophus nomurai*（Kishinouye）Uchida, 1954：209—219, fig. 2; Uchida,

---

[①] 该种系 1920 年首次发现，采集于日本福井县（越前）高滨町音海区大型定置网，经东京帝国大学岸上镰吉（Kishinouye）博士研究，认为该种与分布于冈山县（备前）海区的食用海蜇（*Rhopilema esculentum*）、日本人俗称备前水母不同，是一新属新种。为纪念该种首次发现于越前海区和采集人野村贯一，Kishinouye 于 1922 年将其正式命名为 *Nemopilema nomurai* Kishinouye, 1922，并发表在 *Dobulsugaku Zasshi* Tokyo. 34：343—346, Pl. 9. 此后，日本学者内田亨（Uchida, 1954）将该种归并隶属于口冠水母属，为 *Stomolophus nomurai*（Kishinouye, 1922），长期被日本学者采用。1961 年 Kramp 认为该种与口冠水母 *Stomolophus meleagris*（L. Agassiz, 1862）为同种异名，从而造成分类上的混乱。2004 年大森信（Omori）将两个物种重新对比后认为，该种与 *Stomolophus meleagris* 确系不同属、种，提出该种学名应回归于原来的 *Nemopilema nomurai*。因此，本书将该种归属于根口水母科越前水母属。

本书作者根据 *Nemopilema nomurai* 的学名，将该种的中文学名译为：越前水母属野村水母。因为该种不属于海蜇属，故中译名为"沙海蜇"是不妥的。

1965：239，fig. 249；尹左芬等，1977：40—42，fig. 3；Omori. M.，1978：199—205；山路勇，1980：167—169，pl. 78，fig. 13.

*Stomolophus meleagris* Kramp，1961：381—382；洪惠馨等，1978：14—15，fig. 9；高尚武等，2002：225—226，fig. 136.

形态特征：本种（俗称沙海蜇）为大型水母。伞部呈半球形，成体伞部直径达900~2 000 mm，体重达60~200 kg。生活时外伞无色，口腕浅褐色，肩板和口腕边缘皱褶为深褐色。

外伞表面密布不规则颗粒突起，伞部中央的颗粒大而密，伞缘颗粒较小而疏。伞缘有8个感觉器，感觉缘瓣小，感觉凹有放射褶。缘瓣数常变，每1/8伞缘通常为12~14个缘瓣。内伞有发达的环肌。消化循环（胃管）系统较为复杂，其结构与海蜇基本相同。从中央胃腔向伞缘辐射出16条辐管全部到达伞缘，其中4条主辐管和4条间辐管在伞缘分别与8个感觉器相连接。没有环管。口柄从中央胃腔向下延伸，在口柄中部从辐位有8对肩板，呈长三角形，长度略为超出伞缘，上缘长度约为下缘长度的1/2。肩板内管与口柄管相通，外缘多皱褶着生许多小触指和丝状附属器。口柄末端分出8条口腕，其基部愈合；口腕长，三翼型，呈三角形，外侧末端通常有4个爪状分枝；内缘多皱褶，有许多小吸口，周围着生许多小触指和丝状附属器物，丝状附属物长。肩板和口腕外侧边缘皱褶部有许多大小不同的小孔洞。4个彼此不相连接、呈椭圆形的生殖下穴，没有生殖乳突（彩图8）。

本种伞缘、口腕、肩板、胃丝和附属器上面的刺细胞十分发达而且剧毒。人被刺伤后重者致死。

本种为暖温性近岸种类，主要分布于寒温带海域。

采集地点：黄海及渤海（辽东湾）、东海（舟山群岛以北）。

地理分布：日本、韩国。

## 参考文献

陈清潮. 1988. 南海中部海域环境资源综合调查报告. 北京：海洋出版社, 195—234.

高尚武, 洪惠馨, 张士美. 2002. 无脊椎动物. 中国动物志, 北京：科学出版社, 27.

洪惠馨, 林利民, 李长玲. 2009. 中国海域钵水母类新记录（Ⅱ）. 集美大学学报：自然科学版, 14(1)：20—23.

洪惠馨, 林利民, 张士美. 1985. 中国沿海钵水母类分类的研究. 厦门水产学院学报, (2)：7—18.

洪惠馨, 张士美, 王景池. 1978. 海蜇. 北京：科学出版社, 1—70.

洪惠馨, 张士美. 1989. 中国海域钵水母类的几种新记录. 厦门水产学院学报, (2)：11—15.

洪惠馨, 张士美. 1982. 中国沿海的食用水母类. 厦门水产学院学报,(1):12—17.

洪惠馨. 1965. 浙江近海发现的一种大型立方水母. 动物学杂志,(3):135—137.

黎爱韶, 陈清潮. 1991. 南沙群岛海区的水母类 I——水螅水母和钵水母的种类组成及其分布南沙群岛及其邻近海区海洋生物研究论文集(二). 北京:海洋出版社,89—101.

刘瑞玉. 2008. 中国海洋生物名录. 北京:科学出版社,301—362.

鲁南, 赵英明, 蒋双. 1992. 沙海蜇的形态与结构. 水产科学, 1(1):5—8. figs. 1—9.

吴宝铃. 1955. 海蜇. 生物学通报,(4):35—40.

许振祖, 金德祥. 1962. 福建沿海水母类的调查研究 I. 厦门大学学报(自然科学版), 9(3): 206—224.

许振祖, 张金标. 1978. 粤东—闽南近海的浮游水螅水母类、管水母类和钵水母类. 厦门大学学报, 17(4):16—64.

尹佐芬, 李诺. 1977. 山东沿海几种海蜇介绍. 动物学杂志,(1):40—42.

周太玄, 黄明显. 1956. 黄渤海渔业敌害之一——霞水母. 生物学通报,(6):9—11.

周太玄, 黄明显. 1957. 中国产十字水母. 生物学通报,(7):25—30.

内田亨. 1936. 钵水母纲(日本动物分类). 三省堂, 3(2):75—82.

山路勇. 1973. 日本海洋ブランクトン图鉴. 保育社出版社, 241—245.

Antonio C. Marques and Allen G. Collins. 2004. Cladistic analysis of Medusozoa and cuidarian evolution. Invertebrate Biology, 123(1):23—42.

Bigelow H. B. 1928. Scyphomedusae from the "Arcturus" Oceanographic Expeditions. Zoologica, N. Y., 8:495—524, text-figs. 1—5.

Daly M, et al. 2007. The phylum Cnidaria:A review of phylogenetic pattens and diversity 300 years after Linnaeus. Zootaxa, 1668, 127—182.

Hagadorn J. W., Dott R. H., Damrow D. 2002. Stranded on a late Cambrian shoreline:Medusae from central Wisconsin. Geology, 30:147—150.

Kramp P. L. 1961. Synopsis of the Medusae of the world. J. Mar. Biol. Asso. U. K., 40:335—383.

Light S. F. 1924. A New Species of Scyphomedusae Jellyfish in Chinese Waters. China J., 2:449—450, pl. 1.

Light S. F. 1914b. Some Philippine Scyphomedusae, including two new genera, five new species, and one new variety. Philipp. J. Sci., 9, Sect. D. 3:195—231.

Light S. F. 1921. Further notes on Philippine Scyphomedusae Jellyfishes. Philipp. J. Sci., 18, 25—45, figs. 1—4.

Lin S. W. (林绍文). 1939. Studies on Chinese Stauromedusae II. Further studies on some Stauromedusae from China [J]. Lingnan Sei Jou, 18(3):495—504.

Lin S. W. (林绍文). 1937. Studies on Chinese Stauromedusae I. Stauromedusae from tsingtao [J]. Mar Bial Bull, 3(1):1—35.

Maas O. 1903. Die Scyphomedusae der Siboga Expedition. Siboga Exped. Monogr. II, livr. X, 1—91, pls.

1—12.

Margues A. C., Collins A. G. 2004. Cladistic analysis of Medusozoa and cnidarian evolution. Invertebrate Biology 123, 23—42.

Mayer A. G. 1917a. Report upon the Scyphomedusae collected by the U. S. Bureau of Fisheries steamer "Albatross" in the Philippine Islands and Malay Archipelago. Bull. U. S. nat. Mus., 100, 173—233.

Mayer A. G. 1910. Medusae of the world. III. The Scyphomedusae. Carnegie Inst. Washington, Publ., 449—735, pls. 56—76.

Omori M., Kitamura M. 2004. Taxonomic review of three Japanese species of edible Jellyfish (Scyphozoa: Rhizostomeae). Plankton Biol. Ecol., 51(1): 36—51.

Russell F. S. 1970. The Medusae of the British Isles. Cambridge At the University Press, Vol II.

Stiasny G. 1920. Die Scyphomedusae Sammlung des Nalurhistonrischen Reichsmuseums in Leiden III Zool. Meded., (5): 210—230.

Stiasny G. 1921b. Studien Über Rhizostomeen Capita Zool., Deel 1(2). PP. viii + 179. 5, pls. text-figs.

Stiasny G. 1922e. Die Scyphomedusen-Sammlung von Dr. Th. Mortensen nebst anderen Medusen aus dem Zoologische Museum der Universität in Kopenhagen. Papers from Dr. Th. Mortensen's Pacific Expedition 1914—1916, XIII. pp. 529—534, text-figs. 4—6.

Stiasny G. 1924a. Scyphomedusae van den Molukken und den Kei-Inseln. Papers from Dr. Th. Morlensen's Pacific Expedition 1914—1916, xxiv. Vidensk Medd dansk noturh Foren Kbh. Bd. 77, PP. text-figs.

Stiasny G. 1925. Zur Entwicklung und Phyiogenie der Catostlidae. Verh. Aked. Wet., Amst., Sect. 2, Deel 24, No. 2, PP. 1—20, Text-figs. 1—12.

Stiasny G. 1929c. Über einige Scyphomedusae aus dem Zoologischen Museum in Amsterdam. Ibid., Deel 12. PP. 195—215, 15Text-figs.

Stiasny G. 1932. Lychnorhiza malayensis Stiasny. Zool Meded, (15): 89—95, Test figs. 1—4.

Stiasny G. 1933a. Uber Rhopilema rhopalophora Haeckel. Zool. Meded., Deel, 15: 149—155, figs. 1—4.

Stiasny G. 1933b. Uber einige Entwicklungstadien von Rhopilema hispidum (Vanhoffen) Mass. Zool. Meded., Deel, 15: 162—174, text-figs. 1—8.

Stiasny G. 1934b. Acromitus hardenbergi nov sp., Eine Neue Rhizostome Meduse AUS Dem Malayischen Archipel[J]. Zoologische Mededeelingen, (17): 1—7, figs. 1—5.

Stiasny G. 1934c. Uber eine anomalie von Acromitus flagellatus (Stiasny). Zool. Meded., Deel, 17: 8—10, fig. 1.

Stiasny G. 1937. Scyphomedusae. John Murray Exped., 1933—1934. Sci. Rep. 4 (Zoology, no. 7), 203—242, pl. 1, text-figs. 1—14, 2 maps.

Stiasny G. 1939. Über einige Scyphomedusae von Kamaran (Rotes Meer). Zool. Anz., 128: 17—23.

Stiasny G. 1940. Die Scyphomedusae. 'Dana' Rep. no. 18, 1—28, pls. 1—2, text-figs. a–c.

Uchida M. 1954. Distribution of Scyphomedusae in Japanese and its adjacent waters. j. Fsc. Sci. Hokkaido Univ, zool., ser. 6, zool, 12: 209—219, Text-figs: 1—13.

# 第三章
# 中国海域钵水母类区系

钵水母全部生活在海洋里,除了十字水目的种类营附着生活外,其他各目的种类都营浮游生活。全球海域已记录的种类有200多种,虽然种数不多,但分布极广,是海洋浮游动物群落的重要组成类群之一,在海洋生物物种多样性和生态系统多样性中占有十分重要的地位,与人类社会有着直接和间接的关系。调查、研究本国海域生物物种多样性及其区系特点,是可持续开发、利用海洋生物资源和预防生物灾害的一项极其重要的基础工作。

本章分析、比较中国海域已记录的45种钵水母的生态类群、地理分布、各海区区系特点,并与邻近海域相比较。由于钵水母为一年生而且具有世代交替现象的物种,其水母体出现的季节性很强,时间极短,其水平分布又受风、海流所支配,加之个体大型,标本采集难度较大,在一定程度上影响调研工作的进行。迄今对南海三沙海域的调查还很不够,也缺乏台湾东海域的资料,这些薄弱、不足之处,希望年轻学者予以补正。

## 第一节 种类组成及其生态类群

### 一、种类组成

中国海域迄今已记录的钵水母共有45种(表3-1),约为世界海域已记录220种(含疑问种和未鉴定种)的20%。这些种类隶属于5个目,18个科,28个属。其中十字水母目有7种,约占该目世界已知种数(下同)的23.3%;立方水母目有3种,约占17.6%;冠水母目有7种,约占22.6%;旗口水母目8种,约占14.8%;根口水母目20种,约占24%。

表 3-1　中国海域钵水母类种类名录及其地理分布

| 种类名录 | 中国海域 ||||||| 中国邻近海域 |||| 世界海域 ||
|---|---|---|---|---|---|---|---|---|---|---|---|---|---|
| | 渤海 | 黄海 || 东海 || 南海 || 日本 | 越南 | 菲律宾 | 马来半岛 | 印度洋 | 大西洋 |
| | | 北部 | 南部 | 北部 | 南部 | 北部 | 中南部 | | | | | | |
| 一、十字水母目 Stauromedusae |||||||||||||||
| (一) 瓢水母科 Eleutherocaripdae |||||||||||||||
| 1. 喇叭形十字水母 *Stenoscyphus inabai* (Kishinouye) | | + | | | | | | + | | | | | |
| 2. 耳喇叭水母 *Haliclystus auricula* (Clark) | | + | | | | | | + | | | | | + |
| 3. 浅喇叭水母 *Haliclystus steinegeri* Kishinouye | | + | | | | | | + | | | | | + |
| 4. 中国喇叭水母 *Haliclystus sinensis* Ling | | + | | | | | | | | | | | |
| 5. 十字佐氏水母 *Sasakiella cruciformis* Okubo | | + | | | | | | + | | | | | |
| 6. 青岛佐氏水母 *Sasakiella tsingtaoensis* Ling | | + | | | | | | + | | | | | |
| 7. 正十字水母 *Kishinouyea nagatensis* (Oka) | | | | + | | | | + | | | | | |
| 二、立方水母目 Cubomedusae |||||||||||||||
| (二) 灯水母科 Carybdeidae |||||||||||||||
| 8. 灯水母 *Carybdea rastonii* Haeckel | | | | + | + | | | + | | + | + | | |
| 9. 疣灯水母 *Carybdea sivickisi* Stiasny | | | | + | + | | | | | + | | | |
| 10. 火水母 *Tamoya alata* (Reynaud) | | | | + | + | + | | + | + | | + | + | |
| 三、冠水母目 Coronatae |||||||||||||||
| (三) 领状水母科 Atollidae |||||||||||||||
| 11. 礁环冠水母 *Atolla wyvillei* Haeckel | | | | + | | | | + | | + | | + | + |
| (四) 六手水母科 Atorellidae |||||||||||||||
| 12. 阿氏六手水母 *Atorella arcturi* Bigelow | | | | | | | + | | | | | | |
| 13. 小球六手水母 *Atorella subglobosa* Vanhöeffen | | | | | | | + | | | | + | | + |

(续表)

| 种类名录 | 中国海域 渤海 | 黄海 北部 | 黄海 南部 | 东海 北部 | 东海 南部 | 南海 北部 | 南海 中南部 | 中国邻近海域 日本 | 越南 | 菲律宾 | 马来半岛 | 世界海域 印度洋 | 大西洋 |
|---|---|---|---|---|---|---|---|---|---|---|---|---|---|
| 14. 端球六手水母 *Atorella vanhöeffeni* Bigelow | | | | | | | + | | | | | | |
| (五)灯罩水母科 Linuchidae | | | | | | | | | | | | | |
| 15. 平罩水母 *Linuche draco*(Haeckel) | | | | | | | + | | | | | | |
| (六)游船水母科 Nausithöidae | | | | | | | | | | | | | |
| 16. 红斑游船水母 *Nausithöe punctata* Kölliker | | | | + | + | + | + | + | | | + | + | + |
| (七)盖缘水母科 Periphyllidae | | | | | | | | | | | | | |
| 17. 紫蓝盖缘水母 *Periphylla periphylla*(Péron et Lesueur) | | | | | + | | | + | | + | + | + | |
| 四、旗口水母目 Semaeostomeae | | | | | | | | | | | | | |
| (八)游水母科 Pelagiidae | | | | | | | | | | | | | |
| 18. 金黄水母 *Chrysaora helvola* Brandt | | | | + | + | + | | + | | + | + | | |
| 19. 夜光游水母 *Pelagia noctiluca*(Forskaål) | | | | + | + | + | + | + | + | + | + | + | + |
| 20. 马来沙水母 *Sanderia malayensis* Goette | | | | + | + | + | + | + | | + | + | + | + |
| (九)霞水母科 Cyaneidae | | | | | | | | | | | | | |
| 21. 白色霞水母 *Cyanea nozakii* Kishinouye | + | + | + | + | + | + | + | + | + | | + | + | + |
| 22. 发状霞水母 *Cyanea capillata*(Linnaeus) | | + | | | | | | + | | | | | + |
| 23. 棕色霞水母 *Cyanea ferruginea* Eschscholtz | | | + | + | | | | | | | | | |
| 24. 紫色霞水母 *Cyanea purpurea* Kishinouye | | | | | + | | | + | | | + | | |
| (十)洋须水母科 Ulmaridae | | | | | | | | | | | | | |
| 25. 海月水母 *Aurelia aurita*(Linnaeus) | + | + | + | + | | + | | + | | | + | + | + |

（续表）

| 种类名录 | 中国海域 渤海 | 黄海 北部 | 黄海 南部 | 东海 北部 | 东海 南部 | 南海 北部 | 南海 中南部 | 日本 | 越南 | 菲律宾 | 马来半岛 | 印度洋 | 大西洋 |
|---|---|---|---|---|---|---|---|---|---|---|---|---|---|
| 五、根口水母目 Rhizostomeae | | | | | | | | | | | | | |
| （十一）仙后水母科 Cassiopeidae | | | | | | | | | | | | | |
| 26. 安氏仙后水母 *Cassiopea andromeda*（Forskål） | | | | | + | + | | + | | + | + | + | |
| （十二）皇冠水母科 Cepheidae | | | | | | | | | | | | | |
| 27. 蝶形棱口水母 *Netrostoma setouchianum*（Kishinouye） | | | | + | + | | | + | | | | | |
| 28. 墨绿棱口水母 *Netrostoma coerulescens* Maas | | | | + | + | | | + | + | + | + | + | |
| 29. 松果水母 *Cephea conifera* Haeckel | | | | + | + | | | | | | | | |
| （十三）硝水母科 Mastigiidae | | | | | | | | | | | | | |
| 30. 巴布亚硝水母 *Mastigias papua*（Lesson） | | | | + | + | + | | + | + | + | + | + | |
| 31. 眼硝水母 *Mastigias ocellatus*（Modeer） | | | | + | + | + | | + | | | + | + | |
| （十四）缨口水母科 Thysanostomatidae | | | | | | | | | | | | | |
| 32. 鞭腕缨口（丝胃）水母 *Thysanostoma flagellatun*（Haeckel） | | | | | | + | | | | + | + | | |
| （十五）向心水母科 Lychnorhizidae | | | | | | | | | | | | | |
| 33. 向心水母 *Lychnorhiza arubae* Stiasny | | | | | + | | | | | | + | | |
| 34. 马来向心水母 *Lychnorhiza malayensis* Stiasny | | | | | + | | | | | | + | + | |
| （十六）端棍水母科 Catostylidae | | | | | + | | | | + | | + | + | |
| 35. 端棍水母 *Catostylus townsendi* Mayer | | | | | | | | | | | | | |
| 36. 端鞭水母 *Acromitus flagellatus*（Maas） | | | | + | + | | + | | | + | + | | |
| 37. 哈氏端鞭水母 *Acromitus hardenbergi* Stiasny | | | | | + | | | | | + | | | |

(续表)

| 种类名录 | 中国海域 渤海 | 中国海域 黄海 北部 | 中国海域 黄海 南部 | 中国海域 东海 北部 | 中国海域 东海 南部 | 中国海域 南海 北部 | 中国海域 南海 中南部 | 中国邻近海域 日本 | 中国邻近海域 越南 | 中国邻近海域 菲律宾 | 中国邻近海域 马来半岛 | 世界海域 印度洋 | 世界海域 大西洋 |
|---|---|---|---|---|---|---|---|---|---|---|---|---|---|
| 38. 拉宾端鞭水母 *Acromitus rabanchatu* Aunandale | | | | | | + | | | | | | + | |
| 39. 陈嘉庚水母 *Acromitus tankahkeei* Light | | | | | + | | | | | | | | |
| （十七）叶腕水母科 Lobonematidae | | | | | | | | | | | | | |
| 40. 叶腕水母 *Lobonema smithi* Mayer | | | | | + | + | | | | + | | + | |
| 41. 拟叶腕水母 *Lobonemoides gracilis* Light | | | | | + | + | | | | + | | | |
| （十八）根口水母科 Rhizostomatidae | | | | | | | | | | | | | |
| 42. 海蜇 *Rhopilema esculentum* Kishinouye | + | + | + | + | + | + | | + | | | | | |
| 43. 黄斑海蜇 *Rhopilema hispidum*（Vanhöffen） | | | | | + | + | | + | + | + | + | + | |
| 44. 棒状海蜇 *Rhopilema rhopalophorum* Haeckel | | | | | | + | | | | | | + | |
| 45. 野村水母 *Nemopilema nomurai* Kishinouye | + | + | + | + | | | | + | | | | | |
| 种 类 数 | 4 | 11 | 5 | 13 | 24 | 20 | 12 | 27 | 7 | 15 | 20 | 22 | 11 |
| | | 12 | | 29 | | 25 | | | | | | | |
| 占总种数（%） | 8 | 24.0 | 11.1 | 28.9 | 53.3 | 44.4 | 26.6 | 60.0 | 15.6 | 33.3 | 44.4 | 48.9 | 24.4 |
| | | 26.6 | | 64.4 | | 55.6 | | | | | | | |

## 二、生态类群及分布

分布于中国海域的 45 种钵水母，按其生态习性和地理分布可以分为以下 6 种类群(表 3-2)。

表 3-2　各海区钵水母类生态类群的比较

| 海区 | 渤海 | 黄海 北部 | 黄海 南部 | 东海 北部 | 东海 南部 | 南海 北部 | 南海 中、南部 |
|---|---|---|---|---|---|---|---|
| 占总种数的百分比（%） 冷温性近岸附着类群* | 0 | 13.0(6) | 0 | 2.2(1) | 0 | 0 | 0 |
| 暖温性近岸类群* | 2.2(1) | 4.4(2) | 2.2(1) | 2.2(1) | 0 | 0 | 0 |
| 暖水性近岸类群* | 2.2(1) | 2.2(1) | 4.4(2) | 13.3(6) | 42.2(19) | 26.7(12) | 6.7(3) |
| 热带性广布类群* | 0 | 0 | 0 | 0 | 2.2(1) | 11.1(5) | 13.3(6) |
| 大洋深水性类群* | 0 | 0 | 0 | 4.4(2) | 0 | 0 | 0 |
| 世界性类群* | 4.4(2) | 4.4(2) | 4.4(2) | 6.7(3) | 8.8(4) | 6.7(3) | 6.7(3) |

*：( )中的数字为该海区的种类数。

**1. 冷温性近岸附着类群**

这一类群包括全部十字水母目的种类。该目为钵水母类唯一营附着生活的类群，主要分布于南、北半球寒带海区，温带极其稀少。我国已记录有 7 种，占我国钵水母类总种数的 15.5%，其中中国喇叭水母、浅喇叭水母、耳喇叭水母、十字佐氏水母、青岛佐氏水母和喇叭形十字水母 6 种分布于黄海区大连、烟台、青岛近岸海区，唯有正十字水母出现在浙江舟山嵊山岛(30°43′N)，这也是该种在西北太平洋近岸分布最南端的记录。黄、渤海属于暖温带海区，十字水母的存在是由于海洋历史演化形成的遗留种类。

中国喇叭水母为中国特有地方种，仅分布在中国黄海近岸。

**2. 暖温性近岸类群**

这一类群的地理分布主要在南、北半球高纬度寒温带海域，有的种类向低纬度延伸。我国海域有发状霞水母和野村水母 2 种，占总种数的 4.4%。发状霞水母种群数量小，分布于韩国沿海和黄海北部；野村水母在夏秋季主要分布于 29°30′N 以北海区，为中国海域大型钵水母优势种之一，也是食用水母之一。在朝鲜半岛东西沿岸和日本东、西沿岸海域，该种种群数量大，有的年份出现旺发(jellyfish blooms)现象，造成从日本海沿岸至北太平洋沿岸海域渔业灾害。

**3. 暖水性近岸类群**

分布于我国近岸海域的钵水母大多数属于这一类群。这些种类在春末夏初至秋季(5—11月)出现在南海北部至东海北部近岸海域，已记录的种类有灯水母、疣灯水母、火水母、金黄水母、马来沙水母、棕色霞水母、紫色霞水母、安氏仙后水母、蝶形棱口水母、墨绿棱口水母、松果水母、巴布亚硝水母、鞭腕水母、陈嘉庚水母、端棍水母、叶腕水母、拟叶腕水母、棒状海蜇、海蜇、黄斑海蜇等20种，占总种数的44.4%，为中国海域钵水母类优势类群。其中海蜇和黄斑海蜇为中国海域大型钵水母优势种，海蜇和黄斑海蜇是组成中国特种海蜇渔业的种类。这些种类的分布，其种数由南往北递减，大多数种类（除了棕色霞水母和海蜇以外）不越过长江口，在黄渤海区未见出现。

陈嘉庚水母分布于福建南部、南海北部沿海，在国外其他海区未见记录，成为浮游钵水母类中唯一一种中国特有地方种类。

**4. 热带广布性类群**

这一类群主要生活在低纬度热带海域，并向南、北两半球亚热带海域延伸分布。在我国海域已记录的种类有阿氏六手水母、小球六手水母、端球六手水母、平罩水母、眼硝水母、鞭腕缨口水母、向心水母、马来向心水母、哈氏端鞭水母和拉宾端鞭水母等10种，占总种数的22.2%。这些种类在我国主要分布于福建南部、台湾、广东、广西、海南近海以及南海诸岛及其周边海域，向北分布仅见于福建东山以南海域。

**5. 大洋深水性类群**

钵水母类绝大多数都分布于上层水域，也有少数种类生活在中层水域，极少数种类其垂直分布可达1 500 m以上深层水域。中国海域调查研究还很不够，目前仅记录礁环水母和紫兰盖缘水母2种，占总种数的4.4%。礁环水母在东海区外海水深1 300 m被采到，该种地理分布于三大洋和南极北部深海，菲律宾、泰国、日本、巴拿马、澳大利亚和挪威深海有记录；紫兰盖缘水母偏冷水性，在我国东海冲绳海槽1 200 m被采到，该种地理分布于大西洋北部挪威、丹麦和美国东部太平洋以及俄罗斯远东堪察加、日本北部等深海海域。

**6. 世界性类群**

这是一类广温、广盐性种类，在世界各海洋都有分布的共有物种。在我国海域广为分布的有红斑游船水母、夜光游水母、白色霞水母和海月水母4种，占总种数的8.8%。红斑游船水母和夜光游水母虽然在我国黄渤海区尚未发现，但其广泛分布于日本海和太平洋西北部海域。此外，虽然白色霞水母为中国4个海区近岸习见种类，但该种广泛分布于西北太平洋、日本田边湾、印度洋丹老半岛（印度洋东北部）及大西洋等海域，可视为世界种。

以上可见，分布于我国海域钵水母的种类从其生态类群而言，以暖水性近岸类群占优势，主要分布于东海和南海北部近岸，其次是热带性广布类群，主要分布于南海中南部至东海南部海区。

## 第二节　各海区区系特征

影响浮游动物分布的环境因素是多方面的，水团的性质是决定浮游动物分布的最重要因素。中国海域位于亚洲东部、太平洋西岸中部，南北纵跨37个纬度，跨越热带、亚热带和暖温带3个气候带，东西横穿16个经度，面积达470多万$km^2$，平均水深961 m，最大水深5 377 m。海岸线长32 000多km（含岛屿岸线14 000多km），面积500 $m^2$以上的海岛有6 500多个。海域辽阔，近岸受大陆122条长50 km以上入海江河径流的影响，外海则受太平洋水系入侵，随着季节的变化，水文环境相当复杂，客观造成渤海、黄海、东海和南海所处环境的差异，因而形成动物区系组成的复杂、多样，呈现热带、亚热带和暖温带各种成分兼容的特点，为此分为以下海区分别论述。

### 一、渤海

渤海地处暖温带，是一个半封闭内海，面积约为80 000 $km^2$，平均深度18 m，最大水深85 m；海流呈东进西出，几乎没有受到暖流的影响，水文条件受气候及沿岸河流径流量的影响较大，温度、盐度变化幅度很大。夏季表层水温可上升至25~26℃，冬春季则下降至0℃，年平均水温在11℃左右。

分布于本海区的钵水母类十分贫乏，至今仅记录旗口水母的海月水母、白色霞水母和根口水母的海蜇、野村水母4种，仅占我国海域钵水母类总种数的8.8%，其中海月水母、白色霞水母为世界种，野村水母为暖温性近岸种类，往南延伸分布至东海北部（舟山群岛）。海蜇为暖水性近岸种类，从渤海至南海西北部广为分布。这些种类主要分布于辽东湾、渤海湾和莱州湾近岸，从生态类群和地理分布来看，分布于本海区的钵水母类区系呈现暖温带的特点。

### 二、黄海

黄海地处暖温带，属大陆架浅海区，面积为38万$km^2$，平均水深约40 m，最大水深106 m。夏、秋季受黄海暖流高温水系影响，8月份表层水温可达到24~

25℃，冬、春季因受辽东沿岸流、山东沿岸流和黄海冷水团低温、低盐水系影响，2月表层水温仅2~9℃，温盐度年变动幅度较大，全年表层水温平均只有14~19℃，盐度为30~32.5，呈现暖温带浅海特点。

分布于本海区的钵水母有12种，占我国海域钵水母类总种数的26.6%。其中出现在本海区北部有11种，包括6种冷温性附着十字水母目的种类，浮游水母类只有5种，其中有发状霞水母、野村水母2种暖温性近岸种类，海蜇1种暖水种，以及白色霞水母和海月水母2种世界种。在本海区南部除了野村水母、白色霞水母、海蜇和海月水母4种与北部共有以外，仅新出现1种暖水性近岸种（棕色霞水母）。由此可见，本海区钵水母类从其生态类群和地理分布仍呈现暖温带的特点。

## 三、东海

东海地处温带和亚热带，是一个比较敞开性海区。面积约为77万 km$^2$，大部分为大陆架区，平均水深350 m，最大水深（冲绳海槽）2 719 m；60~70 m等深线西侧底质以软泥、泥质沙、粉沙为主，水文情况较为复杂。由于本海区西北部及西部近岸海域受到来自黄海冷水团以及长江径流和苏、浙沿岸流等冷水水系的影响，冬、春季温度、盐度偏低，而在夏、秋季，因受黑潮分支暖水水系向西北延伸的强烈影响，温度、盐度偏高，东南季风、复杂的地理环境和水文状况等影响着水母种类的组成和数量分布。全海区钵水母类的种类组成多样性，共有29种，占我国海域钵水母类总种数的64.4%。包括附着性、暖温性、暖水性、热带性和大洋深水性以及世界种6种生态类群的种类。

分布于本海区北部有13种，其中1种附着性正十字水母，暖温性1种，暖水性6种，深水性2种和3种世界种。而分布于南部的有24种，其中与北部共有的8种，新出现15种暖水性种和1种热带种。由此可见，东海北部钵水母种类生态类群和地理分布属于暖温带区系，而南部则呈现亚热带区系特征。

## 四、南海

南海地处亚热带、热带。海区南、北跨越近20个纬度，总面积为350万 km$^2$，北部为大陆架，面积37万 km$^2$。平均水深1 212 m，最大水深5 377 m，北部湾最大水深80 m。除岛礁以珊瑚礁为主外，底质以泥沙为主。东北部受黑潮影响，西部大陆架受沿岸水影响为主。在这一广阔海域里的生物物种多样性。尤其是南沙群岛是我国唯一靠近赤道带，具有印度—马来最丰富热带动物区系和高度生物多样性的海区。

然而，分布于本海区的钵水母类迄今仅记录25种，占我国海域钵水母类总种数的55.6%，其中分布于南海北部有20种，占总种数的44.4%，而出现在中南部只有12种，仅占总种数的26.6%。从出现的种数角度来看，都低于毗邻的东海南部，而且从生态类群来看，在本海区北部已出现一些热带种类如向心水母、马来向心水母、哈氏水母和拉宾端鞭水母等类群，而在本海区中南部却未见记录，大洋深水种也未被采获，这足以说明对本海区，尤其是中、南部（南海诸岛及其周边海域）的调查研究还很不够，有待进一步加强。

从现有资料分析，分布于本海区北部的20种钵水母，其中附着性种类和冷水性种类均未见出现，近岸暖水性有12种，占南海区的50%，热带广布种有5种，占20%；从其生态类群和地理分布可见仍属亚热带区系。分布于本海区中、南部的钵水母有12种，其中附着性种类和冷水性种类也都已消失，近岸暖水性种类明显减少，仅有3种，占12%，而热带性种类有6种，占24%，为本海区优势类群。由此可见，分布于本海区钵水母生态类群和地理分布呈现印度—马来区系特征。

分析表明，中国海域钵水母类的地理分布与中国的沿岸流和暖流特征相一致。

## 第三节 中国海域钵水母类与邻近海域的比较

从表3-3来看，中国海域钵水母类与日本、越南、菲律宾、马来西亚4个邻近海域及印度洋、大西洋比较，与日本海域比例最高，表明中国海域钵水母类区系组成与日本海域有较大的相似性，其次是马来半岛海域和菲律宾海域。中国海域（太平洋西部）钵水母类与印度洋和大西洋比较，与印度洋相同的比例则比大西洋的比例高出近2倍，表明中国海域钵水母类区系与印度洋更为接近。

表3-3 中国海各海区钵水母类与邻近海域的比较

单位：%

| 中国海域 | | 日本 | 越南 | 菲律宾 | 马来西亚 | 印度洋 | 大西洋 |
|---|---|---|---|---|---|---|---|
| 中国海域45种 | | 60.0(27) | 15.6(7) | 33.3(15) | 44.4(20) | 48.9(22) | 24.4(11) |
| 其中 | 渤海4种 | 100(4) | 25.0(1) | 0 | 50.0(2) | 50.0(2) | 50.0(2) |
| | 黄海12种 | 83.3(10) | 8.3(1) | 0 | 16.6(2) | 16.6(2) | 41.6(5) |
| | 东海29种 | 65.5(19) | 24.1(7) | 48.3(14) | 51.7(15) | 65.5(19) | 17.2(5) |
| | 南海25种 | 52.0(13) | 20.0(5) | 48.0(12) | 60.0(15) | 56.0(14) | 20.0(5) |

注：（）中的数字为相同种类数。

从中国海域各海区钵水母类种类组成与邻近海域分别比较，同样可见彼此之间存在的相关性特点。

## 一、与日本海域的比较

相同种类比例，东海区最高，其次为南海区、黄海区，而渤海区最低。这是由于东海区与日本海域西部及西北部近岸同受寒流和冷水水系的影响，南部和东南部又同受黑潮和太平洋暖流强烈影响，水文生境与日本海域基本相似。东海北部 13 种钵水母有 11 种（包括 2 种冷温性种类）与日本相同（占 84.6%），东海南部 24 种钵水母有 17 种与日本相同（占 71%），其中冷温性种类已消失，而出现 1 种热带种。由此可见，东海北部钵水母类区系组成更接近日本南部海域呈现暖温带区系特征，而南部则呈现亚热带区系特征。南海区 25 种与日本相同的有 13 种（占 52%），其中 9 种暖水种和 1 种热带种，表明日本南部海区受到黑潮的强烈影响，钵水母类区系组成与中国南海北部较为接近。黄海区地理位置与日本海域毗邻，水文生境与日本中北部更为接近，相同种类占 91%（10 种），其中有 5 种冷温性种类（即 5 种附着性十字水母），表明同受寒流和冷水团的影响很大。而渤海区是一个半封闭内海，几乎不受暖流影响，钵水母种类贫乏，仅有 4 种，其生态类群和地理分布都与日本北部相同。所以渤海—黄海的钵水母类区系呈现北太平洋温带边缘特点，与日本北部海域基本相同。

## 二、与越南海域的比较

越南东北部海区与中国北部湾相连，而东南部则与中国南海相连，水文生境十分接近，从现有资料比较，相同种类仅占 15.5%（7 种），明显偏低，作者认为是由于对越南海域钵水母类相关文献掌握不够而造成的误差，然而各海区与其比较，仍然可以看出总的趋势：随纬度增加，冷温性种类已消失，暖水性种类也明显递减近于 0，唯有东海区与其相同种类最高，占 100%（7 种），其次为南海区占 85.7%（6 种），表明其钵水母区系组成与中国东南海区相似。

## 三、与菲律宾和马来半岛的比较

菲律宾海域钵水母类与中国海域相同的有 15 种，占 33.3%。各海区与其比较，除了东海区与菲律宾海域比较相同的种类（14 种）占 48.2%，比南海区（12 种占 48%）略高以外，其他各海区与这两个邻近海域比较，其趋势基本一致；马来半岛海域钵水母类与中国海域相同的有20种,占44.4%。各海区与其比较,东海区与马来半岛海域相同的种类有15种,占51.7%,南海区与马来半岛海域相同的种类也有15种,占60%。以上数据足以说明对南海区,尤其是中、南部(南海诸岛及其周边海域)的调查研究还很不够,尚待进一步加强。

中国南海海域以亚热带、热带种类为主,冷温性种类已消失,而且暖水性种类也越少,符合印度—马来最丰富热带海洋动物区系特征和分布规律。表明中国南海钵水母类区系属印度—马来的组成部分。

## 四、与印度洋、大西洋的比较

中国海域位于西太平洋,其种类组成中与印度洋相同的有22种,占48.9%,与大西洋相同的有11种,占24.4%。以上表明:分布于中国海域钵水母的种类组成总趋势与印度洋的种类组成较为接近,与大西洋的种类组成差异较大。

### 参考文献

洪惠馨,林利民,李长玲. 2009. 中国海域钵水母类新纪录Ⅱ. 集美大学学报(自然科学版),14(1):20—23.

洪惠馨,林利民,张士美. 1985. 中国海域钵水母类分类的研究. 厦门水产学院学报,(2):7—18.

洪惠馨,林利民. 2010. 中国海域钵水母类(Scyphomedusae)区系的研究. 集美大学学报:自然科学版. 15(1):18—24.

洪惠馨,张士美. 1981. 中国海域管水母类区系的初步研究. 厦门水产学院学报,(1):75—82.

洪惠馨,张士美. 1989. 中国沿海钵水母类的几种新纪录. 厦门水产学院学报,(2):11—15.

洪惠馨. 1965. 浙江近海发现的一种大型立方水母. 动物学杂志,(3):135—137.

黄丽萍. 1987. 北部湾北部沿岸的浮游水母类. 广西海洋,1:1—9.

黎爱韶,陈清潮. 1991. 南沙群岛海区的水母类Ⅰ——水螅水母和钵水母的种类组成及其分布. 南沙群岛及其邻近海区海洋生物研究论文集(二). 北京:海洋出版社,89—101.

丘书院. 1954. 论中国东南沿海的水母类. 动物学报,6(1):49—56.

张芳,孙松,杨波. 2005. 胶州湾水母类生态研究. Ⅰ. 种类组成与群落特征. 海洋与湖沼,36(6):507—517.

周太玄,黄明显. 1957. 中国产十字水母. 生物学通报,(7):25—30.

内田亨. 1936. 日本动物分类(钵水母纲). 日本,三省堂,3(2):75—82.

Alvarino A. 1963. Ecology of the Gulf of Thailand and the South China Sea X. Chaetognatha, Siphonophorae and Medusae in the Gulf of Siam and the South China Sea. Report on the Results of the NAGA Expedition. Southeast Asia Research Project. Scripps Inst. Oceanogr., 63(6):104—108.

Hong H. X., Zhang S. M. 1989. Study on the Fauna of the Siphonophorae in the China Sea. 5th International Conference on Coelenterate biology. (Programme and Abstracts. P. 47) University of Southampton. London.

Kramp P. L. 1961. Synopsis of the Medusae of the World[J]. Mar. Bsso. U. K., (40): 335—383.

Uchida T. 1955a. Scyphomedusae from the Loochoo Islands and Fomosa. Bull. biogeogr. Soc., Japan, (16—19): 14—16.

Uchida T. 1954. Distribution of Scyphomedusae in Japanese and its adjacent waters. J. Fac. Sci. Hokkaido Univ, zool., ser. 6, 12: 209—219, text figs. 1—13.

# 第四章
# 钵水母类的行为特性

动物的行为是动物对外界环境的变化和内在生理上的改变所做出的整体反应，是动物在进化过程中自然选择形成的结果。动物只有借助于行为才能适应多变的环境和生理上的需要，以最有利的方式完成摄食、繁殖、防御和逃避敌害等各种生命活动，以便获得最大限度确保个体存活和种族繁衍。

钵水母这一类在距今 5.7 亿年前就已生活在寒武纪的海洋里、既古老又低等的动物，它们是以什么方式保存自己，一再逃脱地球几十亿年演变史上曾经发生过多次生物大绝灭的厄运仍安然存活，其奥秘至今未解。

由于以往对这类动物疏于研究，尤其是行为生物学几乎处于空白，本章仅列举钵水母若干固有先天行为(innate behaviour)而有意用较多篇幅引用鱼类和陆生动物行为的相关文献，希望对广大读者有所启示，有助于今后对钵水母类行为的深入研究，揭开大自然的面纱，造福于人类。

## 第一节 钵水母的分布及其栖息地

### 一、钵水母类的分布

钵水母纲的种类，除十字水母目的种类终生营附着生活以外，其他类群在水母型有性世代都营浮游生活，其个体一般较大，伞部直径都大于 1 cm，最大的种类超过 1 m，生态学上通常称其为巨型浮游生物(Megaplankton)，其种数不多，但分布很广，遍及全球海洋，从表层到深海，是海洋水母类的重要组成类群。在海洋生态系统中占有极其重要的地位。

由于缺乏发达的行动器官，钵水母的运动能力很弱，仍然被动漂浮于水层中，其水平分布主要受风向、风力、海流及潮汐的支配。

钵水母类和其他海洋生物一样，不同种类对温度、盐度的变化有不同的适应范围，分布于不同的生活环境，具有不同的生态习性。分布于我国海域的45种钵水母类，按其生态习性可以分为冷温性近岸附着类群、暖温性近岸类群、暖水性近岸类群、热带性广布类群、大洋深水性类群和世界性类群6种生态类群。

**1. 十字水母目**

本目是钵水母纲唯一终生营附着生活的种类，都属于冷温性近岸类群。全球已记录有效种30多种，主要分布在南、北半球寒带海岸低潮区，在温带海区极少。

我国海域仅记录7种，分布于黄、渤海区（36°N以北）；大连、烟台、青岛沿岸低潮区，唯有正十字水母（*Kishinouyea nagatensis*）在浙江舟山群岛嵊山岛（30°43′N）被发现，也是北半球太平洋西岸十字水母地理分布最南端的记录。十字水母一般在夏季至初秋出现，其时表层水温在17～26℃左右。

十字水母依靠钟形体（萼部）反口面柄部末端基盘腺细胞分泌黏液附着在风浪较为平静的港湾，沿岸低潮区马尾藻（*Sargassum* sp.）、石莼（*Ulva* sp.）、松藻（*Codium* sp.）、大叶藻（*Zostera* sp.）和海带（*Laminaria japonica*）等海藻的枝叶上。它们的体色变化很大，同一种类也有不同体色，通常与其附着的藻类或岩石等周围环境颜色相适应，呈现褐色、黑褐色、灰黑色、白色、淡红色等保护色，对其生存具有重要意义。

**2. 立方水母目**

大多数分布在热带、亚热带海域，种数很少，全球已记录的有效种类仅20种左右。我国仅记录灯水母（*Carybdea rastonii*）、疣灯水母（*C. sivickisi*）和火水母（*Tamoya alata*）3种。这3种水母都属于暖水性近岸类群，在我国主要分布在长江口以南海区。

**3. 冠水母目**

大多为大洋性和深水种类。水母体呈紫色、褐色、黄绿色。种数不多，全球记录有效种只有30多种。我国已记录有7种，其中红斑游船水母（*Nausithöe punctata*）是一种广温、广盐性世界种类，礁环冠水母（*Atolla wyvillei*）和紫蓝盖缘水母（*Periphylla periphylla*）两种属大洋深水性类群，在东海区1 200 m水深被采到。平罩水母（*Linuche draco*）以及阿氏六手水母（*Atorella arcturi*）、小球六手水母（*A. subglobosa*）、端球六手水母（*A. venhoeffeni*）4种属热带广布性种，主要分布于南海西沙、南沙群岛海区。

**4. 旗口水母目和根口水母目**

这类水母种类多、分布广，个体大型，是钵水母纲最主要的组成类群。旗口水母全球已记录有50多种(我国已记录8种)，根口水母种类最多，全球已记录近90种(我国记录近20种，约占总种数的40%)，大多数分布于近岸水域。有些种类，如白色霞水母(*Cyanea nozakii*)、海月水母(*Aurelia aurita*)为广温、广盐性种类，分布极为广泛，可视为世界种。也有个别种类，其分布范围非常狭窄，如陈嘉庚水母(*Acromitus tankahkeei*)仅分布于厦门及其邻近(闽南至粤东)河口近岸低盐海区。该种自1924年在厦门海域被发现命名至今80多年来在国内外其他地区尚未见报道，成为中国海区的特有地方种类。也有的种类，其分布具有明显的区域性，如海蜇(*Rhopilema esculentum*)仅分布于中国、日本和朝鲜半岛沿海，为东亚海区的固有种类。

## 二、钵水母的栖息地

钵水母绝大多数的种类其生命周期具有世代交替，尤其是旗口水母目和根口水母目等分布于近海的大型种类，如海月水母、白色霞水母、海蜇等无性世代都栖息于河口地带。河口地带的特殊生态环境，为其生存、繁殖提供了必需的条件，是该物种进化过程中自然选择的结果。对该物种的生存和种族的繁衍具有重要的生物学意义。

河口是海水和淡水的交汇区，是一个环境复杂多变，特别是盐度变化较为剧烈的水域。这是由两股来源不同且含有不同盐分的水流造成的。一股来自由江河，携带着淡水浮游生物及大量陆源物质朝海洋方向流动的径流，它的流量、流速以及流出河口入海的远、近受降雨量的直接影响；另一股是来自于海洋潮流，携带着海洋浮游生物以及把外海底层中的营养盐带入河口地带，它的流量、流速以及朝大陆延伸的距离远、近直接受潮汐的影响，并造成河口地带水域盐度的变化(图4-1)。由于河口水深较浅，水域的水温与大洋相比，其变幅也较大。河口水域通常含有大量泥沙、有机碎屑和丰富的营养盐，底质一般为软泥。

河口水域由于含有丰富的营养盐、微量元素和各种有机物(有机碎屑、生长素、维生素等)，促使初级生产力的提高，这为次级生产力和终极生产量的提高创造了有利条件。河口这种特殊生态环境为近海水生生物的繁殖和幼体生长提供了良好的场所。这些河口生物可以分为终生在河口生活和阶段性在河口生活两大生态类群。

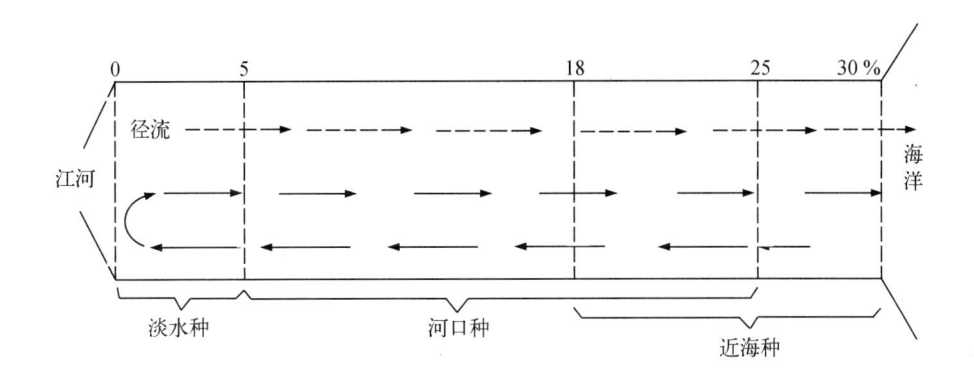

图4-1 河口水域径流与潮流流向及盐度、浮游生物生态类群分布示意(仿郑重，1982)

钵水母类属于河口阶段性浮游生物(estuarine meroplankton)类群，它只有在其生命周期中无性世代以螅状体附着于河口地带进行无性生殖和越冬，以及有性世代早期的碟状体幼体在河口水域极其短暂营浮游生活，经生长变态为幼体后即随河口径流入海，结束在河口的栖息。所以河口地带既是钵水母类无性世代的栖息地，也是其越冬地和繁殖场所。

## 第二节 钵水母的迁移行为

动物的迁移(migration)是动物群体从一个区域或栖息地进行一定距离迁向另一个更适宜的区域或栖息地的移动现象，是动物为了逃避不利的生存环境条件，扩大分布和生存空间，在进化过程中经受自然选择结果而形成的移动行为，如：某些鸟类的迁移，陆生大型兽类的迁徙，鱼类的洄游。动物的迁移有些是主动(借自身运动能力所进行的，如多数鱼类)行为，也有被动(在运动中不消耗能量，随风或水体移动，如水母及其他浮游动物)行为。诱发动物迁移的因素可以归纳为外因性迁移(exogenous migration)和内因性迁移(endogenous migration)。外因性迁移多数呈现有节律的周期性(如季节、昼夜)移动，它是适应外界生活环境的周期变化有节律的移动。此外，在生活环境发生剧变(如火灾、水灾、风灾等)的情况下也会引起一些动物进行偶发性、无节律非周期迁移。内因性迁移主要是由物种个体生理变化的需求而引起的，如生殖迁移、越冬迁移、索饵迁移等。由于种群内部繁殖和密度的影响而发生，如正在成熟或已经成熟的子代总要离开亲代去寻找新的生活场所，即所谓分散或分居，这是几乎所有动物都具有的特性，如兽类的狼群、无脊椎动物的藤壶、海鞘等营定居生活的动物。

钵水母移动也是一种迁移行为，这种迁移的主要特点是被动的，不定向也不回迁，即它们不会再回到它们原来的出发地。因为它们个体的"寿命"（水母型世代）比季节周期还短，其性质与其他水生动物如某些鱼类、海兽的定向、回迁完全不同。在一些文献中，常将水母这种移动现象也称为"洄游"，这其实是不恰当的。

## 一、钵水母的运动方式

肌肉组织是动物运动快慢的基础。钵水母类虽然还没有高等动物特殊的肌肉组织，但已能行使运动功能的肌纤维形成的肌带（见本书第一章）。钵水母运动能力取决于内伞表面环肌和辐射肌的发达程度。环肌主要着生于内伞表面周缘至近缘瓣触手基部形成的一环宽而折叠的肌带，而辐射肌则位于各条辐管下面向伞缘呈辐射分布（在霞水母、海蜇内伞用肉眼明显可见）。环肌纤维对维持水母体游动起主要作用，如霞水母具有由表皮折叠变厚的辐射状和环状的肌带，每条肌带纤维的直径可达 0.3 μm 左右。当水母体游动时肌带收缩，中胶层变形，伞部收缩成球形，并将伞腔中的海水挤压往后喷出，继之肌带松弛，中胶层由于弹性复原而胀大为伞状，伞腔吸入大量海水。水母体如此有节律的舒张收缩，反复进行而获得反作用力的推动。海蜇的环肌较为发达，其自行运动也是靠内伞环肌有节奏地伸缩，压挤伞腔内的海水进行脉冲式喷射而获得反作用力，做倾斜上升、下降反复向前推进，与头足类（乌贼、鱿鱼）的运动方式十分相似，但其推进的自泳能力远远不如头足类。成体海蜇环肌收缩节律约 50 次/min，这种环肌收缩运动，从其生命周期中的水母型世代产生开始至个体死亡为止，终生昼夜不停。成体在平静水池中的运动速度为 4~5 m/min。

钵水母类每隔一定时间出现节律性重复运动与水母体自身呼吸、摄食等生命活动有关，这是与其神经系统每隔一定时间自发产生动作电位有关。多数种类有 4~8 个神经节（神经细胞丛），这些神经节围绕着位于伞缘周边的感觉器而呈现间隔排列。每个神经节包含 1 种起搏点的神经元，当切除其中一个神经节时，它们仍会继续伸缩，如果把最后的一个神经节也切除，自发的伸缩就会立即停止，但可以用电刺激引起单个的伸缩。对起搏点的产生机制目前尚不清楚，但是似乎在每个动作电位之后，兴奋状态逐渐形成，直到通过了阈值并产生了另一个动作电位。如果兴奋以恒定的速率产生，每一个动作电位恢复到它相同的起点，那么动作电位将以相等的间隔时间产生。各个水母都有许多起搏点，一般认为当其中任何一个起搏点产生动作电位时,就会发生一次的游泳收缩。该动作电位通过神经网传递,并且达到所有的其他起搏点细胞,使它们的兴奋状态回到起点而自身重新调整。曾经有人做过实验,将钵水母类的仙后水母(Cassiopea sp.)切下一块,它只有一个神经节,将神经节连接到记纹鼓上,记录它的收缩图形(图4-2)。这种水母通常以4秒左右的间隔收缩。用电刺激它,使它产生期前收缩。在电刺激引起收缩后的时间,长度大致与正常时一样或者比正常的长一点。如果这个刺激不能重新调整起搏点,间隔时间就会缩短。在某些情况下,经过刺激以后产生一个很长的时间间隔,但至今还不清楚是什么原因。

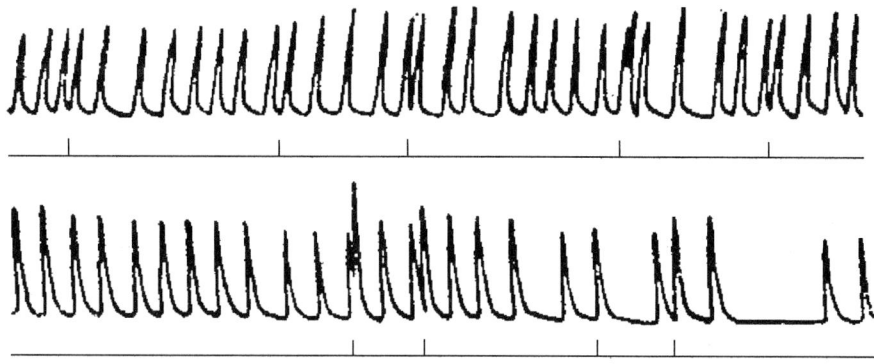

图4-2 仙后水母 Cassiopea sp. 1 个神经节收缩实验的记录(仿高尚武等,2002)

注:①在每份记录中上边的曲线是收缩的描记曲线,下面的曲线表示给予电刺激的信号;

②从左至右读数,每1小格为2s。

据安田徹(2005)报道,野村水母和其他钵水母一样具有8个感觉器,海水的流动、声音、光等外界刺激都通过感觉器迅速的传递到伞的中心部位。为此,野村水母伞部进行有节奏的收缩运动,进行水平、垂直移动。伞径1 m 的个体,在水温20℃左右时,伞部收缩为14~22 次/s,(平均为17.6 ± 2.2 次)。总之,水母每拍打一回所排出的海水量约占伞腔内部口腕和肩板容积的1/2,推算为120~180 m$^3$/h。

## 二、钵水母移动及其特点

地球上任何一种生物都会经受各种环境条件的周期变化。这种变化是由于地球、月亮和太阳之间的相对运动而引起的。例如,地球绕太阳运转一圈导致四季交替并伴随着光周期和温度的巨大变化。这种环境的剧烈变化是有规律的和可预测的，这有利于生物的某些行为和活动总是在特定的时间发生，这也说明生物这种节律性的行为是由环境节律性变化而引发，在生物进化过程中对环境变化适应而形成的。

**1. 钵水母季节移动**

环境的季节变化对生活在中纬度的海洋浮游动物季节移动的影响特别明显。钵水母由于其缺乏发达的运动器官，平时仅靠伞部有节律地伸缩反复压挤伞腔中的海水进行脉冲式喷射而获得反作用力的推动做短距离的运动。某些大型河口种类如海蜇在春末夏初随着水温从南往北逐步回升的节律，其无性繁殖也随之从南往北推进，表现在碟状幼体也总是从南开始往北依次先后出现，并受风向、风力、海流以及潮汐季节性变化而从近岸向外海，由西南朝东北形成被动的季节移动。因此，经常会受地理位置的影响使其群体在某一港湾滞留聚集绵延数海里，然而也会使聚集的群体在短暂的 1~2 天内，甚至是一夜间漂移得无影无踪。钵水母群体的这种季节移动形成斑块（成群）分布往往造成该种类"旺发"的假象。

**2. 钵水母的垂直分布和昼夜垂直移动**

海洋浮游动物的垂直分布是一个复杂的生态现象，不但因海区、深度、季节而异，而且不同种类或同一种类其不同性别、年龄、生殖和发育阶段等不同情况都能引起其变化。

绝大多数水母类属于上层浮游动物，它的垂直分布常受到光线、温度、盐度、食物以及风浪等环境因子的影响。例如，海蜇在风平浪静的黎明、傍晚和水色清澈、透明度大的多云、阴天或太阳光不太强的白天以及平潮的情况，一般漂浮于水域的上层或表层。每当遇有大风浪、雷暴雨的天气，大量径流水质浑浊，以及夜晚、落潮或太阳光过于强烈的气象情况下，一般下沉于水域下层或近底层。海蜇从碟状幼体开始至产卵（繁殖）前的生长发育阶段主要栖息于上层（这与摄食活动有关），在繁殖后个体开始进入衰老、死亡阶段，其活动能力明显降低，而逐渐下沉于水域下层，这与其衰老摄食强度降低有关（洪惠馨等，1978）。白色霞水母在夏季有下降栖息于水域底层现象；海月水母在光度不到 1 万 lx 时都分布在上层，秋冬季通常分布在 5 m 水层中；野村水母有在海面下 200~800 m 被采集的记录；有些深海种类如紫蓝盖缘水母（*Pariphylla periphylla*）分布于 1 000 m 以上深海。

水域中温跃层和盐度跃层的存在和变动对不同浮游动物的垂直分布和昼夜垂直移动起着不同的影响。例如，生活在太平洋赤道流中的磷虾，生活在160~300 m 的长眼柱螯磷虾（*Stylocheiron longicorne*）、大柱螯磷虾（*S. maximun*）不能通过温跃层，而生活在 300~800 m 的柱螯磷虾（*S. elongatum*）、冠毛燧磷虾（*Thysanopoda cristata*）等也都停留在温跃层的下面。Roger（1971）、Hansen（1951）也指出，温跃层对很多种类的垂直分布起着阻碍作用。盐度跃层同样也会对某些种类的垂直分布造成障碍，如薩氏水母（*Sarsia tubulosa*），当上层盐度为 19.9~20.4 时，它很少上升到表层，但是当上层盐度为 28.3~28.6 时它们都上升密集在上层，但是这个盐跃层对美螅水母（*Phialidium gregarium*）却没有影响（Arai，1973）。

昼夜垂直移动（迁移）（diurnal vertical migration）是浮游动物界的一个普遍生态现象。早在一百多年前生物学家 Cuvier（1817）已发现淡水枝角类在早晚栖息于水域的表层，到中午移居下层。Murray（1885）在参加"挑战者"号进行海洋综合调查时也发现这种浮游动物在白天匿居 1 000 m 以下深海，到了晚间上升至表层现象。以后所有浮游生物学家在进行海洋浮游生物调查采集时，都发现在夜晚进行采集的标本中，无论在种类组成或是数量上都比白天采的要多得多。

Longhurst（1976）研究浮游动物的垂直分布和垂直移动，发现昼夜垂直移动是一种由体内生物钟所控制的节律现象，但是浮游动物移动的性质和时间安排将随着物种、性别、年龄和地点而异，光照是影响这种移动节律的主要因素。

动物学家从生态学和生物进化的角度对这种现象提出三种解释。首先认为大多数浮游生物夜晚向上层迁移有利于避开捕食者，因为多数以浮游生物为食的鱼类喜欢在白天光线较好的上层水体摄食。当然这不是绝对的，如带鱼群在索饵期间，则追随饵料生物作昼夜垂直摄食活动。闽南和粤东渔场的鲳鱼、鲲鱼也都在晚上集群于上层进行索饵。其次浮游动物在水层中垂直移动可能是利用洋流作用有利于种群扩散。此外，浮游动物在昼夜垂直移动中从食物链的角度自身也可获得生物能量和营养的好处。

根据上升和下降时间，通常将浮游动物昼夜垂直移动分为夜晚上升、白天下降，夜晚下降、白天上升，傍晚及黎明上升、午夜和白天下降三种类型。这种移动的幅度同样随种类大小、性别、年龄（发育阶段）而异，也随季节、栖息程度和深度而变化。一般浮游动物的昼夜垂直移动的幅度有较明显的季节变化，表现在夏季最大，冬季最小。不少种类在冬季停止垂直移动，这和光度、温度及饵料都有直接的关系。

1985 年 6 月 3—4 日，中国科学院南海海洋研究所"实验 3"号调查船，在我国南海曾母暗沙海区（3°58′13″N、112°16′49″E）水深 29 m 处抛锚定点每间隔 4 小时进行一次，24 小时垂直分层（0~5 m，5~10 m，10~20 m 和 20~27 m）浮游动物昼夜垂直移动调查研究结果表明：

曾母暗沙浮游动物总数量移动特点是白天上升，停留于次表层；黄昏移向表层,午夜前下降到次表层;午夜后继续向下移动,清晨前移到底层(表4-1)。

表4-1　曾母暗沙浮游动物总数量(%)昼夜垂直变化

| 时刻(时)<br>层次(m) | 14 | 18 | 22 | 02 | 06 | 10 |
|---|---|---|---|---|---|---|
| 0~5 | 41.2 | 37.4 | 26.7 | 23.9 | 24.9 | 26.0 |
| 5~10 | 47.3 | 33.9 | 35.9 | 20.9 | 22.7 | 42.9 |
| 10~20 | 9.3 | 17.7 | 21.7 | 28.2 | 24.4 | 20.0 |
| 20~27 | 2.2 | 11.0 | 15.7 | 27.0 | 28.0 | 11.1 |

水母类是曾母暗沙浮游动物主要类群(个/100 m³)之一,其数量的昼(D)夜(N)比率。从表4-2可见,水母类在白天表层(0~5 m)数量高于晚上数量,比率小;在底层晚上数量大于白天,比率也大。

表4-2　曾母暗沙浮游动物主要类群(个/100 m³)数量的昼夜比率

| 采集层次/m | 采集时间 | 毛颚类 个数 | N/D | 介形类 个数 | N/D | 桡足类 个数 | N/D | 浮游贝类 个数 | N/D | 水母类 个数 | N/D | 浮游幼体 个数 | N/D |
|---|---|---|---|---|---|---|---|---|---|---|---|---|---|
| 0~5 | N | 1080 | 0.42 | 560 | 2.8 | 2520 | 0.61 | 1000 | 0.92 | 280 | 0.41 | 1160 | 1.31 |
|  | D | 2520 |  | 200 |  | 4080 |  | 1080 |  | 680 |  | 880 |  |
| 5~10 | N | 800 | 0.46 | 600 | 0.46 | 3200 | 0.80 | 1160 | 0.80 | 320 | 1.00 | 1200 | 0.46 |
|  | D | 1720 |  | 1280 |  | 4000 |  | 1440 |  | 320 |  | 2560 |  |
| 10~20 | N | 420 | 0.32 | 920 | 1.31 | 2460 | 1.75 | 520 | 0.89 | 80 | 0.33 | 780 | 0.72 |
|  | D | 740 |  | 700 |  | 1400 |  | 580 |  | 240 |  | 1080 |  |
| 20~27 | N | 762 | 2.28 | 758 | 4.56 | 1253 | 0.91 | 260 | 2.62 | 66 | 2.00 | 758 | 0.51 |
|  | D | 333 |  | 166 |  | 1366 |  | 100 |  | 33 |  | 1465 |  |

注:N为夜间观察平均个数;D为白天观察平均个数。

此外,水母类的种类组成以管水母为优势,其中双生水母(*Diphyer chamissonis*)和扭歪瓜宝水母(*Chelophyes contorta*)均密集在表层和次表层,移动很少。巴西管水母(*Bassia bassensis*)在午夜后出现在表层和底层两个密集中心,其余种类停留在表层和次表层,移动范围不大。

关于钵水母昼夜垂直移动几乎没有任何记录。2004年8—10月在对马近海100~150 m的水深带的调查,用底曳网作业捕到大型水母量,如海月水母等,从黎明到清晨有增加的倾向(安田徹,2005)。

## 三、迁移的代价及生物学意义

**1. 迁移的代价**

对多数迁移动物而言，在其迁移过程中都要付出高昂的代价。最主要的是能量代价。动物主动迁移消耗的能量与动物所采取的运动方式和迁移距离旅程长短有关。有资料显示，哺乳动物每奔跑 1 km，100 g 体质量大约消耗 2 400 J 能量；鸟类每飞行 1 km，100 g 体质量大约消耗 680 J 能量；而鱼类每游泳 1 km，100 g 体质量大约只消耗 240 J 能量。据推算，每 1 g 脂肪的能源(可提供 37 kJ 能量)可使哺乳动物迁移 15 km，使鸟类飞翔 54 km，使鱼类游动 154 km(尚玉昌，2005)。

在动物长距离的迁移途中，几乎不能避免要穿越大面积不适宜的地区、水域和各种障碍，以及突发性的风暴、巨浪等恶劣气候的折磨和天敌捕食，特别是某些经济种类还遭受人类的围捕，因此在迁移过程中导致大量个体死亡。有的种类如欧洲、美洲大陆入海产卵洄游的鳗鲡，当幸存群体抵达大西洋百慕大以南产卵场时已疲惫不堪，在产卵后已耗尽能量而大量死亡。

水母类的迁移虽然由于是被动的行为，不需要特别消耗能量。但是在迁移过程中同样会遇到天敌(如某些鱼类、海龟、海鸟等)的捕食；某些大型食用种类(如海蜇等)大聚群的迁移而形成渔汛成为人类捕捞的对象；当遇到风暴等恶劣气候时，它们会被巨浪打上海滩和岩石并摔得粉碎。所以动物在迁移过程中总要付出巨大的代价。

**2. 迁移的生物学意义**

动物的迁移最初都是为了逃避不利的生存环境，寻找有利于该物种的存活和种族繁衍的栖息地。这是动物通过自然选择在进化过程中形成的先天性本能行为，具有重大的生物学意义。

在水生动物中可以鱼类为例加以分析。对鱼类的洄游(迁移)类型，从不同角度出发，有不同的分类方法。目前通常按照鱼类洄游的不同目的划分为产卵洄游、索饵洄游和越冬洄游这三种在其生命过程中相关联系的类型。

**(1) 产卵洄游**

当鱼类生殖腺成熟时，脑垂体分泌的性激素对鱼体内部产生生理上的刺激，表现出繁殖的要求。在此期间雌雄个体大量聚集，沿着一定路线急速向产卵场地游动，进行产卵活动，有利于提高受精率。在一定时期内产卵场的水文环境条件以及基础饵料资源最适合该种鱼类繁殖，河口地带营养物质丰富，浮游生物量最高,为鱼类后代(幼体阶段)的存活、生长提供最佳的物质基础条件。

**(2)索饵洄游(肥育洄游)**

这是鱼类追随或寻找饵料所进行的洄游。这种现象常见于在产卵后的群体或接近性成熟和准备再次性成熟的群体,它们强烈索饵,不仅补充因产卵洄游期间和生殖过程中被消耗的能量,而且也为体内积存大量营养物质提供生长、越冬以及生殖腺再次发育所必需的物质基础。由于其目的在于索饵,因此群体一般分散,洄游路线、方向、时间变动较大,有助于避开种群高度密集造成的竞争,减轻不适压力。索饵洄游通常随饵料生物(浮游动物)昼夜垂直移动的习性,也在索饵场出现黄昏时到上层捕食而在黎明时又重新下降到底层的昼夜垂直移动。

**(3)越冬洄游(季节洄游)**

这一类型常见于暖水性种类。由于对水温的变化十分敏感,一般在仲秋以后由于水温急剧下降,摄食强度随之下降,动物体代谢下降而引起鱼类集群性回迁至海底地形、底质、温度等条件都适于越冬的深海区以度过严寒的冬季。

从鱼类洄游的情况分析不难得出一个结论:动物之所以不远千里进行迁移,有一个共同点,即它们通过迁移可以繁衍、保留更多的后代,有利于种族的繁衍,这是动物迁移最主要的生物学意义。当然并不是所有动物都能借助迁移来提高其生殖成功率,正因为这样,也不是所有的动物都进行迁移。

水母类虽然与鱼类不同,但其被动的迁移仍然明显呈现动物迁移的共同生物学意义——有利于种族的繁衍,保留更多的后代。

水母类是被动的迁移,既不定向又不回迁,在其短暂生命周期中真正产生被动(受季风的风向、风力和潮流所左右)迁移只在水母型世代的几个月时间,尽管如此被动和短暂,对这一类动物仍然具有极其重要的生物学意义。

首先,水母世代是其生长、发育和有性繁殖阶段,水母的迁移同样使其扩大栖息环境,获得更多种栖息地的丰富食物资源,有利其幼体的生长、发育以及为有性繁殖前性成熟提供物质基础。

其次,水母迁移过程同样促使其雌雄个体大量聚集有利于提高受精率,更大的意义还在于扩大受精卵以及浮浪幼体的分布附着范围,提高无性繁殖率大大有利于有性与无性两个世代交替的传播途径。

此外,水母类的昼夜垂直移动是一种由体内生物钟所控制的在生物进化过程中对环境节律变化的长期适应结果,光是影响这种迁移节律的主要因素。水母在昼夜垂直移动中进行摄食,从而获得能量的补充并在食物网中占有重要位置。

## 四、迁移与人类的关系

**1. 迁移对人类社会经济产生的影响**

我们可以将迁移的动物与人类的关系将其分为有益的和有害的两大类，研究它们的行为规律的目的在于进行科学管理，合理开发利用和保护有益动物的资源以及对有害动物进行防治，尽量减少灾害。

**(1) 有益的迁移**

鱼类是水生动物普遍具有迁移(洄游)行为的典型类群。鱼类除了在其生命周期中具有生殖(产卵)洄游、索饵洄游和越冬洄游三大类型外，还具有对声、光、电刺激产生强烈反应特性。人类自古以来从生产实践中早已发现、掌握和利用鱼类这些行为规律并应用在渔业生产上，从而提高渔获量取得高额的经济效益，这是尽人皆知的实例。

钵水母类中的海蜇及其几种近缘食用种类，尽管它们是被动不定向不回迁的迁移，然而仍然可以从促使其产生迁移的外因(风、海流等)找出其迁移规律，并组织生产提高经济效益。

近几十年来，随着科学技术的进步，人类已广泛利用动物的各种行为特性，对野生禽兽进行人工驯养；对水生动物进行人工养殖，促进社会和经济的发展，获得巨大的成功。

**(2) 有害的迁移**

陆生昆虫普遍有迁移(飞)行为，其中有许多种类是害虫。害虫的迁移不仅对农作物造成破坏，而且还是人、畜多种传染病的传播媒介。当然有更多的有益昆虫，如蜜蜂、蝴蝶。

有害水母类同样是一种具有被动、不定向、不回迁的迁移。如白色霞水母、海月水母、野村水母等，这些大型有害种类在其发生聚群迁移时不仅对海洋渔业、沿海工业、航运、军事以及对人类安全都会造成不同程度的危害，然而它们也都有其移动规律可为人们所利用。

有些个体小型的水母(如管水母类 Siphonophora)，虽然它们与人类似乎没有直接利害关系，然而这类动物是海洋浮游动物的重要组成类群之一，在海洋生态系统中占有重要地位。尤其是管水母类在某一水层大量聚集时会形成反应水下声音的深散射层，这种深散射层会随管水母昼夜垂直移动而变动，改变声波在水中传播，干扰潜水军事活动，这已引起相关学者的重视。

## 2. 人类活动对动物迁移的影响

人类利用水生动物对声、光、电刺激所产生引诱或驱赶的不同生理反应特性，造成集群性短距离迁移，不断改革捕捞渔具和渔法，提高捕捞量从而获得更大的经济效益，如利用鲲、鳀、鲹鱼类对光刺激产生的趋光性（定向反应）而发展灯诱渔业。但是也有由于过分追求经济效益，违背科学盲目利用动物这种生理特性造成严重破坏资源的负面恶果。最典型的实例莫过于 20 世纪 50—60 年代，粤、闽、浙三省渔民效仿原于广东潮山地区渔民利用高频率声波对石首鱼科鱼类耳石产生共振的致命刺激造成的集群无论大小个体一概振昏死亡而获得高产，大黄鱼终极敲罟渔业是造成大黄鱼资源险遭绝灭的直接原因。

动物的迁移不受地区、国界或者其他政治因素的限制，但人类的活动却不是这样。很多兽类、鸟类在一些国家受到法律保护，但是另一些国家却出于娱乐或谋取高经济效益的需要而射杀它们。更恶劣的是有不少不法分子，他们为牟取暴利，经常对跨国界迁移的珍稀动物如大象、狮子、羚羊等进行偷猎，又如主要分布于我国黄、渤海区的中国对虾（*Penaeus chinensis*）每年水温较高的夏、秋两季能够在渤海湾生活和繁殖生长，但到寒冷的冬季便迁移到黄海南部海底水温较高的水域越冬，进行有规律的产卵、越冬洄游。在此两季期间，外国渔船在虾群进出我国黄海之前进行拦截围捕，严重破坏了对虾资源。

我国海域辽阔，沿海有 1 500 多条江河入海，大量淡水和陆源物质的输入形成了独特的河口类型生态系统，河口区营养丰富，优越的自然地理条件为海洋经济动物提供栖息、繁殖、索饵和越冬的场所，孕育着海洋生物多样性，渔业资源丰富。但是在我们开发利用海洋资源的活动中，无度、无序和不负责任的开发行为，导致环境污染、海水水质下降、生态系统退化，严重干扰、破坏经济海洋动物的洄游、迁移规律，使沿海经济动物栖息地以及传统渔场遭受破坏，渔业资源日益衰减。

人类研究动物迁移的行为更重要的应该是借以对动物资源进行科学管理和保护，协调人与自然之间的关系与可持续发展。

## 第三节 钵水母的摄食与防御行为

### 一、钵水母的摄食行为

**1. 钵水母摄食特性**

食物(营养物质)是一切生物体赖以生存和发展的物质基础。

动物的觅食动机是饥饿,多数动物还为了喂幼,其觅食行为(feeding 或 foraging)多种多样,随着动物的进化,捕食器官的逐步形成和技能的逐步完善,越高等的动物其行为越加复杂,它包括对食物的搜寻、选择、追逐、捕捉、处理和摄取等几个步骤。

钵水母是一类两胚层低等腔肠动物,许多器官系统尚未形成,在其短暂生命周期中无论是营浮游生活的水母型世代,或营附着生活的水螅型世代,其摄食行为具有自身独特的特性。

钵水母类由于缺乏专有捕食器官和对食物种类的识别、选择和追逐能力,因此,缺乏主动觅食行为。其摄食方式主要是依靠触手、口腕和肩板上的附属器昼夜不停摆动进行被动网罗所能捕捉到的食物,有些种类(根口水母目)则依靠肩板和口腕上的许多小吸口,直接从海水中吸入微小或已被半消化的食物。钵水母摄食没有明显的峰期,但当其饱食之后,尽管触手继续不停摆动,但对捕获到的食物并不再进食而是丢弃,由此可见触手并非专有捕食器官,其主要功能在于防御。从防御运作中同时获得食物是减少觅食能量投资的一种行为适应,这也是水母类摄食行为的一大特性。此外,钵水母只管自己摄食,没有喂幼行为。

**2. 钵水母的食性类型和摄食方式**

依据钵水母所摄食的食物性质划分属于肉食为主的杂食性(omnivorous)类型,食物的种类十分广泛,包括浮游植物、浮游动物(含某些动物的浮性卵和幼体,甚至同类相食)以及有机碎屑,其所摄食的食物种类的比例则随不同生活海区和季节而异。

钵水母的摄食方式可划分为捕食性和吸食性两种方式。

钵水母的触手、口腕及其附属器(根口水母目)行使捕食功能。如霞水母,内伞具有长而多的触手,在浮游时触手散开,网罗食物,利用触手上的刺胞把小动物杀死或麻痹,通过中央口进入胃腔,由胃丝上的腺细胞分泌消化酶进行细胞外消化(周太玄等,1956)。据 Smith(1936)报道,仙后水母(*Cassiopea*)的胃丝能分泌蛋白酶(protease)、脂肪酶(lipase)、糖原酶(glycogenase)和与其共生的黄藻(Zooxanthellae)产生的淀粉酶(amylase)等多种消化酶。食物被分解消化后的营养物质,被游走细胞(wandering cell)输送到身体各部。

有些根口水母(如海蜇)在个体发育过程中口腕基部愈合,成体中央口消失,而在肩板和口腕边缘褶皱处有许多小吸口(口径约 0.1~1.0 mm),小吸口往里经各分枝小管连接各腕管再经各辐管进入胃腔(这些分枝管道系统犹如植物根系,故称"根口")。吸口呈喇叭状,能伸缩,张开时直径一般为 0.3~0.5 mm,大者达 1~2 mm,是根口水母主要摄食器官,并与水管系统行使循环、排泄和生殖功能。海蜇摄食时是随伞部连同胃腔有节律的舒张、收缩反复运动产生的压力差将海水中小于 1 mm 的食物,包括黏附在肩板和口腕上皱褶处已被不同程度消化、分解小于 1 mm 的食物(营养物质)由小吸口吸入,通过水管系统输送到身体各部分,这是钵水母典型吸食性摄食方式。作者多次观察到在海蜇整个口腕部分富有大量黏液,含有多种消化酶,口腕各翼包裹着大量已被不同程度消化、分解的食物,包括幼、稚鱼。这种现象在海上当场捞到的海蜇都可以观察到。

### 3. 钵水母的食物组成

在自然界有许多动物,尤其是那些防卫手段及技能越弱的低等无脊椎动物,不是在防卫机制方面进行大量投资,而是靠尽可能快速生长和提高繁殖率以便相对弥补天敌捕食的影响以保证种族的延续。这些动物,生态学家通常称其为泛化种(generalist spacies),即可食多种多样食物的物种,水母是典型的这类动物。前面我们提到,水母缺乏对食物种类的识别和选择,无论何种食物,均取决于对食物的可获性和食物的可适大小的要求。这些动物多数分布于温带海域,那里的饵料生物资源最为丰富,而且具有明显的季节变化。在每年春、夏季钵水母类生长,发育期间也正是浮游生物繁殖高峰季节。

据周太玄等(1956)报告,白色霞水母的食物组成多种多样,从其胃囊内和口腕、触手上发现有环节动物幼体、软体动物幼体、多种桡足类、麦秆虫、虾、蟹幼体、箭虫、海鞘幼体,甚至捕食多种水螅水母以及多种鱼类的幼、稚鱼,曾发现它捕捉到一条长达 25 cm 的黄姑鱼(*Nibea albiglora*)。据渔民说,也曾经见到一个白色霞水母逮住一条约 20 cm 的海鱼,并观察到白色霞水母捕食时是先用多条触手将食物绕住,再放出刺丝将其麻醉后,触手收缩将食物送到口腕然后进入口中。对较小的食物，这种动作只由一条触手来完成，当捕到较大的食物，就由几条甚至很多条触手共同来完成。

据王永顺等(1984)对杭州湾海蜇群体胃含物分析，在海蜇生活史的各个时期均以中、小型浮游生物为饵料，其主要种类组成为：浮游植物中的圆筛藻(*Coscinodiscus* sp)、骨条藻(*Skeletonema* sp)、圆箱藻(*Pynidicula* sp)以及舟形藻(*Navicula* sp)等；原生动物中的鞭毛虫类的单角铠角虫(*Ceratium fusus*)、二角铠角虫(*C. furca*)、三角铠角虫(*C. tripos*)和异形虫(*Peridinium* sp)等；甲壳类的无节幼体，也发现捕食水螅水母，并从所摄食的种类与海域中浮游生物种类组成相一致而认为，海蜇对食物的种类没有严格选择。

据Минороv(1967)报道，海月水母的食物中，甲壳类占50.6%，夜光虫占31.7%。软体动物面盘幼虫占13.9%，被囊类占2.9%，毛颚类占1.6%，纤毛虫类占0.3%，浮游藻类小于1%。这种水母消耗饵料的数量随着个体增长而增加，当伞径30 mm时昼夜消耗食物量为39.7 mg，但当伞径达120 mm时，其摄食量为187.4 mg。此外，有些种类如海月水母也能摄食大量仔、稚鱼，每个水母一天能捕食4~5条仔、稚鱼。据安田澈(2005)报告，在野村水母(*Nemopilema nomurai*)的丝状附属物的黏液中观察到硅藻、原生动物的拟铃虫(*Tintinopsis* sp)、小型桡足类的小长腹剑水蚤(*Oithona nana*)、蔓足类的无节幼体，以及软体动物双壳类和腹足类的浮游幼体；在口腕吸口处见到藻类的骨条藻(*Skeletonema costatum*)以及在口腕内发现许多桡足类的附肢和难以辨认的有机物。水母类中的同类捕食现象也有许多报道。如霞水母食物中包括长管水母(*Carsia* sp)、芮氏水母(*Rathkea* sp)、真囊水母(*Euphysora* sp)等水螅水母。发状霞水母(*Cyanea capollata*)也大量捕食水螅水母。

**4. 水母在海洋食物网中的地位和作用**

20世纪50年代末，我国首次进行全国海洋综合调查(1958—1960年)，在浮游生物调查规范中，水母类和被囊类(Tunicata)等凝胶状浮游动物均被作为"非饵料生物"打入"另册"。近50多年来，国内外许多学者在大量相关研究结果中证实，水母是海洋浮游动物群落的主要组成类群，是海洋次级生产量。

水母类，尤其是钵水母，是一类以肉食为主的杂食性浮游动物，在食物链中居第三营养级。它们的食性非常广泛，几乎无选择地摄食一切可以捕获到的浮游生物，包括许多海洋鱼、虾、贝类的浮性卵和幼体以及浮游植物和有机碎屑，甚至同类相食。但自身又被许多海洋动物如鱼类、头足类、海龟、海鸟和人类所捕食(如海蜇)。在海洋食物链中它们前接次级生产力,而自身又被三级或四级食物者掇食和消耗,在物质与能量转换过程中处于承前继后关键性的重要环节,在海洋生态系统结构转换(regime shift)过程中发挥极其重要的作用。

在自然界中,没有一个自然种群能无限制地增长,各类物种之间总是相互制约而维持动态平衡。

水母类在食物链中对下层营养级的影响主要表现在它们直接大量捕食浮游动物,制约其种群数量的增长,而有利于维持浮游植物生产量的相对稳定。另外,水母同类相食也在一定程度上制约水母类的捕食压力。水母类生活过程中所排出的代谢产物 $NH_4-N$ 以及有机体死亡后分解的物质,补充了水域营养盐,对海洋营养盐类的再循环起到积极的作用。

水母类在食物链中对上层营养级所产生的影响,同样也改变海洋生态系统中的营养结构。水母类是多种鱼类和海洋经济动物的饵料。人类过度的渔业活动改变了海洋生态系统中食物网的结构,使顶级捕食者种群数量的递减,降低了水母被捕食的压力,使水母生产量迅速递增,其结果不仅与同一食物层次以浮游动物为食的鱼类造成食物和生存空间的竞争,而且直接捕食鱼卵和幼鱼,在局部海区导致渔业资源量下降,而且也必然引起不同种类水母的种间竞争,破坏生物多样性,导致生态系统失衡。

## 二、钵水母的防御行为

动物的防御行为是指直接为保存自己的任何一种减少来自其他动物或外界不良环境的伤害,同时也是辅助或准备进攻的行为。越低等的动物其防御能力越弱,只是先天本能的简单行为。在高等动物除了本能行为之外,主要是后天学习的复杂行为。

水母类的防御行为都是先天的本能行为。在有性世代,水母体营浮游生活,完全透明的身体,触手、口腕及遍布于体表的刺细胞是其主要的防卫组织和器官,它的防御行为表现为以下几种主要方式。

### 1. 伪装

在自然界许多动物的体色都与环境背景色彩十分接近,因此不易被天敌发现。这种本能生物学上称为保护色(protective color),例如,十字水母都附着在低潮区各种海藻枝叶或岩石上,它们的体色变化很大,在同一种类附着在不同的物体上,其体色与其附着的物体及周围环境的颜色基本相似。水母类是靠增加身体透明度而获得非常好的隐蔽效果。水母身体含水量高达90%以上，个体小、色素少，由于光在水中和在空气中的折射率不同，当光从水进入那些体内含水分高的动物体组织内时，射入角实际不变而且在没有光散射和吸光物质的条件下，动物体看起来完全透明。若隐若现的水母类身体分布在开阔水环境内获得最佳的隐蔽，是几亿年漫长进化的结果。

2. 警戒

钵水母类的触手、口腕（如霞水母）和附属器（如海蜇）昼夜不停大幅度摆动，起着警戒作用。当有敌害生物或外物接近时反应十分敏感，其伞部立即紧缩，个体瞬间下沉逃逸。这种行为作者在海上用手操网采集钵水母标本时亲自试验过。每当捞取速度稍慢，网兜碰到其触手、口腕或附属器时，其伞部立即收缩，身体迅速下沉逃逸。

3. 威吓

一些大型钵水母如海蜇、白色霞水母、野村水母等，在其口腕部位分泌大量有毒恶臭的黏液（或代谢产物），这种黏液不断扩散到群体周边水域，起到驱散捕食者的威吓作用。这种现象是钵水母以分泌化学物质显示保卫领域的一种行为。

沿海海蜇产区渔民在长期生产实践中都注意到这种现象。闽、粤渔民一致认为，在海蜇汛期，由于海蜇的分泌物导致周围海水发臭、变"辣"而把周边水域鱼虾群驱散造成减产。

4. 逃遁

在自然界，多数动物在敌害接近时总是十分敏感，依靠跑、跳、飞翔或潜水迅速逃遁来保护自己。在钵水母中，如海蜇，却常有小鱼、小虾栖息其肩板和各条口腕周围随其游动，每当有敌害生物或外物接近时，这些小鱼、小虾反应十分灵敏，立即躲入其内。这一反应触动了海蜇，引起海蜇伞部立即收缩，将小鱼、虾包庇在伞腔内，一起在瞬间沉没深水逃避敌害。这时小鱼、虾起着海蜇的"眼睛"、充当"卫兵"的警戒作用，使得海蜇及时逃遁躲避敌害，而小鱼、小虾也受到海蜇的保护同样免受敌害逃过一劫，这正是互利共生的行为。

许多动物在长期的进化过程中感觉器官形成了一种特殊的功能，能对环境中人类完全感受不出来和视为静止状态的一些刺激中获得信号并迅速作出反应。例如，人类感觉不出大地震来临前的征兆，然而家畜、鸽子、猫、狗等却能感觉到并作出逃避的反应。

水母也有这种特殊结构和功能。例如，科学家曾用不同颜色的光束探索水母眼点(感光细胞)的反应,结果发现,当与水母栖息相同的绿色光照射时,水母体的运动速度(律动)变慢,触手松弛、伸长,呈现舒适安静状态;但是当遇到紫色光照射时,水母体突发舞动,运动速度剧增,触手收缩变短,呈现躁动不安"犹如人类逃离火灾现场的状态",可见紫色光对水母是一种死亡的危险信号。又如水母的缘感觉器(marginal sense organ)能接收到人耳感觉不到的由空气和波浪摩擦而产生的次声波(每秒振荡 8~13 次的声波),这种次声波信号比暴风和波浪以更快的速度传播开来,它预告所有能接受到的海洋生物,风暴即将来临,这时水母立即离开近岸游向大海深处以免被暴风激起的巨浪砸得粉碎。水母这种早在 5 亿多年前就已漂浮在寒武纪时代的海洋里的古老动物,也许就是依靠这种特异结构和功能预感灾难,在此之前逃避灭顶之灾,使其种族繁衍至今。

**5. 蛰伏**

在钵水母的无性世代,由于螅状体营附着生活,丧失了防御能力,它们除了以纤细(仅几毫米)、透明的个体,隐蔽附着海底硬基质物体上,以利避开天敌以外,蛰伏是其主要以被动方式保存自己的行为。

## 第四节 钵水母的生殖与发育

### 一、动物的生殖、发育及其生物学意义

**1. 生殖与发育**

生殖(繁殖)是生物繁衍后代、产生新个体的过程,是生命的基本特征之一。生殖有多种方式,其最终目的在于更有利于物种的延续和扩大。

生殖只是生物体生命周期中的一个生理阶段,称为生殖期(period of reproduction)。动物生殖期的长短,生殖方式、生殖力以及生殖率都随种而异,是物种的属性,并在不同程度上受外界环境因素的影响。

各种动物不仅在形态结构上、生理上以及其他特征各不相同,而且在行为上如觅食、迁移、防御天敌、有效生存能力等方面也存在各自的特异性。这些特征只有在个体成功地通过生殖行为将自身基因传递给后代的情况下才能获得进化,因此生殖行为是自然选择的焦点,它对物种的延续具有极其重要的生物学意义。

发育是生物体生活史中组织结构及其功能从简单到复杂的一系列变化过程,

是一个生理阶段,称为发育期(period of development)。

多细胞动物从受精卵开始经过细胞分裂、组织分化,器官形成直到成体性成熟为止的全过程,称为个体发育(ontogeny)。个体发育通常分为胚前发育、胚胎发育和胚后发育。胚前发育是指生殖细胞生成和成熟过程;胚胎发育是指在卵膜内或母体内的时期,即由受精卵开始经历卵裂、囊胚、原肠胚等过程,从而形成胚层,而后胚层各自再分化为特化的组织、器官、系统直至形成能单独生活的子体;胚后发育是指从卵膜中或母体中产出的幼体开始经生长期至性成熟为止等三个阶段。

多数高等脊椎动物的胚后发育其幼体的形态和生活习性保持与亲体一致,不发生变化,直接发育为成体,这个过程称为直接发育。然而也有另一些动物,尤其是水生无脊椎动物和陆生昆虫的胚后发育,其幼体(虫)的形态和生活习性却多次发生与亲体完全不同的一系列变化,特称为间接(变态)发育。这种发育方式在钵水母类十分典型。

**2. 生殖方式**

动物的生殖方式可以归纳为两大类型,即有性生殖(sexual reproduction)和无性生殖(asexual reproduction)。

**(1)有性生殖**

在动物界,有性生殖需要雌雄两个亲本的参与,牵涉有受精(fertilization)过程中两性生殖细胞(精子和卵子)融合的方式。

这种生殖方式都发生在动物界,其生殖方法多样,有卵生(oviparity)、卵胎生(ovoviviparity)和胎生(viviparity)三种。卵生是一种由雌性产下受精卵(体内受精),或卵在母体外受精直接发育为新个体,其胚胎发育所需的营养物质全靠雌性配子提供,这种生殖方式在动物界最为普遍。在海洋动物中,无脊椎动物如刺胞动物的钵水母有性世代、软体动物的贝类、头足类,甲壳动物的虾、蟹,直至脊椎动物的多数鱼类、爬行动物的海龟等;卵胎生是一种体内受精,受精卵在母体的输卵管内发育孵化成新个体才产出,但其胚胎发育所需营养物质仍然全靠雌性配子的卵黄提供,与母体没有营养关系,这是动物进化过程中介于卵生和胎生之间的中间类型,常见于软体动物的某些螺类、软骨鱼类;胎生是一种受精卵在母体子宫内发育,发育着的胚胎直接通过胎盘(placenta)或其他途径从母体直接获得营养物质,常见的如大多数哺乳动物包括人类。在软骨鱼类中,有些板鳃鱼类如灰星鲨,卵是在母体的生殖道内受精发育,胚体与母体发生血液循环上的关系,其营养不仅靠自身的卵黄，同时也依靠母体提供，但胎盘构造与哺乳动物的胎盘不同，特称为卵黄胎盘，这种生殖方式称为假胎生。

**(2) 无性生殖**

新个体的产生来自单个亲本，没有配子(精子和卵子)的形成，不经过两性生殖细胞融合的生殖形式。这种生殖方式主要发生在低等动物、微生物和植物界，其生殖方法多样，主要有分裂生殖(fission)，分裂生殖发生在一些单细胞生物中，亲本细胞分裂形成两个(二分裂生殖)或多个(多分裂生殖)相同的子细胞，如硅藻、原生动物；裂殖(fragmentation)，发生在一些无脊椎动物生物体，其身体的一部分裂，继而分化发育成新的个体，如一些水生的环节蠕虫；芽殖(budding)，新个体来自于一个脱离母体的外生长物——芽。这一过程也称为出芽生殖，如腔肠(刺胞)动物的水螅虫，某些钵水母无性世代也有芽殖。

在动物界，越低等的种类，它们的生殖方式越简单，但却呈多样性，在生殖力和生殖率方面则表现出越高和越快的特点。这种特性足以弥补这类动物，尤其是那些在水中进行体外受精的大多数低等无脊椎动物，它们的卵子在受精后便失去双亲的照顾，缺乏那些出生率越低的高等动物所具有的亲代对子代抚育护幼的本能，借以提高后代的存活率的能力所造成的损失，以适应自然界的淘汰，确保种族繁衍的重大生物学意义。这种规律以刺胞动物水母类最为典型、普遍。

**3. 两性差异**

在有性生殖的物种中，物种成员分化为雌雄两性。在动物界，通常雌雄两性个体不仅在外部形态上有各种差异，特别是在性成熟的个体两性差异更加明显，而且雄性个体和雌性个体的生殖行为有时极不相同，甚至很难认出它们是同一个物种。雄性个体在寻找和追求配偶时通常是主动并出现吸引异性的第二性征和行为，例如，强壮的体魄(兽类)、悦耳动听的鸣叫(鸟类、蛙类)、华丽的羽毛(鸟类)、漂亮的追星(鱼类)，甚至为争夺配偶而引起角斗行为(兽类)等差别。但是动物界仍然有许多种类并不存在这些差异。尽管如此，在有性生殖的物种中，都存在着雌、雄产生的配子大小和数量多寡的差异，这和两性生殖行为之间存在着某种联系。雌性个体都能产生较大型、无运动能力的配子(卵子)，最典型的如鸟类，其产下的卵重占雌鸟体重15%的种类并非罕见，有的甚至更大，但产卵量并不多；而雄性个体都能产生极小型能运动，而且数量很多的配子(精子)，以利提高卵子的受精率，这具有重大的生物学意义。这是卵子和精子结合的异配生殖的一种高级形式，在动物界很普遍，在繁殖生物学上特称为卵配生殖(oogamy)。这是由于精子的大小只需要能够容纳一套基因和把雄性 DNA 送达卵子所需的能量而已。这些小而活动力极强的精子以巨大的数量为优势，一旦被雄性个体排放后，便能迅速游向并包围卵子，确保卵子受精成功，雄性亲代也就完成了生殖任务。然而雌性相对大而富含卵黄等营养物质的卵子，在受精后却要承担提供给合子(zygote)胚胎发育所需的全部营养，并将双亲的基因传递到后一代而获取生殖的成功。

钵水母有性世代雌、雄两性成熟个体在外部形态以及生殖行为虽然没有明显差异，但是都出现动物界雌、雄配子大小和数量多少差异的共性。

总之，动物界两性生殖行为的差异和配子大小的差异都是为获得生殖的成功，确保种族得到繁衍和扩大。

**4. 抚育和护幼**

前面我们已对生物的生殖问题作了简要的概述，可以理解生殖的目的在于传宗接代，确保物种的延续和扩大。在动物界绝大多数有性生殖都是卵生的，如何使雌性个体排出的卵子与雄性排出的精子在最大程度结合获得受精的成功。这仅仅是达到生殖最终目的的第一步，接下来的问题是如何确保受精卵获得最高的孵化率，产出最多的子代以及紧接着如何使子代获得最佳的生长、发育的生存环境，以提高子代的成活率，这就涉及亲代对子代抚育、护幼等问题。

水生动物有性生殖的大多数种类都是体外受精，受精卵通常得不到亲体的照顾，这也是水生动物一般都具有较大的繁殖力来适应自然界的淘汰。当然，也有许多种类亲体具有不同的方式方法对子代进行抚育、护幼的行为。亲代抚育任务通常是由双亲共同承担，往往雌性一方承担较多，也有由一方全部承担的现象。例如，罗非鱼产卵前由雄鱼在池塘底部挖穴，雌鱼在穴内产卵并将卵衔在口中受精。受精卵含在雌鱼口中一直至孵化后仔鱼能独立生活之前都处于母体的保护之下；又如海马，雄性个体腹部有育儿囊，受精卵在囊内一直到孵化后仔鱼还在囊中生活一段时间，育幼、护幼工作全部由雄性担任。浮游甲壳动物如糠虾(Mysidacea)雌性胸肢之间有由胸足基部组成的育卵囊(brood pouch)，卵在其中受精孵化。

在动物界有性生殖的主要类群中，亲代抚育、护幼行为都是各自独立进化的。在低等无脊椎动物进化过程中也形成其独特的、有利于生殖成功及使子代繁衍的方式方法。它们主要表现在繁殖场地和幼体栖息地的选择。

**5. 繁殖场**

动物的繁殖场是能够提供满足该物种繁殖及子代生长所必需条件的地带，是该物种在长期历史演化发展中与周围环境相互依赖和相互制约形成的统一体。因此，动物对繁殖场的选择基本上是由遗传所决定的。所以往往有比较稳定的位置，但也并不是绝对不可改变的。大多数动物的繁殖地都具有可塑性，所以某些动物才会扩散到与原栖息地很不一样的新环境中。

海洋动物繁殖场是海洋动物产卵、繁殖后代的场所。不同物种繁殖季节不同，对繁殖场的生境条件要求也不一致；然而对多数缺乏抚育、护幼能力的无脊椎动物而言，繁殖场必须具有以供子代摄食的丰富、充足的饵料条件。所以，河口水域营养盐和有机物质特别丰富，初级生产量和次级生产量较高，拥有淡水和海洋种类，又有河口特有的半咸水种类组成的一个庞大、复杂的浮游生物群落，为子代提供了充足的饵料。所以河口地带成为近海水生动物繁殖和幼体生长的良好场所，也是具有世代交替的钵水母无性世代栖息、繁殖和有性世代幼体生长的场所。

## 二、钵水母类生殖、发育及生物学意义

### 1. 钵水母类的生殖

钵水母类除了已知的夜光游水母(*Pelagia noctiluca*)和终生营附着生活的十字水母目(Stauromedusae)的种类之外，在其生活史中都行动物界少有的有性生殖和无性生殖交替进行的生殖方式。

钵水母体(medusa)只是该物种生命周期中的有性世代，它与无性世代的螅状体(hydrula)在形态、习性和生殖方式上完全不同，对于生存条件的要求也截然不同。水母体营浮游生活，雌雄异体，性细胞来源于内胚层，性成熟后分别排放精子和卵子，多数在海水中受精，钵水母虽然缺乏主动求偶以及抚育护幼行为，然而其有性世代营浮游生活，群体全部由同一世代的补充个体所组成，在风力和潮流的作用下形成集群分布。在秋季生殖期，这种集群不仅有利于提高受精率，扩大受精卵以及浮浪幼体(Planula)的分布范围，而且在潮流的作用下，将其带入河口地带，有助于浮浪幼体的附着机会，大大提高无性世代的繁殖率而获得生殖成功。在完成有性生殖之后亲体逐渐衰老、死亡，结束有性世代。受精卵发育成为浮浪幼体，绝大多数沉降附着于海底物体上，发育成为营附着生活的螅状体，为无性生殖世代伊始。

螅状体无色透明，只有几毫米大小，它们附着在海底岩石等物体表面，并不发育而进入蛰伏(dormancy)状态。这种蛰伏状态时间短的只有几天，长的可达几年甚至几十年之久。一旦环境条件成熟，在某种尚不清楚的因子刺激下，激活螅

状体"苏醒"，继续发育并行无性生殖。一个螅状体可以多次生殖，幼体几经发育变态，最终释放出成百上千只水母幼体，完成了无性生殖。

钵水母幼体营浮游生活，生长迅速，在短时间内（如海蜇约为生命周期1/3时间）性成熟后又开始下一轮有性生殖，如此周而复始地进行生命循环。

水母类这种有性生殖和无性生殖交替进行的生殖方式存在着种质基因传递过程。螅状体前接水母体有性生殖传递的遗传基因而自身又以无性生殖方式将基因传递给翌年的水母体。在这种"接力式"基因传递过程中起着承前继后的关键作用。两者在共同完成整个生命周期过程中为使种族延续和扩大，存在着相互依存、相互制约的因果关系。有因必有果，该物种无性世代的生存和繁衍结果是决定翌年有性世代群体数量多寡变动的成因。然而，自然环境条件对无性世代的影响，目前人们知之甚少，调控螅状体蛰伏的因子是什么？螅状体在什么条件下以哪些形态进入蛰伏？激活螅状体"苏醒"的因子又是什么？它是揭开水母种群数量变动的核心问题。

虽然有些种类的生活史已被查明，例如，海蜇在实验生态的条件下，当冬季水温下降至5℃时，无性生殖终止，螅状体和已变态为足囊的个体进入蛰伏状态，至翌年春季水温逐步回升超过10℃时，蛰伏的螅状体被激活，发育成多碟型横裂体。在春末夏初水温上升至15℃以上时，横裂体开始行横裂生殖，释放碟状幼体。至此，螅状体结束了长达8个多月的无性生殖世代。这一水温梯度不仅在生态实验中重复证实，而且在海蜇全人工育苗过程中也得到证实。水温是调控海蜇螅状体蛰伏的主要因子。然而在自然环境中海蜇主要产区的河口水域，每年水温都会出现这一梯度，但是有的年份为何未见碟状幼体和幼蜇出现？显然，调控螅状体蛰伏绝非单一因子在起作用。

水螅水母纲的淡水水母目（Limnomedusae）的种类，其生活史具有世代交替。该目花笠水母科（Olindiae）桃花水母属（*Craspedacusta*）的种类是唯一淡水种类，迄今全球已记录的桃花水母有11种，其中9种产于我国，历代文人墨客对这种珍奇动物的形态、生态观察十分仔细，有诸多诗词表述，可以查到的最早记录见于至今760多年的南宋理宗淳祐十年（公元1250年）熊文稷的《忠州桃花鱼记》。先贤根据这种动物出现在桃花盛开的季节，体型酷似桃花，带有粉红色，漂浮于水中，十分优美而称其为"桃花鱼"，当今称之为桃花水母。这一广泛分布于长江流域以南地区（23°—32°N）淡水水域的物种，在20世纪40年代末迅速消失，几乎绝迹，被列为濒危动物，收入《中国红色名录》，堪比大熊猫和中华鲟，被誉为水中"国宝"。在逊迹长达半世纪之后，于2002年6月在山东济南出现，继之"十一"旅游黄金周在河南云台山国家风景名胜区马鞍山水库大量出现，也是黄河以北高纬度

(35°N以北)地区首次记录,其他地区也频繁出现,一时成为媒体的热门新闻。2003年5月,据媒体报道,又在浙江杭州萧山区浦阳镇小湖孙村余湖大量出现。然而近几年来再未见媒体报道。这些国宝又隐居何处?对生物学家来说,仍然是个未解之谜。

这个问题也许正是打开这类有机体成凝胶状、如此脆弱的两胚层低等动物种之所以能在动物进化过程中存活繁衍至今的钥匙。

但是,要在自然环境中发现、观察、研究只有几毫米大的螅状体的生存状态及其原因,确实比大海捞针还难。

### 2. 钵水母类的发育和生活史

钵水母类的发育都是间接的,在它们的发育过程中都要经过浮浪幼体阶段。这个幼体期经过短暂营浮游生活以后,便沉降附着并发育成水螅体,以无性生殖方式产生水母体,或者浮浪幼体不经过附着生活,直接发育成水母体。所以在钵水母类的生活史中存在两种类型,一类是大多数种类,在同一种的生活史中存在着世代交替;另一类是在生活史中仅有有性世代,或仅有无性世代,所以没有世代交替。

钵水母类在个体发育过程中都从受精卵开始,经历几个不同的发育变态阶段。在这个过程中,无论在外部形态、内部结构或生理机能上都发生一系列的变化。不同的种类其发育变态阶段(期)时间的长、短有所不同,即使同一种类,其生活环境的外界因子(温度、盐度和食物等)的变化对其也起着重要的作用。

(1) 十字水母目

本目的种类属于原始型,营附着生活方式,没有浮游性水母世代,所以没有世代交替现象。从外部形态观察,钟体(萼部)似水母型,柄部更似水螅型。在间辐管处有成排的生殖腺,生殖腺为雌雄异形。受精卵孵化后形成浮浪幼虫。浮浪幼虫用纤毛在水中游动后,沉降、附着于海藻枝叶上或底质沙砾上,逐渐发育成水螅体。在水螅体中其附着面产生足盘,另一端开口,在口周围产生数条小触手。其后形成隔膜、漏斗、生殖腺等。

(2) 立方水母目

早期发育尚未十分了解,以灯水母(*Chrybdea rastonii*)为例说明。灯水母的卵子在胃腔中受精,卵裂为全割、等割型。从第一次至第四次卵裂,与其他钵水母类程序相同。卵裂后形成囊胚,其后产生纤毛,发育成为浮浪幼体。外形宛如梨形颗粒,在体内含有色素粒,经过2~3天的浮游后沉降底层。浮浪幼体变成平板状,以后长出2根触手。随着触手生长,身体增大,小型的口丘凸出来,伞部呈球形。在主辐管的伞缘处长出感觉器,在触手基部可看到叶状基片;在各间辐管上有1根胃丝出现。口柄长出，较短，生殖腺也出现了。

**(3) 冠水母目**

本目种类多数产于深海，不易采集到标本。以红斑游船水母(*Nausithöe punctata*)为例，本种卵球很小，卵割为典型的放射等割形式，全割。经过2、4、8、16、32细胞分裂，直到囊胚期。囊胚通过内殖法产生内胚叶，在囊胚期长出纤毛形成浮浪幼体。不久沉降，用盘状基叶附着于底质外物上，此时纤毛消失，形成内、外二胚层胚叶，一面开口，在口周围长出一圈触手，另一面分泌几丁质层，附着于外物上。本种水螅体较发达，形成很密集的分枝群体，其高度可达10 cm，在整个水螅体期间产生横缩颈茎，形成水母体的叠生体。随着生长推移，缩颈变深，形成碟状体。碟状体增大，脱离缩颈的柄部，漂浮于水中成为小水母。

**(4) 旗口水母目**

本目种类的早期发育研究较早、较全面，个体发育有两种类型。少数种类在其生活史中仅有有性世代，没有世代交替。例如，夜光游水母，从受精卵孵化后经浮浪幼体期直接发育成水母体。这可能和它们生活于外海有关(图4-3)。而大多数种类都经过螅状体的无性世代，例如，海月水母。本种雌雄异体，从生殖腺的颜色可区别。雄性个体的生殖腺为乳白色，雌性为紫褐色。马蹄形的生殖腺着生于4个间辐管上，称生殖腺下腔，这部分的胶质很薄，在生殖期间极容易破裂而向外流出。雄性个体的精子排放到水中后游入雌性个体的胃腔里与卵子相遇，受精卵排出体外在海水中发育或留在胃腔中继续发育，经过卵裂发育为浮浪幼虫

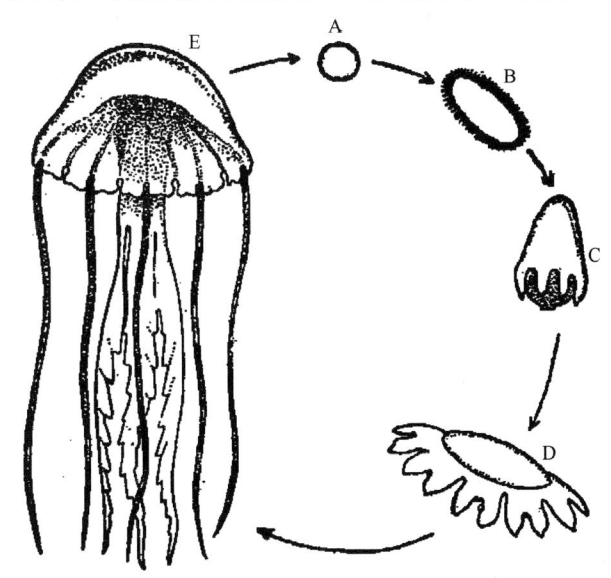

图4-3 夜光游水母(*Pelagia noctiluca*)的生活史(仿 Наумов，1961)
A. 受精卵；B. 浮浪幼虫；C. 后期浮浪幼体；D. 碟状幼体；E. 水母

再排出体外。浮浪幼虫在海水中漂浮一段时间就暂时附着于水母体的口腕皱褶或触手上继续发育。

海月水母的受精卵在胃腔中进行卵裂。第一次、第二次卵割是纵向分裂，第三次卵裂是水平分裂，以全割、等割的形式进行，到第八个细胞期以后外形稍呈螺旋状，其后就形成囊胚。囊胚形成以植物极的典型陷入进行，成为内胚层和外胚层的两胚层囊胚。在陷入的位置上留下一个小孔，这就是原孔，在原口还未关闭前，在另一端又产生一个新口，这个新口逐渐收缩，变得狭窄，渐渐被吸收形成细管状。此时，细胞内的卵黄粒被吸收，呈球状的囊胚逐渐演变成椭圆形，前段稍宽大，后端尖小，在外胚层产生纤毛，此时囊胚就演变成为浮浪幼体。

浮浪幼体在中央处有1个小腔，长0.2～3.0 mm，呈黄褐色。在体表上可看到刺细胞、感觉细胞，在内外胚层间可看到大型的空胞。浮浪幼体在水中浮游4～5天后，纤毛消失，从外胚层分泌黏液，其最前端附着于外物上。继而生长出足盘状的突出，附着后的浮浪幼体稍呈扁平，都为实心。在内胚层隆起处产生隔膜延伸至胃腔里，隔膜的顶部由外胚层产生肌肉纤维形成纵向的4条隔膜肌肉。

此时发育成为钵口幼体(scyphistoma)，有8条触手，再发育到16条触手，多者可达24条触手。钵水螅体可进行无性出芽生殖，在口丘延长为口柄，肥厚的胃腔上隔膜丝成为胃丝的原基。在口盘中主、副辐管位置上产生缘瓣。缘瓣凹陷处为感觉原基。此时，细筒状的钵水螅体，可看到有横缢。横缢逐渐加深，呈现如倒扣的盘子，称它为碟状幼体(ephyra)。

海月水母的碟状幼体，通常14～20个叠在一起发育。新生碟状幼体从母体中分离出来，浮动于水层中，另一个新个体又形成了，如此反复进行，直到全部产出为止。刚游离出来的碟状幼体为淡褐色，花朵状，直径2～3 mm，有8对缘瓣，各对缘瓣间有原始感觉器，伞部有短的口柄，开口为四唇瓣，有环肌和放射肌。消化胃管形成后胃丝增多，胃腔分出8个放射囊。

随着碟状幼体长大，产生触手，口柄发育为口腕。不久，发育为小海月水母，辐射管增多，胃丝增多，生殖下腔出现，生殖腺发育，逐渐成为海月水母(图4-4)。

### (5) 根口水母目

根口水母目的种类早期发生与旗口水母的种类有很多相同之处，在全世界近90种根口水母的种类中，它们的早期发生几乎完全相似。以海蜇(*Rhopilema esculentum*)的早期发生为例。海蜇的受精卵为球形、乳白色，卵径80～100 μm，在水温21～23℃的环境下，自卵裂开始至浮浪幼体出现为止，需要7～8个小时。此时

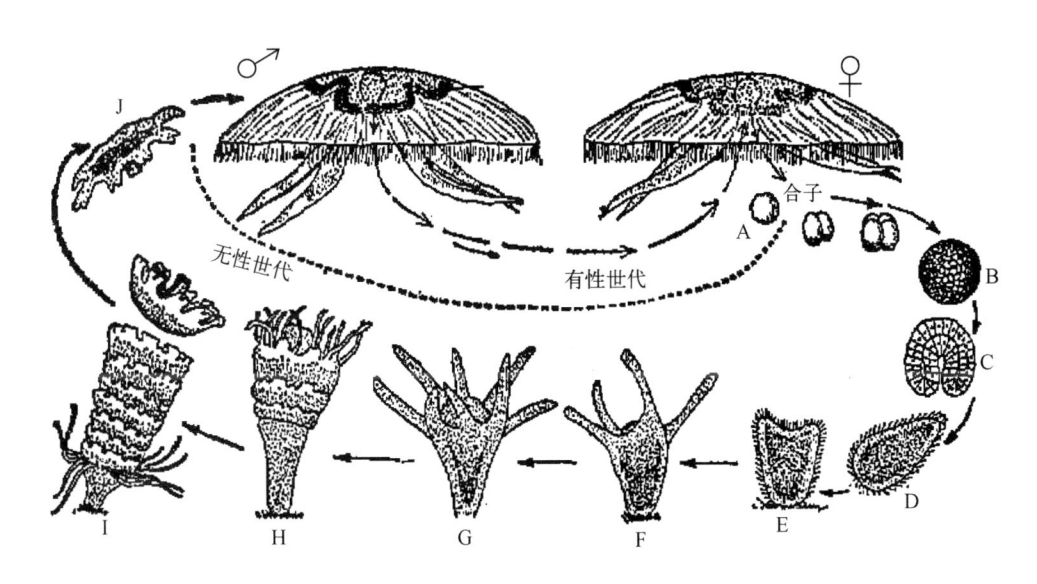

图 4-4　海月水母的生活史(仿 Storer & Usinger,1957)
A. 合子;B. 囊胚;C. 原肠胚;D. 浮浪幼体;E. 附着浮浪幼虫;
F、G. 螅状体;H. 钵口幼体;I. 横裂体;J. 碟状幼体

浮浪幼体为长圆形、乳白色,体表上满布小纤毛,它能在水中左旋自转活动,多数个体在 4 天内变态为螅状体。

浮浪幼体附着后,附着的一端为足盘,另一端形成口或口柄。在口柄周围出现 4 条主辐触手,经过 7~10 天后,产生 4 条间辐触手,再经过 10 天,就产生 8 条纵辐触手,此时就形成螅状体。螅状体继续发育,体壁横缢内陷,成为钵口幼体。

螅状体在生长过程中形成许多足囊(podocyst)。在螅状体的柄部与托部交界处伸出 1 条匍匐根(stolon),其末端形成足盘,由足盘生长为足囊,一般能产生 3~5 个足囊,有时 1 个螅状体可以形成 22 个足囊。足囊的外形为矮柱状,直径 0.1~0.3 mm。足囊形成后可在 2~8 天内自顶部产生 4 个触手的螅状体。1 个新生的足囊可以产生多达 17 个螅状体。足囊是产生新螅状体的主要无性生殖方式。

钵口幼体经过横裂生殖(strobilization),成为碟状体(ephyra),一般可形成 6~10 个碟状体,最多可达 17 个碟状体。横裂生殖过程的外形变化,包括裂节出现、触手膨大和增多,感觉棍的出现,缘瓣的形成、口和口柄的变形等。横裂生殖可重复 11~18 次,横裂的碟状体最大者可达 5~6 mm。每个碟状体形成的时间一般为 1.5~2 天。

初生碟状幼体呈半透明状,无色,通常具 8 对感觉缘瓣和 8 个感觉棍。感觉缘瓣末端呈爪状，通常有 4~6 个分叉。4 条主辐管和 4 条间辐管相间成放射状排列。辐管末端呈叉形，两端向感觉缘瓣延伸。胃腔略呈八角形，腔中每 1 间辐部位均有 1 条胃丝。口方形，具柄，外伞表层纵辐部位有 8 个圆形的刺胞丛。伞径 1.5~4 mm。初生的碟幼体经过 15 天的培养可长成 20 mm 的幼海蜇。

当伞径在 7 mm 以上时，在口腕柄部的内侧腕管壁向外突出形成盲管，继之在口腕部表面形成芽状突起，这就是肩板发生的雏形。随着发育的进展，肩板分化为三角形，边缘有许多触指形成，生殖下穴出现开始为三角形，其后形成弧形的生殖下穴。幼海蜇一般伞径为 20~40 mm，1/8 伞缘有 5~8 个缘瓣出现（图 4-5）。

对水母类的生殖和发育生物学研究的目的在于，对经济种类资源的合理开发、利用和有效保护，并寻找造成灾害种类旺发成因的防控制约机制。

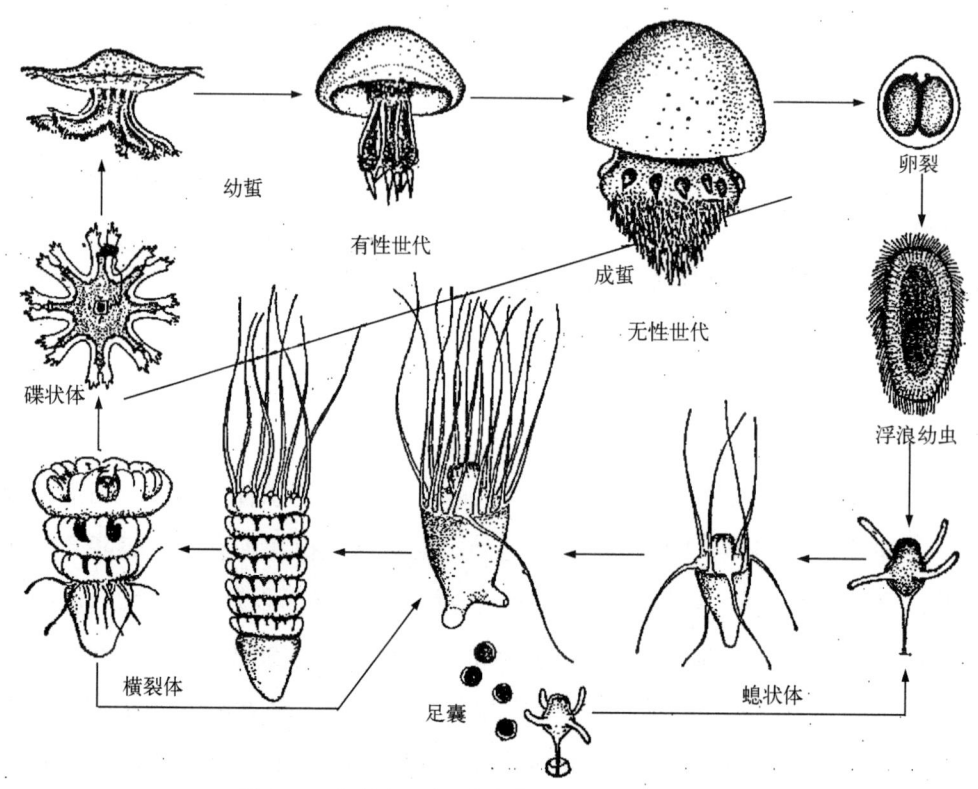

图 4-5 海蜇生活史（仿丁耕芜，陈介康，1981）

# 第五节　钵水母的发光、共生、寄生和再生现象及其生物学意义

## 一、生物发光(bioluminescence)及其生物学意义

### 1. 海的发光现象及发光生物类群

在夏秋季节的夜晚，人们经常可以看到海的发光现象，我国渔民称它为"海火"。

这种现象在我国古文献中早已有记载，如明末清初思想家、科学家方以智(1611—1671年)在他的著作《物理小识》一书中对云南的盐水湖—洱海所发生的海火记有"西洱谷夜起风，水面火高数丈"，以及在菲律宾附近洋面发现"如船出海，以淡水茶泼海则见火起"的两则记载，既记载见到海火，又说明发生海火前者是因为刮起大风，而后者是因为向海水中泼入淡水引起的。这个观察与现代用"浪打浪"和"淡水"刺激发光生物而引起的发光现象趋于一致，可见我国古代学者早已注意到海的发光现象。

生物界除了两栖类、爬行类、鸟类和哺乳类没有发现发光种类之外，几乎每一门类都有发光的种类。这种发光现象在海洋浮游生物界特别普遍(在淡水中，除了细菌以外，几乎没有发光代表种类)，从最低等的细菌到最高等的被囊动物，几乎每一类群都有发光的代表种类；它们广泛分布在自近岸到大洋，从表层至海底的地方。我国渔民和沿海民众看到的"海火"，其实质主要是原生动物、水母类、甲壳类、介形类、被囊类以及其他门类中营浮游生活的发光种类发光形成的现象。"海火"发光的水层厚度一般在几厘米到几米之间。

浮游生物的发光现象和发光强度随海区的地理位置、季节以及深度不同而不同，这与发光生物的种类、数量、分布以及出现季节有关。热带海区要比高纬度海区普遍得多，在高纬度寒带地区，温暖的夏季也有发光现象。这是由于表层许多发光生物，特别是腰鞭毛虫大量繁殖的结果。

根据塔拉索夫(Tapaco B,1956)的分析，将"海火"分为三种类型：

**(1) 火花状海火(И型)**

这种类型在世界海洋最为普遍。其特点是由中、小型或微型发光浮游生物(甲藻、桡足类、磷虾等)受到外界一定机械或化学刺激引起，在较短时间内所发出的

光而形成的,在河口、港湾的亮度特别强。

**(2)乳状(弥漫光)海火(P型)**

这是由发光细菌发出的光而形成的,其光度不受机械或化学刺激的强度而加强。

**(3)闪光火海(K型)**

这种光是由大型浮游发光生物如大型水母类、火体虫(*Pyrosoma*)等受到外界刺激而发出的光形成的。

实际上,在现场要区分这三种类型是很难的,尤其是在低纬度海区,通常是同时发生,难以区别。

水母类是海洋发光浮游动物的主要类群。我国海域发光的水母类如水螅水母纲的多管水母(*Aequorea*)、酒杯水母(*Phialidium*)、芮氏水母(*Rathkea*)、大洋水母(*Oceania*),管水母亚纲的马蹄水母(*Hippopdius*)、双生水母(*Diphyes*)、多面水母(*Abylopsis*)、盛装水母(*Agalma*)以及钵水母纲最为常见的夜光游水母(*Pelagia*)、灯水母(*Carybdea*)、冠水母(*Atolla*)、盖缘水母(*Peiphylla*)等属的种类,不胜枚举。此外,几乎所有的栉水母类(*Ctenophor*)都会发光,甚至正在发育的卵的外质(ectoplasm)受到刺激也会发光。其中球型侧腕水母(*Pleurobrachia globosa*)、瓜水母(*Beroe cucumis*)等是广泛分布于我国东南沿海的常见种。腔肠动物中发光种类与多细胞动物其他各门类相比,所占的比例最大。

海洋生物的发光可分为细胞内和细胞外发光两大类型。前一种是细胞发光,后一种是生物分泌物的液体或黏液发光。在自然界中细胞内发光普遍是发光能力较为原始的种类,如细菌、单细胞生物以及腔肠动物等。上述这些种类都是细胞内发光,水母类发光的位置一般在伞缘触手基部、环管、伞部的黏液(如 *Pelagia*)及感觉管底部的环肌上(如 *Atolla*),而栉水母的发光细胞位于 8 条子午管的内壁上。高等无脊椎动物(浮游甲壳类、头足类)和脊椎动物的鱼类的细胞内发光集中在已形成的特殊的发光器官内进行,发光器的构造不同种类各不相同,极为复杂。细胞外发光的种类较为少见,主要是深水性固有的一种反射性投射发光烟雾或光幕。多数发光生物的发光是受神经网控制的,当动物受外界机械和化学刺激时发光,有的种类则无需外来刺激就能发光,还有些种类(如磷虾)本身已形成特有的发光器(图 4-6)。

生物光没有产生热量,称之为"冷光"。发出的光最普遍的是淡蓝色,其他颜色依次为蓝绿色、黄色、黄绿色,橙色和红色较为少见。发光强度和持续时间

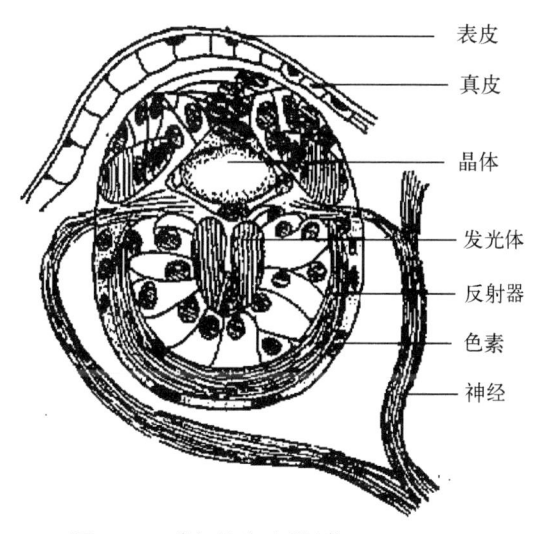

图4-6 磷虾的发光器(仿 Harvey,1960)

随种类而异。发光较强的有栉水母、海萤(*Cypridina*)、磷虾(*Euphausiacea*)、樱虾(*Sergesles*)和火体虫等。发光时间最长的是火体虫和太平洋磷虾(*Euphausia pacifica*),可持续20 s,最短的是鞭毛虫类,不到1 s。

**2. 发光的机制**

海洋生物的发光大多数是一种化学发光,是由荧光素(luciferin)、荧光酶(luciferase)在氧的催化下反应产生的。但是有些水母如多管水母的发光不同于荧光素——荧光酶反应,而是属于发光蛋白型的发光系统,其生物发光的活性组分被证实是由一种称为水母素(Aequorin)的蛋白质引起的,这种蛋白质结合钙离子就能发出较强的蓝色光。1962年,美籍日本科学家下村修(Osamu Shimomura)对维多利亚多管水母(*Aequorea victoria*)发光进一步研究,发现这种水母不仅发出蓝光,当它在发光的同时还发出绿色的荧光,并在这种水母体内找到一种天然的绿色荧光蛋白(Green Fluorescent Protein, GFP)。它之所以能发光是因其在包含238个氨基酸的序列中,第65至第67个氨基酸(丝氨酸—酪氨酸—甘氨酸)残基可自发地形成一种荧光发光团。GFP不仅无毒,而且不需要借助其他辅酶就能发光。当GFP的基因转移到其他有机体内的蛋白质基因并与之相融合时,蛋白质既能保持其原有的活性,GFP的发光能力也不受影响,而作为一种基因标志。GFP的发光机理和这些特性让科学家能在分子水平上研究活细胞的动态过程。因此,GFP成为生物科学极其重要的工具。

**3. 水母体内GFP的发现、发展对生物科学的伟大贡献**

下村修将其发现的GFP提取纯化后进行物理化学表征,对不同条件下的激发光谱和发射光谱作了测定，证明 GFP 与 Aequorin 两者间发生能量转移，解释了 GFP 发生的是绿光而不是蓝光等一系列研究成果，在发现 GFP 的过程中作出了重要的贡献。

美国科学家马丁·查尔菲(Marin Chalfie)也利用分子遗传学的方法将 GFP 的基因与小线虫有机体中的蛋白质基因相融合，并先后在两种小线虫中得到表达，即 GFP 在不同的有机体中显示出明亮绿色的荧光，因此确认了 GFP 可作为一种通用的基因标志应用于各种有机体中。他还获得 GFP 在有机体内的不同部位和不同时间发展下的表达结果。将 GFP 表达到其他有选择的有机体的这项研究具有重大的生物学意义。

美籍华人钱永健(Roger Y. Tsien)，及其合作者解决了 GFP 的晶体结构问题，更重要的是他们发现了一些新的具有不同光谱行为的 GFP 变体，这些新变体有的荧光更强，有的呈黄色，有的呈蓝色，有的呈红色，有的可激活、可变色。这些结果表明，GFP 在进行取代或进行化学转移上是十分活泼的，而这些改进的 GFP 为其在生物学中的成功应用拓展了更广阔的前景。

这三位美国科学因发现并发展了 GFP 而获得了 2008 年诺贝尔化学奖。

### 4. 发光的生物学意义

生物发光是发光生物的一种本能行为。发光对不同发光种类的生存和繁衍具有不同的意义。例如，随着海洋深度的增加深海的发光动物的种类也越来越多。在深海鱼类中，有 2/3 能发光，有一半的头足类能发光。从而可以推测，这些生存在黑暗的海洋深处的种类，光对它们生存是一个重要的生态因子。有的发光生物，它的发光起着一种诱惑的作用，例如：介形类(Ostracoda)和磷虾(*Euphaus siacea*)发光是为了引诱异性，从而保证繁殖成功；生长在深海无光环境中的深海鮟鱇(*Ceratias*)，其背鳍鳍棘顶端的皮瓣发光以引诱饵料生物，是一种掠食行为。有的动物发光则是为了迷惑敌害，有利逃避并保护自己，例如，有些深海头足类(Heteroteuthis)和深海虾类(Acanthephyra)就放射出一种发光液体来迷惑敌害，而自己则隐蔽在黑暗中逃走。以上列举的例子说明生物的发光行为对物种的生存和种族繁衍具有重要的生物学意义。然而事物总是有利也有弊，生物的发光在另一方面却暴露了自己，可能因此引来天敌导致杀身之祸。

此外，海洋生物的发光在海洋运输业、海洋渔业以及国防军事上都有实际利用的重要意义。

## 二、共生(commensalism)和寄生(parasitism)现象

共生是指不同物种间个体的一种相互作用。这个术语常限于对两个物种都有利的相互作用，也称为互利共生(mutualism)。

我国学者早已发现海蜇常有小鱼、小虾与其共生，彼此受益的相互关系。宋代沈与求《观海蜇》诗："出没沙嘴如浮罂，复如缁笠绝两缨，混沌七窍俱未形，块然背负群虾行。"诗人仔细观察并生动地描述了海蜇生长于沙质河口地带，其形状胜似一朵紫红色、鲜艳美丽的罂粟花漂浮于海面，又将口腕以及长在上面的许多丝状、棒状附属物描述为一个系戴红缨穗的发髻。该诗下句惟妙惟肖地描述了海蜇还没有形成五官却与许多小虾共生的现象。清代李时珍的《本草纲目》对这种共生现象记有："腹下有物如悬絮。群虾附之。唼其涎沫""所处则众虾附之，随其东西南北""鲊生东海……无眼目、无腹胃，以虾为目，虾动鱼鲊沉，故名水母目虾"。这些都生动地描述了小鱼虾平时栖息于海蜇的肩板和各条口腕周围，每当外物或敌害接近时，反应十分敏锐，立即躲入其内触动海蜇，引起海蜇伞部收缩，将小鱼、虾包庇在伞腔内，瞬间沉没深水处以逃避敌害，从而彼此受益。本书作者多次观察到这一现象，并现场采集到这些小鱼虾，经鉴定为水母虾(*Latresutes anoplonax*)和玉鲳(*Icticus pellucidus*)（洪惠馨等，1978）。

水母有毒的刺细胞对这些小鱼虾不但毫无伤害，反而却成为它们一把有毒的保护伞。如白色霞水母与牧鱼（副叶鲹 *Alepes sp.*）的共生关系（彩图9）。牧鱼借助水母这把毒伞的保护躲避其他大鱼的捕食，同时把引来的大鱼让水母捕捉饱餐一顿，牧鱼也借以捡些剩下的残渣为食，彼此互利。此外，平时牧鱼还会啃食附着在水母体上的微小动物充饥，成为水母的义务清洁工。

海洋中还常有某种浮游藻类在水母体内与其共生。这些藻类利用水母体内的代谢产物（如二氧化碳），而水母则利用藻类光合作用所产生的能量和氧气进行呼吸。例如，仙后水母属(*Cassiopeia* sp)的种类，它们的口腕部有一种黄藻(*Symbiodinium microadriaticum*)与其共生。由于藻类需要阳光进行光合作用，平时它们通常体位颠倒，伞部朝下而口腕朝上形成仰面朝天的姿态，以利于吸收阳光，只有在水母运动时，才会把身体反正过来，所以人们俗称它为"倒立水母"。

这种共生现象更有趣的是生活在太平洋的帕劳群岛(Palau Is)上著名的号称世界七大生物奇观之一的无毒水母湖的水母追日。

帕劳群岛位于菲律宾以东500 km的太平洋上，是亚洲大陆架边缘的珊瑚礁盘

露出海面形成的群岛。由于这里的岩石为多孔隙的石灰岩,海水通过这些孔隙渗透到岛上低洼地带蓄积形成七十多个潟湖,其中五个潟湖生长着水母。这些水母的祖先早在2000~15000年前随着海水进入湖内,以后潟湖与海洋隔绝,连通形成相对封闭的特殊生态小环境。这种特殊的生境在漫长的岁月里随着地球的演变而变化,彻底改变了群落的结构。水母的祖先在进化过程中演化成不同种类,并改变摄食习性而与湖里的藻类共生,也因此它们的刺细胞退化成为无毒的水母。它们摄取藻类光合作用产生的能量,其代谢产物又为藻类同化作用提供所必需的二氧化碳而互利共生。在缺少天敌的生境中,湖中的水母种群数量之多、密度之高达到令人难以置信的程度,成为世界上无毒水母湖。

光合作用是藻类新陈代谢产生能量的最主要方式,也是水母获得能量的来源,为了摄取到最多的能量,水母群体必须设法为藻类提供充足的阳光。它们对阳光需求形成了早晨随着太阳的升起,水母群体竞相浮上水面,从湖的西端朝着东方开始大游动,使湖水变成一片绿色半透明凝胶状向东蠕动;午后它们反向游动,傍晚前又全部回到西端,在那里等待第二天黎明的到来,形成日复一日水母追日的奇观。

帕劳群岛大水母湖里成千上万只无毒水母以及它们奇特的追日迁移吸引了世界各地游客前来观赏,人们纷纷下湖在水母群中相拥共舞。

此外,还有报道寄生现象。例如,有一种端足类的短脚蜮(*Hyperia galb*)寄生在海月水母的卵巢、辐管和胃囊上。某些浮游多毛类的种类也有寄生在水母体内的现象。吸虫类的(*Lepocraedium album*)的尾蚴寄生在马蹄水母(*Hippopodius hippopus*)的中胶层内,还有的是寄生在水母体的垂管和胃壁上,直接从寄主组织中吸取营养。

### 三、再生现象(regeneration)

生物有机体的再生现象可以分为生理性再生和病理性(或称补偿性)再生两类。

生理性再生指的是在正常的生命活动中进行的再生。如羽毛的脱换,红血细胞的新旧更替等。

病理性(或称补偿性)再生,是指有机体的一部分被切除或遭受外因的损伤,以后能重新生长复原的现象,如通常的伤口愈合。

生物体补偿性的再生能力随种而异。一般来说,越低等的动物,其补偿性再生能力越强,这和生物进化程度有关。

钵水母类有很强的补偿再生能力,水螅水母其身体任何一个部位被切掉都能再生为完整的机体。钵水母类能再生口腕和感觉棍,有人做过实验证明,根口水母的整个口腕被切掉也能全部再生,伞部有感觉器的边缘部分其再生能力更强。本书作者观察到,海蜇的肩板、口腕以及长在上面的丝状、棒状附属物都有再生现象,其再生的部分在外观上(如长、短、粗、细等)与原有的部分很容易区别。

再生率和生长率同样受外界环境因素,尤其是温度和食料的影响很大。在适温范围内,再生率和温度成正比,温度越高,再生越快。在食料充足的条件下,其再生也越快。此外,其他环境因素如含氧量、pH 值等,能在不同程度上影响再生的速度。

## 参考文献

洪惠馨,张士美,王景池. 1978. 海蜇. 北京:科学出版社.

蒋志刚. 2003. 动物行为原理与物种保护方法. 北京:科学出版社.

罗会明. 1985. 海洋经济动物趋光生理. 福州:福建科学技术出版社.

马喜平,凡守军. 1998. 水母类在海洋食物网中的作用. 海洋科学.

秦昭. 2012. 水母大爆发——古老生物的神秘警示. 中国国家地理,3:76—100.

尚玉昌. 2005. 动物行为学. 北京:北京大学出版社.

尚玉昌. 1998. 行为生态学. 北京:北京大学出版社.

孙儒泳. 1987. 动物生态学原理. 北京:北京师范大学出版社.

王书荣. 1974. 自然的启示. 上海:人民出版社.

易伯鲁. 1982. 鱼类生态学. 华中农学院.

赵传絪,唐小曼,陈思行. 1979. 鱼类的行动. 北京:中国农业出版社.

郑重. 1978—1982. 海洋浮游生物学新动向Ⅰ-Ⅹ. 自然杂志,1(2):118—121;1(5):296—302;1(8):493—498;2(8):481—484;3(2):134—138;3(10):770—773;4(4):300—303;4(11):828—830;5(3):218—221;5(6):443—447.

郑重,李少菁,许振祖. 1984. 海洋浮游生物学. 北京:科学出版社.

中国科学院南海海洋研究所. 1987. 曾母暗沙-中国南疆综合调查研究报告. 北京:科学出版社.

安田徹. 2005. 巨大ユチゼソクテゲの生物学的特性と漁業被害(Ⅰ,Ⅱ). 日本水产资源保护协会月报,クラヂ特别号:3—21.

Handler P. 1970. Biology and the Future of man. Oxford Univ Press.

Robert H., Condon et al. 2012, Questioning the Rise of Gelationus Zooplankton in the World's Oceans. Bio Science., 62(2):160—169.

Williams R. B., Cornelius P. F. S., Hughes R. G., et al. 1989. Coelenterate Biology Recent Research on Cnidaria and Ctenophora. Kluwer Academic Publishers.

# 第五章
# 钵水母渔业

我国钵水母渔业具有悠久的历史，中国海域迄今已记录的钵水母共有45种，能够成为渔业对象主要是食用种类。作者提出食用水母界定标准为成体伞部直径在30 cm以上，伞部中胶层厚度大于20 mm，无异味，而且是大群体、集群分布，具有开发利用价值的种类。为此，我国海域食用种类只有海蜇（*Rhopilema esculentum*）、黄斑海蜇（*R. hispidum*）、野村水母（*Nemopilema nomurai*）、叶腕水母（*Lobonema smithi*）、拟叶腕水母（*Lobonemoides gracilis*）5种，均隶属于根口水母目。其中，主要渔业对象是海蜇。海蜇（*Rhopilema esculentum*）是一种暖水性河口近岸大型钵水母，盛产于我国自渤海、黄海、东海至南海西北部近岸海域，是我国海域本地种，也是钵水母类的优势种。在20世纪70年代以前，我国海蜇资源十分丰富，由于汛期集群分布在近岸水域，捕捞、加工容易，成本低廉，在沿海主要产区仍然为"半农半渔"农户家庭式自产自销的传统生产方式。

20世纪70年代以前，我国加工生产的海蜇完全依靠天然捕捞，年产量波动很大。70年代中期至80年代，经过广大科技工作者的悉心研究，掌握了海蜇的生活史，突破人工繁殖技术难关，为人工养殖和放流增殖提供了苗种的保证。90年代后，尤其是21世纪初，海蜇的人工养殖和放流增殖技术在我国辽宁、山东、江苏、福建及浙江等省普遍推广，成为我国海水养殖的一项新兴产业。海蜇养殖成本低，生产周期短，经济效益好，市场潜力大，具有良好的发展前景。

## 第一节 捕捞渔业

### 一、渔业种类及其分布

海蜇、黄斑海蜇、野村水母、叶腕水母和拟叶腕水母5种食用种类的形态特征、采集地点、地理分布等已在第二章中详细描述。这5种食用水母根据其生活习性分布在我国各海区沿岸(彩图 10)。

**1. 海蜇**

海蜇属于暖水性近岸种类,广泛分布于我国自渤海、黄海、东海至南海西北部近岸海域,是我国的地方种和钵水母的优势种群。每年春季繁殖生产于海水盐度较低、底质为泥或泥沙的河口,其成体随着西南和东南季风的出现以及暖流的逐渐加强,从河口向外,由西南朝东北沿海漂浮北上,分布于近岸 40 m 等深线以内的港湾、沿岸及岛屿一带。秋后又因东北季风的出现以及沿岸流的增强和暖流的退缩,海蜇又随之由北向东南漂浮南下。

依据沿海主要海蜇产区 1978 年以前的资料,每年海蜇见苗的季节、场所以及体色组成等不同,可分为以下几个群体。

**(1) 粤东群体**

每年"雨水"节气见苗于汕头韩江口外附近,数量较多,生长迅速,到"谷雨"节气伞径可达到 25~30 cm,成为饶平至惠来沿海的蜇汛。其中一部分群体随西南风和台湾暖流的影响,逐渐漂移进入福建诏安湾、东山湾一带沿海,"立夏"前后组成闽南渔场的蜇汛。群体体色组成主要以乳白色个体占优势,约占 90%,红褐色个体占 8%~9%,还有少数个体为其他颜色。

**(2) 闽南群体**

每年"雨水"节气见苗于九龙江口,数量较少,生长也迅速,到"谷雨"节气伞径可达到 20~30 cm,成为九龙江口一带的蜇汛。群体体色以红色为主,约占 60%以上,白色个体占 15%,粉红色和金黄色个体占 10%~15%。

**(3) 闽中群体**

每年"清明"节气见苗于闽江口外,群体数量很大,生长迅速,到"芒种"节气伞径可达 30 cm 以上,组成闽江口外和闽东沿海的蜇汛。群体体色基本上是红褐色,白色个体约占 1%~2%。

**(4) 闽东群体**

每年"谷雨"节气见苗于福鼎沙埕港一带浅海区。群体基本上由红褐色个体组成,数量很大,生长很快,"夏至"时伞径可达 40~50 cm。由于受西南季风和台湾暖流的影响,大部分海蜇逐渐漂移北上,进入浙江南部温州地区,与浙南群体混合组成温、台州近海蜇汛。

**(5) 浙南群体**

每年"谷雨"前后见苗于浙南平阳的敖江、飞云江一带河口,群体数量极大,生长迅速,"夏至"时伞径可达 40~50 cm,随着西南季风和台湾暖流逐渐增强而漂移北上,先后进入温州、台州、舟山等渔场近海浅水区,成为上述海区的蜇汛。该群体基本上由红褐色个体组成,少数体色为金黄色,白色个体偶见。

**(6)杭州湾群体**

每年"芒种"节气前见苗于杭州湾,该群体舟山和嵊泗渔民称为"洋山托里"(当地方言音译),这一群体分布范围狭窄,有明显的局限性。该群体个体较小,伞径一般在 30~40 cm,体色较深。渔民称之为"黑皮蜇"。

除此之外,江苏的吕四洋、海州湾,山东的丁字湾、五垒湾、荣成湾、莱州湾以及渤海湾、辽东湾沿海一带,均有大量海蜇分布。

### 2. 黄斑海蜇

黄斑海蜇属于暖水性近岸种类。在我国,主要分布于广东、广西沿海,特别密集在广东沿岸和广西的涠洲岛一带海域,闽南渔场也有少量分布。每年"雨水"节气前后见苗,群体数量大,生长迅速,到"立夏"时个体伞径已达到 30 cm 以上,成为广东、广西沿海主要捕捞对象之一。

### 3. 叶腕水母和拟叶腕水母

叶腕水母和拟叶腕水母都属于暖水性近岸种类。主要分布于广东以南至广西沿海一带。其群体数量较少,是这一带海区的兼捕对象。

### 4. 野村水母

野村水母主要分布于渤海、黄海和东海北部冷暖水交汇的海区,属于暖温性近岸种类。在我国主要分布于东海北部 29°30′N、127°0′E 以北、黄渤海海区,群体数量不大。据日本文献记载,该种发生在长江口外海,每年 6—7 月间在黄海出现,随着海流经对马海峡进入日本海,北上到达北太平洋,经津轻海峡从日本本岛东海岸南下。9—10 月成群漂流到山东、浙江舟山一带,成为秋汛兼捕对象。

## 二、各种类主要产区的渔场、渔期

### 1. 南海北部海区

主要产区为汕头、惠来、湛江、海南及北部湾。

海蜇的主要渔场在粤东的饶平、汕头、惠来一带,主要捕捞繁殖于韩江口外的海蜇群体。渔期以每年的"谷雨"至"小暑"(4月中旬至7月初)为春蜇汛,旺产时伞径 40 cm 左右;"立秋"至"霜降"(8—10月)为秋蜇汛,伞径达到 50~80 cm。

其生产特点是：汛期早，生产时间长，产量高，因其成品质量好而著称。

黄斑海蜇的主要渔场在粤西的大亚湾、上川岛、下川岛、雷州半岛和广西的北部湾。渔期与海蜇略同。

叶腕水母和拟叶腕水母为南海北部海区钵水母类的兼捕对象，主要渔场在雷州半岛和北部湾，渔期略迟于黄斑海蜇。

**2. 东海南部海区**

主要产区为闽南、闽中和闽东渔场，主要捕捞对象为海蜇，兼捕黄斑海蜇和少量的叶腕水母和拟叶腕水母。

**(1) 闽南渔场**

春汛：九龙江口至厦门港渔场，每年的"谷雨"至"小满"（4月中旬至5月下旬），旺汛在"立夏"至"小满"，捕捞繁殖于九龙江口的海蜇群体；东山湾和诏安湾渔场的渔汛比九龙江口约迟半个月，捕捞繁殖于韩江口一带部分北上的粤东群体。

秋汛：每年的"立秋"至"霜降"（8月初至10月底），旺汛在"处暑"至"白露"。主要渔场在东山湾和诏安湾。此外，东山沿海还兼捕一定数量的黄斑海蜇和少量的叶腕水母和拟叶腕水母。

**(2) 闽中渔场**

该渔场海蜇生产分为夏汛和秋汛，以夏汛为主。捕捞繁殖于闽江口外的闽中群体。

夏汛：自"芒种"至"大暑"（6月初至7月底），旺汛在"夏至"至"小暑"。汛期最长可达70天，最短仅十余天，一般在40~50天。

秋汛：自"处暑"至"霜降"（8月中旬至10月底），旺汛在"处暑"至"寒露"。

渔场主要分布在闽江口长乐县沿岸，平潭岛和兴化湾、湄洲湾也有部分生产。

**(3) 闽东渔场**

该渔场生产夏汛和秋汛，以秋汛为主。捕捞繁殖于闽江口外的闽中群体和闽东群体。由于该渔场汛期长，在实际生产中两个汛期交叉，没有明显区分；渔场广阔，群体密集，产量高，为全国海蜇高产海区之一。

夏汛：自"芒种"至"立秋"（6月初至8月中旬），旺汛在"夏至"至"小暑"。

秋汛：自"处暑"至"霜降"（8月中旬至10月底）。

主要渔场从闽江口的北部连江县至福建的沙埕港沿岸以及崳山岛和七星岛周

边海域。

### 3. 东海中部海区

该海区海蜇群体大，分布广，渔场辽阔，汛期长，主捕海蜇，秋季个别渔场还兼捕野村水母，是我国海蜇生产的主要省份。

浙江渔民习惯将海蜇汛期分为以下几种。

霉蜇（或梅蜇）汛：汛期"夏至"至"大暑"，为期一个月，群体数量较大，个体较小，质嫩，伞径一般为 30~40 cm。

伏蜇汛：汛期"大暑"至"处暑"，为期一个月。海蜇个体较梅蜇大，伞径一般为 40~60 cm，质好，含水分较少，但是群体数量比梅蜇少。

秋蜇汛：汛期"处暑"至"秋分"，海蜇个体最大，伞径一般为 60~80 cm，肉质厚，质量好，加工后的海蜇皮能达到一级品。

寒露汛：汛期为"秋分"至"霜降"，海蜇已经衰老，个体变小，质量差，产量很低。

东海中部的浙江渔场海域辽阔，南自温州平阳，北至舟山嵊泗沿岸。

**(1) 浙南渔场**

主要生产秋蜇，渔场在洞头岛、温州湾、乐清湾和玉环岛一带海区，汛期为"立秋"至"霜降"，捕捞繁殖于平阳敖江、飞云江的浙南群体和繁殖于福建沙埕港的闽东群体。浙南渔场以生产的海蜇个体大、产量高、加工质量好而闻名国内外。

**(2) 大陈渔场**

位于浙江中部，是海蜇"南往北返"的必经之路，每年"芒种"开始就有小海蜇分批进入渔场，随着强盛的东南季风而继续北上，秋后海蜇又回头经过该渔场南下。"夏至"至"霜降"都有海蜇生产，该渔场生产丰歉取决于海蜇在该渔场逗留时间的长短。

**(3) 中街山和洋鞍渔场**

洋鞍渔场指的是朱家尖、桃花岛、虾峙岛、登步岛、六横岛周边海域，以捕捞"梅蜇"和"秋蜇"为主，是繁殖于平阳敖江、飞云江而漂移北上的浙南群体。该渔场的群体较大，旺汛时间集中，产量很高，居浙江省各县年产量的第二位。

**(4) 嵊泗渔场**

指位于嵊泗列岛海域。该海域地处钱塘江、长江出海口，海底平坦，自然条件优越，是暖流和沿岸水系交汇海区。北上的海蜇在此集群持续时间长，夏季梅蜇、伏蜇产量高，立秋后又出现"洋山托里"和秋蜇同时并发。因此，该渔场渔发范围较为广泛，汛期长，产量高，是浙江省年产量最高的一个渔场。

此外，舟山群岛各渔场秋汛还兼捕少量的野村水母（当地渔民俗称"倒牛"）。

### 4. 东海北部海区

主要渔场有吕四渔场，产量占江苏全省海蜇产量的90%以上。除外，海州湾也有少量海蜇分布。据渔民生产习惯，又把海蜇分为"梅蜇""本洋海蜇"和"晚来红"。

梅蜇：一般在"夏至"至"小暑"（6月中旬至7月上旬）。渔民认为海蜇群体是以东南外海漂进渔场，发海时间短，个体大，质嫩，含水分高。

本洋海蜇："大暑"至"秋分"（7月中旬至9月下旬）。渔民认为是吕四渔场本地繁殖生长的，一般可连续发4~5水。海蜇个体小，质较老，但蜇群很大，产量高，是吕四渔场最主要的捕捞群体。

晚来红："寒露"（10月上旬）以后捕获的海蜇当地渔民称为"晚来红"，个体小，质坚实。

主要产区有启东、如东和东台三县。渔民认为晴热、时而有暴雨的天气最有利于海蜇的生长。春季海蜇自南向北移动，一旦遇到南流就会潜沉海底，不再移动，如果没有南流时，则连续起浮向北移动。

### 5. 黄海区

以秋汛为主，渔期为"立秋"至"霜降"（8月中旬至10月底）。渔场主要在烟台、文武港、荣成、文登、乳山、青岛等沿海一带。特别是五垒岛湾、靖海湾外、大小公岛、朝连岛一带海区蜇群较为密集。除海蜇产量占绝对优势外，还有少量的野村水母（当地俗称"沙蜇"）生产。

### 6. 渤海区

以秋汛为主，渔期与黄海区相同。主要渔场有秦皇岛、抚宁、滦县、黄骅沿海；绥中、盖县、庄河、东大沟以及鸭绿江口沿海等地。该渔场主要生产海蜇，其体色基本上为白色个体。此外，还兼捕少量野村水母。

## 三、渔具与渔法

由于海蜇习性和分布特点，其捕捞方法和使用的渔具均比较简单。我国传统最常见的专门捕捞渔具有海蜇草绳架子网、鲊鱼缯网、海蜇手操网等且为沿海各类定置张网所兼捕。现略述几种主要的生产渔具和渔法。

**1. 海蜇草绳架子网**

该种属单桩张网类，为专门捕捞海蜇的主要渔具。由于使用面广、数量多、产量高，在海蜇生产中占最重要的比重。网衣分身网及囊网两部分，均用2股左捻、直径8 mm的稻草绳编织而成，身网长7.5 m，囊网长2.5 m，网目约10～25 cm，网衣重量约为30 kg。网口正方形或长方形，结扎于竹框上。作业水深5～15 m一带近岸浅水区。一般选择潮水流动大、蜇群分布密集的海区打桩挂网，该网具可以随潮流的变化而转动的定置张网作业。汛产时，每昼夜可以赶两个潮水，利用二次退潮的潮水冲力，把海蜇压进网中而达到捕获目的。这种网具滤水量大、加工容易、成本低廉、装备轻便等特点，为当年江苏、浙江、福建等地沿海渔民普遍利用。

**2. 鲊鱼缯网**

该种渔具为流动锚张网，小机帆船作业。网衣为聚乙烯编结，网目10～20 cm，网重15～25 kg。渔发视潮流及海蜇分布情况，适当选择锚张桁地，随时抛锚张捕，因此具有较大的灵活性和机动性。

**3. 海蜇手操网**

该渔具为专门捕捞海蜇的小型网具，在竹竿上系扎小网袋，网圈直径30～50 cm，竹竿长约1.5～2.0 m。船只为小舢板或者小机帆船。蜇汛旺发时，每艘船上可有渔民3～4人，各持一个手操网进行捕捞。这种方式在沿岸浅海生产区极为普遍，是海蜇生产的主要作业方式。

**4. 定置网**

定置网作业在沿海各地较为普遍。定置网是在近岸浅水区，利用船只、桩木固定网口，并迎着潮流张开，网口大，网身长，网底窄，鱼虾顺流而入网中就无法逃脱。定置网根据不同的固定方式分为船张网、锚张网、桩张网、樯张网，根据网口的结构还可分为有翼张网和无翼张网。定置网的捕捞方法是"守株待兔"，潮起布网，潮落收网，不管鱼虾大小尽收网中，河口固定定置网在春末夏初对经济鱼类幼体(包括海蜇幼体)资源破坏极大。

## 四、海蜇资源生物学特性及其衰败的原因

任何一种动物的资源量多寡视其生活史而定。也就是说，一种动物的生活史长短、生殖方式及其护幼能力影响着整个种群的生长能力。

在硬骨鱼类，大部分种类生命周期短，生长迅速，达到性成熟所需要的时间较短；体外受精卵生种类，产卵量较大。海水鱼类中怀卵量在几十万至几百万的种类很多。例如，野生大黄鱼的寿命 18～30 龄（岱衢族），2～4 龄性成熟，每年分为春季和秋季两次产卵；雌鱼怀卵量 12 万～20 万粒，受精卵的孵化期一般为 30 小时左右；从仔鱼孵出至成鱼性成熟，成活率为 3%～5%。而软骨鱼类，相对于硬骨鱼类来说，生长缓慢，性成熟年龄较大，卵胎生；每次产卵量少，孵化期长。例如灰真鲨。寿命 50 龄，21 龄才初次性成熟；每 3 年繁殖 1 次，每次产卵 2～14 粒，孵化期长达 24 个月；从幼鱼孵出成活至成鱼的几率高达 95%。由此可见，鱼类的生殖周期长短、怀卵量多少、成活率高低与鱼类生殖方式及护幼行为有关，这一生殖行为历经几千上万年自然界的"大浪淘沙"，形成了现存鱼类的遗传性状，使鱼类种族繁衍，保护生物多样性，维持自然界的生态平衡。

**1. 海蜇资源生物学特性**

海蜇生活史为一年生，且有世代交替现象。

**(1) 有性世代**

每年自仲春碟状体出现至秋末产卵后自然死亡，为期 6～7 个月，其中生殖期只有 2 个多月时间；雌性个体平均怀卵量 3 000 万粒左右，南北方地域有所差异。海蜇雌雄异体，体外受精，受精卵呈沉性，发育成浮浪幼体短暂漂浮在水面，而后沉降附着在海底的附着物上发育成螅状体，进入无性世代。有性世代没有护幼能力，其成活率很低，其种群全部由同一世代的补充量所组成。从增殖放流的回捕率 0.57%～2.33%（周永东等，2004）和 0.07%～1.02%（梁维波等，2007）可见一斑。

**(2) 无性世代**

正常条件下，每年自秋末（10—11 月）浮浪幼体沉降海底附着后形成螅状体开始，经越冬至翌年仲春（4 月中旬）横裂体释放碟状幼体止，约为 5—6 个多月时间。这期间进行足囊生殖和横裂生殖。

据报道，螅状体附着后在柄与托交界处伸出匍匐根（stolon）黏附在新的位置，匍匐根收缩把螅状体移动到新的位置固着，在原着点处留下一团外被角质膜的组织，即形成足囊，足囊可以产生新的螅状体。这种螅状体移位同时形成足囊的过程可重复进行，最多形成 22 个足囊（丁耕芜等，1981），甚至更多（王永顺等 1984 年观察到 31 个足囊）。螅状体生长发育到一定阶段开始横裂生殖，螅状体在一个生殖季节里可进行 5～6 次横裂生殖，每次横裂生殖可以释放出 10～30 个碟状体，碟状体发育成幼蜇(王永顺等，1984)。由此可见，海蜇的无性世代具有很强的繁殖力。

### 2. 影响海蜇汛产波动的环境因子

海蜇的生活史具有世代交替现象，两个世代的形态特征、生活习性、生殖方式、栖息环境等各不相同。而且在海蜇整个生命周期中影响各世代资源波动的原因也有所不同。

影响海蜇汛产波动的外部因素是多方面的。不同生活阶段、不同渔场、不同汛期所产生的影响不同，归纳为以下几个方面。

**(1) 风与海蜇汛产的关系**

海蜇的水母体营浮游生活，其水平分布和季节移动完全受风、海流所支配。在海况正常的情况下，风是影响海蜇水平移动的主要原因。风向、风力的变化直接影响海蜇的集群和渔场的变化。例如闽东渔场，春夏之交闽中群体和闽东群体随台湾暖流漂浮北上，这时期若偏北风出现频率高，风力强，则可以阻延海蜇北上的速度，使海蜇群体停留在近岸内湾的机会增多，汛期增长，渔获量提高。反之，在这时期若偏南风频繁，而且风力强于偏北风，海蜇随风逐流急剧朝北移动进入浙南海区或推向外海，则在闽东渔场停留时间短，蜇群稀疏，造成该渔场歉产。

浙江沿海的情况则不同(除浙南渔场之外)，由于各渔场夏汛生产的海蜇是从南面浮游北上的闽东群体和浙南群体。因此，每年东南风出现早、频率高、风力强，则促使蜇群提早进入该海域渔场；在渔汛期又希望出现短期东北风，可以阻延已经进入渔场的蜇群逸散及继续北上。若在渔汛期间刮单向风或者西南风、西北风偏多，不利于海蜇生产，特别是夏季西南风偏多，不仅影响海蜇进入近海渔场，而且海蜇北上也偏外海。所以浙江渔民认为：风调雨顺，南北风交叉，晴雨变换，海蜇生产就会丰收。

**(2) 海流与海蜇汛产的关系**

海流也是引起海蜇水平分布和季节移动的主要环境因子之一。在季风正常条件下，各海区的不同流系直接影响海蜇汛期的迟早和长短。从粤东至苏北沿海，每年台湾暖流强度以及沿岸各流系的相互消长对海蜇的水平分布的影响特别明显。在台湾暖流强盛的年份，受暖流影响的海区水温普遍升高，有利于海蜇的生长发育。春季见苗早，海蜇随暖流的延伸漂游北上进入各渔场。因此汛期提早和延长，可以获得高产。相反，每当暖流弱而沿岸流强盛的年份，则影响海蜇北上的速度和偏离近岸，进入渔场的机会减少，汛期迟而短，产量则低。

吕四渔场海蜇生产的丰歉，受到台湾暖流、苏北沿岸流和黄海中部冷水团相互消长所支配。海蜇在6月间随流北上，若暖流势力强盛越过长江口，海蜇进入该渔场的机会增多，丰产大有希望；若暖流势力弱，沿岸流增强，海蜇生产则差。如果暖流前锋仅到达吕四渔场，而沿岸流及冷水团的势力也弱，漂游北上的海蜇停留在渔场随潮汐往复漂移，越积越多，这种情况下，海蜇往往形成"旺发"。长江径流量的大小，可使海蜇移向外海或者靠近沿岸，因而影响海蜇的产量。

**（3）潮汛与海蜇汛产的关系**

各地渔场条件和渔具作业的不同，潮汛对海蜇生产也有明显的影响。按照渔民的生产经验，海蜇旺汛时间一般均处于大潮汛，这显然是因为大潮汛落差大，水流湍急，大批海蜇借流势涌入渔场，同时在潮流的作用下，海蜇容易被压进张网中，形成生产高潮。

海蜇还随潮汛的大小而移动在不同的水层中，大潮汛时水流湍急，海蜇多漂移于中、下水层，适合草绳网和定置网、流网作业；小潮汛时水流缓慢，海蜇多漂移在中上水层，适于手操网和船张网作业。

**（4）降雨量与海蜇汛产的关系**

海蜇繁殖生长于河口附近，对盐度的反应很敏感，盐度低时可以促进海蜇的生长。《雨航杂录》记载："鲊鱼俗谓海蜇也，雨水多则物盛"。《海错百一录》中"海面日烈，时雨进之则多结，无雨则产缺"等谚语是广大渔民形容春夏季节中雨水多，雨量均匀，海蜇"旺发"的历史经验。渔汛期间降雨量多，径流量大，这样使得高低盐度混合区位置变动，从而影响了海蜇的生长和分布。

实际上影响海蜇资源变动的因素是多方面的，上述几方面的因素都是相互影响、相互联系的。以下用《海蜇》（洪惠馨等，1978）中早期吕四渔场海蜇丰产、平产、欠产的3个年份的风、海流、降雨量和径流量等资料加以说明。

1960年为海蜇丰产年，启东县年产3 000 t（当时启东一县海蜇产量占江苏全省产量的80%，故有其代表性）。从图5-1可以看到，该年6月份暖流前锋到达吕四渔场，苏北沿岸流不强，长江径流微弱，黄海冷水团也只到达吕四渔场边沿。由此，吕四渔场便由暖流以及冷水团的高盐水系和沿岸流、长江低盐水系交汇形成"潮隔"区，海蜇漂移至吕四渔场便停留在这一"潮隔"地带。加之该年6月份的风向频率也是以东南风占优势，更加促使海蜇向近岸靠近，形成了该年份海蜇的丰产。

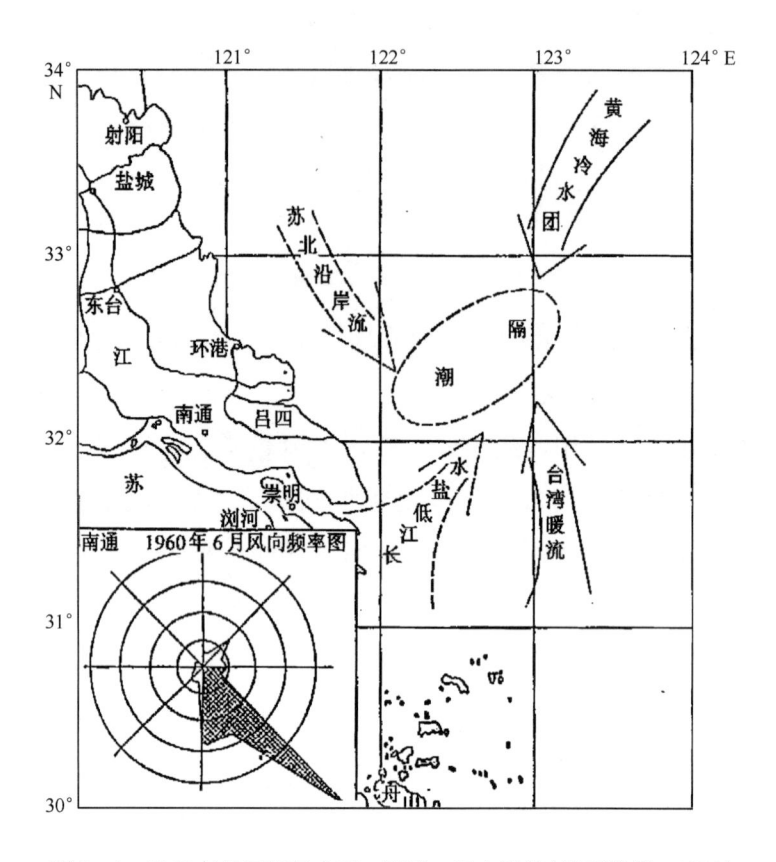

图5-1 1960年吕四渔场水系、海流、风向形势(洪惠馨等，1978)

1959年为海蜇平产的一年，从该年6月的海流与水系分布图(图5-2)上可以看到台湾暖流较强，其前锋越过长江口。长江该年6、7月份平均径流量之和为92 400 m$^3$/s(大通流测站资料)，长江下游降雨亦多(上海地区6、7月份降雨量为394 mm)，故长江低盐水系有所增强。苏北沿岸流也由于降雨偏多而稍有增强(南通6、7月份降雨量为219 mm)，并向外海扩张。同时6月份东南风占优势，台湾暖流及长江低盐水系均伸向北方，形成"潮隔"区偏向东北外海，因此海蜇只随流经路过吕四渔场北上，在吕四渔场停留的时间不及1960年长，所以该年海蜇没有得到丰产。

1963年为海蜇欠产的一年，该年启东县产量只有500余t。从图5-3可以看到该年6月份台湾暖流极弱，其前锋没有越过长江口。长江低盐水系及苏北沿岸流的势力又冲向东南。同时该年6月份偏北风占优势，阻止了海蜇北上，加上吕四渔场受冷空气及冷水团影响，水温比常年偏低4℃左右，"潮隔"形成在长江口东南外海。故该年漂移到吕四渔场的海蜇数量较少，因此形成历年来少有的歉产。同年浙江舟山渔场的海蜇同样由于"潮隔"偏东，产量比常年降低4/5。

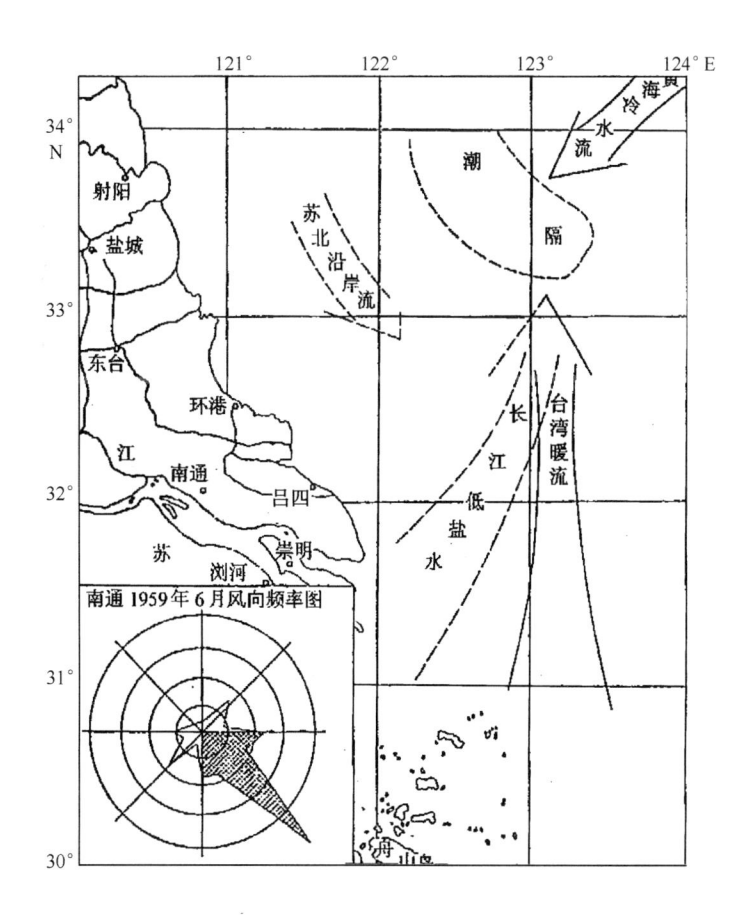

图 5-2　1959 年吕四渔场水系、海流、风向形势(洪惠馨等,1978)

**(5) 海蜇与其他渔业的关系**

海蜇与其他渔业的关系,包括海蜇与其他海洋渔业对象之间的关系和人类的渔业活动与海蜇资源的关系两个方面。

沿海渔民在长期生产实践中,注意到每年海蜇汛期数量的多寡与某些鱼虾产量的变化规律。福建九龙江口外,每年在夏季海蜇汛期与同期出现的糠虾产量成反比;广东南澳渔民也认为,海蜇数量多的年份,近岸小杂鱼的产量就减少。这些现象各地渔民普遍认为是因为海蜇数量大使海水变"辣"、发黏、发臭,对鱼虾有毒害作用,把鱼虾驱散,因而造成减产。笔者认为,主要是由海蜇的分泌物所引起,同时,糠虾、小杂鱼等都是海蜇的天然饵料,这些因素都能造成相关渔业的减产。

人类的渔业活动对海蜇资源的影响也很大。沿海滩涂养殖场使用农药、工业废水、城市生活污水等陆源污染物排放入海,对生活在河口海蜇的繁殖量及幼蜇的成活率造成一定的损害。此外,近岸海域张网作业对幼蜇的损害很大,据 20 世

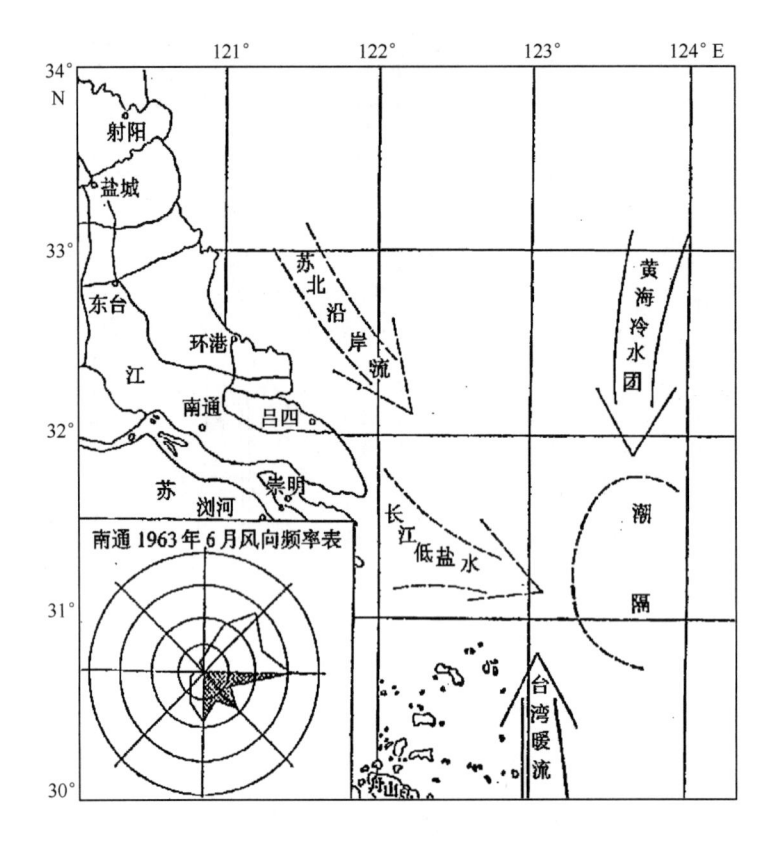

图 5-3　1963 年吕四渔场水系、海流、风向形势（洪惠馨等，1978）

纪 70 年代九龙江口的统计，一个张网点（约一百多张张网），一天捕获的幼蜇达到 3 万~4 万个。

**3. 海蜇无性世代与资源量的关系**

以上讨论海蜇资源波动的有关问题都是针对其有性世代。海蜇生活史的有性世代周期短，抗逆能力差，群体容易受破坏；而无性世代生存能力强，蛰伏期长，是保护种族繁衍的重要阶段。至今为止，国内外学者对钵水母类资源生物学的研究主要集中在有性世代，几乎没有涉及无性世代的研究。

根据钵水母类无性世代的生物学特点的分析，受精卵发育为浮浪幼体，经短暂营浮游生活后，在随波逐流过程中沉降附着发育成螅状体。螅状体能否得到良好的环境和合适的附着基，直接关系到螅状体的成活率。螅状体一旦沉降附着成功，其能够以蛰伏的状态抵御各种不良环境，保护生命的延续，待到环境条件恢复，营养物质丰富时，螅状体即可"苏醒"，成长发育，经过横裂生殖，释放出碟状体，而后生长成幼蜇。

在我国，海蜇的渔场主要分布在东南沿海的河口海域，其陆域也是改革开放以来经济增速迅猛的区域，这些区域城镇化规模扩展迅速，人口增长很快；为满足经济发展的需要，大面积围海造地，人为破坏了海蜇无性世代的生存环境，直接影响了海蜇（有性世代）的资源量。原本为我国海蜇主要产区的福建、浙江沿海，近20年来都无法形成海蜇渔汛，自然海区海蜇的产量骤然下降。

因此作者认为：加强钵水母类无性世代生物学特性的研究是从根本上探索钵水母类资源变动的重要途径。

# 第二节　海蜇人工增养殖技术

## 一、繁殖特性

### 1. 性腺的结构

海蜇为雌雄异体，未成熟的个体从外观形态上不易区别，繁殖季节成熟个体的性腺用肉眼仔细观察，可以分辨雌雄。雌性生殖腺中可见到明显的卵粒；雄性生殖腺中只能看到糊状的内含物。通过显微镜观察可正确判断其性别。

生殖腺由胃腔内壁的内胚层形成，位于伞部中央的胃腔外侧、生殖下腔的内侧。生殖下腔的表面有胶质膜封闭，不与外界相通，生殖腺置于腔内，生殖腔与胃腔相通。生殖腺呈皱褶带状，整体形状随胃腔形状的变化而变化，多数呈花瓣形。生殖腺的颜色随个体大小有所不同，呈乳白色、金黄色或黄绿色等。

成熟的卵巢中充满着各个发育期的卵母细胞，海蜇为分批成熟分批产卵。在显微镜下观察，成熟的卵呈圆球形，卵径80～100 μm，卵细胞内含有卵黄颗粒，核较大，并且有明显的核仁，无油球，为沉性卵。

雄性的精巢中有排列紧密的精子囊，精子囊中存有许多精母细胞。性腺发育成熟时精子囊破裂，释放出精子。精子很小，头部呈倒梨形，长度约为3.9 μm，底部宽度约为2.6 μm，尾部呈鞭毛状，其长度约为头部长度的8～10倍。

### 2. 性腺的发育

腔肠动物的生活史具有世代交替现象。海蜇的生命周期为1年，性腺发育阶段以卵径为主要划分依据，性腺的颜色、性腺的宽度及与胃丝带宽度的比例可为参考指标。

有性世代、营浮游生活的水母型个体一般伞部直径达到 15~20 cm 时，从伞面可以看到丝带状的性腺，此时性腺的颜色一般为棕红色，雌雄难以分辨。随着季节的变化，水温升高，饵料生物丰富，海蜇的性腺随之迅速发育。从外观上可见性腺增宽，其宽度约为 2 mm；在显微镜下观察，卵母细胞呈梨形、椭圆形或不规则多角形等形状，卵径一般为 20~30 μm，细胞排列较紧密；此时镜检可以分辨出雌雄生殖细胞。性腺进一步发育，其颜色转换为浅黄色，带状增宽至 3~4 mm，一般与胃丝带的宽度相近；卵粒增大，卵径一般为 40~70 μm，卵黄积累增加，卵母细胞接近于圆形。当伞部直径达到 50 cm 以上时，性腺趋于成熟，整体呈乳白色，其宽度约为 6~10 mm，是胃丝带宽度的 1~3 倍；成熟的卵细胞呈乳白色，卵径一般为 80~100 μm，卵黄颗粒增多，细胞核增大，核仁明显可见。在性腺成熟阶段，性腺中仍可以看到不同时相的卵母细胞，而成熟的大型卵母细胞约占性腺面积的 1/2~2/3。

### 3. 繁殖方式

水母类具有很强的繁殖力，在其生命周期中，有性繁殖与无性繁殖交替进行，体现出低等动物的繁殖特征。水母型个体为有性世代，营浮游生活、有性繁殖。水螅型个体为无性世代，营固着生活、无性繁殖。螅状体采用节裂法进行繁殖。

**(1) 有性生殖(水母型)**

海蜇的生殖能力较强，怀卵量大，而且与个体伞部直径的大小有关。怀卵量随着个体的增大而明显增多。据报道，伞部直径 40 cm 以下的个体怀卵量较小，平均为 200 万~700 万粒，随着个体伞部直径的增大怀卵量显著增加，50 cm 以上伞径的个体，平均怀卵量为 3 000 万~6 000 万粒。不同海区和不同群体其怀卵量有较大差异。在杭州湾群体，被测定伞径 23~54 cm 的 84 只雌性个体样品中，怀卵量为 200 万~6 700 万粒，平均每个体怀卵量为 3 000 万粒（王永顺等，2004）；闽江口群体被测定伞径分别为 34.5 cm、45 cm 和 48.5 cm，体质量分别为 2 460 g、4 550 g、5 400 g 和 6 730 g 的雌性个体样品中，其怀卵量分别为 1 120.6 万粒、2 152.3 万粒、2 751.2 万粒和 3 754.8 万粒，平均每个个体为 2 444.7 万粒（戴泉水等，2004）。

海蜇(有性世代)每年自产卵至自然死亡为期 6~7 个月，其中生殖期只有 2 个多月时间。由于我国南北海区跨度大，沿海各地区的地理位置、气象以及水文条件差别悬殊，因此沿海各种群的生殖期先后、长短有从南往北依次推后和缩短的明显规律。闽江口群体的生殖期在 7 月底至 9 月底（卢振彬等，1999）；杭州湾群体的生殖期在9月上旬至10月下旬（王永顺等，1984），而北方海区如辽东湾，海蜇有性世代时间很短，每年春末（5月下旬）碟状体始出现至初秋（9月上旬）产卵后衰老死亡，仅3个多月时间，其中生殖期为9月上旬至10月上旬约1个月时间（姜连新等，2007）。

海蜇生殖细胞分批成熟，分批排放，雌雄配子在海水中受精，合子（受精卵）一般在水温21～23℃的条件下约7～8个小时孵化为浮浪幼虫完成了有性生殖的过程。

**（2）无性生殖（水螅型）**

海蜇的无性世代期较长。在南方海区的群体，每年自秋末（11月底）有性生殖后的浮浪幼体沉降在海底附着后形成螅状体（hydrula），经无性生殖及越冬至翌年仲春（4月中旬）继续发育，体壁横缢内陷，成为钵口幼体（scyphistoma），以后行横裂生殖（strobilation），横裂体释放碟状幼体止，约为5个多月时间。而北方海区的群体，由于有性生殖期推后至初秋（9月上旬），生殖后的浮浪幼虫形成螅状体开始至翌年春末夏初（5月下旬）碟状幼体出现，这段时间长达7～8个月之久，其无性世代约占整个生命周期70%的时间。

无性生殖方式主要是足囊生殖（podocyst）和横裂生殖。此外，还有以较低级的水螅水母类的出芽生殖（budding）方式。

足囊生殖：是以附着后的螅状体在生长发育阶段要进行多次移位，在位移过程中形成足囊，足囊能萌发衍生出新的螅状体，新螅状体具有母体的一切生理功能。虽然足囊的萌发率很低，有的一个也不产生，然而足囊衍生新螅状体的发生率却高达80%。由此可见足囊的生殖方式总的生殖率还是很高。

横裂生殖：当螅状体以蛰伏（又称休眠）（dromancy）状态度过严寒的冬季之后，在翌年春季随着水温逐步回升至8～10°C时，螅状体逐渐发育形成横裂体。海蜇的横裂体是典型的多碟型。一个横裂体在生殖季节可进行5～6次横裂生殖。通常第一批可释放6～15个碟状幼体（ephyra），第二批释放的个数大约只有第一批的一半，以后逐批减少到最终只有1～2个。但是总体来说横裂生殖的生殖率也很高。

出芽生殖：芽殖是无性生殖的一种低级方式。新个体来自于一个脱离母体的外生长物，即芽体，这一过程称为出芽生殖。这种生殖方式在水螅虫纲的种类是一种十分普遍的主要生殖方式，在一些低等动物如海绵也很常见。在钵水母类如仙后水母（Cassiopeia）的螅状体是由芽体发育形成横裂体（单碟型）后释放碟状体（C. P. Hickman，1979）。海蜇的螅状体也有以出芽（不脱离母体）方式产生新螅状体。新螅状体及其芽体生长发育成横裂体后释放碟状体(王永顺等,1984)。

**4. 个体发育过程**

海蜇的排卵时间一般在夜间至清晨时分,成熟的精、卵分别排出体外,在海水中受精。受精卵为乳白色球型沉性卵,卵径为 80~120 μm,在水温 20~24℃ 的条件下,受精卵经过 7~9 小时发育,孵化出浮浪幼虫。

浮浪幼体呈长圆形,两端圆钝,前端比后端稍宽些;浮浪幼虫营浮游生活,体表布满纤毛,游动活泼,同时逆时针方向自旋。浮浪幼虫不摄食,经过一天多的发育,随着个体发育状态的不同,有些个体开始变态附着,4 天内正常的浮浪幼虫都能完成变态附着。变态前的浮浪幼虫游动速度变缓,前端逐渐变宽,形成足盘(pedol disk)吸附在附着基上;后端形成口和口柄(manubrium),并在口柄周围口盘(oral disk)边缘形成 4 条对称的主辐触手,为自由端。

浮浪幼虫附着后变态成早期螅状体,经过 7~10 天的发育,在主辐触手之间生成 4 条间辐触手;再经过 7~10 天的发育,在主辐触手和间辐触手之间再生成 8 条从辐触手,此时,一个典型的 16 触手螅状体形成。

螅状体持续时间较长,而且随着水温、光照、饵料等环境条件的变化,缓慢生长、发育,甚至停止发育,呈蛰伏状态。当水温等环境条件改善后,螅状体生长、发育加快,开始发生横裂生殖,生成碟状体雏形。同一个螅状体可以多次重复进行横裂生殖。

碟状体在螅状体中由上往下逐个成熟,释放到水体中开始浮游生活。初生的碟状体呈无色、半透明状,通常有 8 个感觉缘瓣和 8 个感觉棍;感觉缘瓣末端有 4~6 个分叉。碟状体经过 15~20 天的培养可长成伞径 20 mm 左右的幼蜇(图 5-4)。

## 二、人工育苗技术

**1. 亲蜇的选用与培育**

我国海蜇人工繁育的亲体来源于自然海区和人工养殖,近些年来,自然海区海蜇资源量越来越少,亲体多数来源于人工池塘养殖或室内培育。

海蜇的繁殖季节在 8—10 月份,应选择体质量 5~10 kg、体质强壮、身体无损伤、性腺发育良好的个体。在捕捞、运输过程中要加倍小心,海区和池塘里尽量用小网目无节网或 8~10 目的筛绢布制作的手抄网进行捞捕,室内池可以用帆布桶带水捞捕。亲体最好使用薄膜袋单只充氧运输,尽量避免运输过程撞击碰伤亲体,造成培育期间成活率下降。起运前在室内池暂养 5~10 小时,不投饵,可减

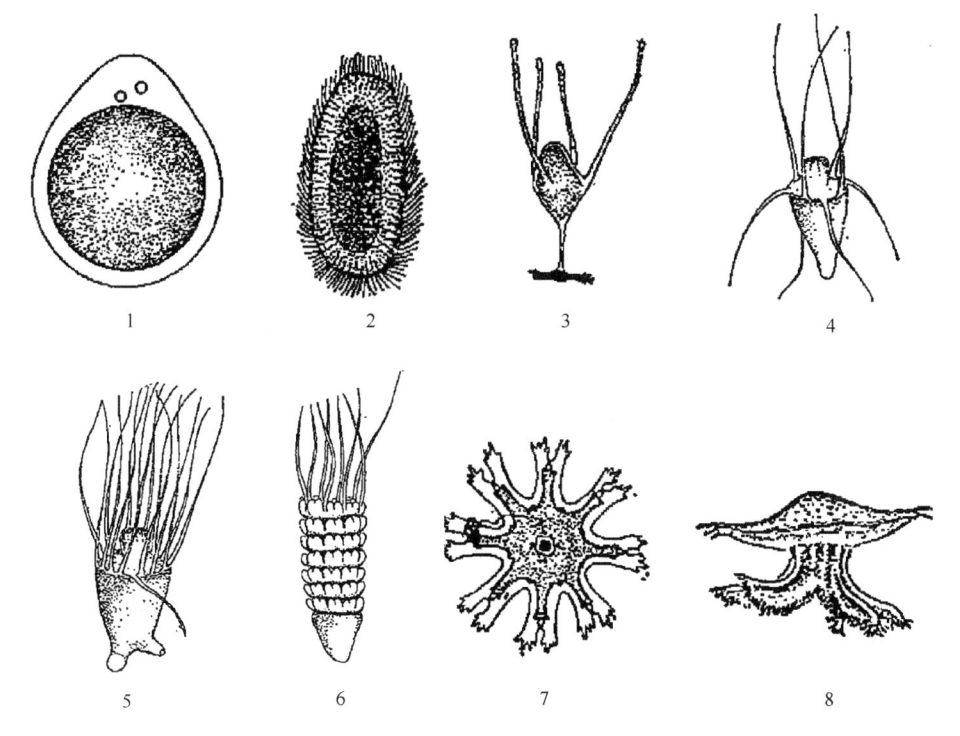

图 5-4 海蜇的发育与变态过程(仿丁耕芜等,1981)

1. 受精卵；2. 浮浪幼体；3. 4 触手螅状体；4. 8 触手螅状体；5. 螅状体；6. 横裂体；7. 碟状体；8. 幼蜇

少海蜇分泌黏液和排泄物，避免污染运输时的水质。

亲体产卵前进行强化培养，可以促进性腺发育、成熟，提高产卵量和卵的质量。强化培养主要用生物饵料，如桡足类、糠虾、卤虫。投喂活体饵料能够提高饵料利用率，为亲体提供良好的水质条件。

**2. 育苗设施**

海蜇的育苗室要求光线相对较暗，屋顶和窗户用蓝色布帘或遮阳网遮光，同时可以调节光照的强弱。

育苗池面积一般为 40~60 m³，水深 1.5 m 左右，池壁和池底要砌成弧形，池壁要尽量抹光滑，然后漆上无毒水泥防水漆。弧形的池角和光滑的池壁对提高亲蜇培育起到很大的作用，应予重视。育苗室内要通风避光，屋顶透光处用可移动的遮阳网调控室内光线的强弱。

附苗器是培育螅状体的关键设备，可供海蜇螅状体附着的物体很多，人工育苗一般采用无毒的高压聚乙烯波纹板，每片波纹板成正方形，面积 0.16 m²。若干片用绳子穿成串，片与片之间保持 10~15 mm 距离，避免两片附着板局部粘连，影响附苗(彩图 11)。

### 3. 苗种培育

海蜇的性腺从棕绿色变化为灰绿色时,标志着性腺成熟,即将产卵。亲蜇产卵的时间一般在清晨,提前 2~3 小时将临产的亲蜇从暂养池移入产卵池,雌雄比例掌握在(3~4):1,视雌雄亲蜇个体大小的差异做适当调整。亲蜇投放的密度与亲蜇个体大小有关,以亲蜇个体为 10 kg 为例,100 $hm^2$ 水体投放 50~60 个亲蜇。海蜇为一次成熟分批产卵,亲蜇产卵后 2~3 小时,小心将亲蜇捞出,移入暂养池强化培养,促进性腺继续发育再次产卵。

海蜇受精卵为沉性卵,乳白色受精卵在 24~26℃ 水温条件下,经过 5~6 小时的胚胎发育,孵化出浮浪幼体(表 5-1)。浮浪幼体呈椭圆形,体表布满纤毛;运动时纤毛不断摆动,身体左旋转前进。浮浪幼体前期运动活泼,在微充气条件下均匀分布在水中。在水温 24~26℃ 条件下,经过 20~25 小时,浮浪幼体后期的运动速度明显变缓,进入变态准备期,此时,将制作好的波纹板附着器缓慢放入水中,为螅状体提供附着基。

表 5-1 海蜇胚胎发育时序(王永顺等,2004)

| 胚胎发育期 | 受精后时间/分钟 | 发育所需时间/分钟 |
| --- | --- | --- |
| 受精卵 | 0 | 0 |
| 开始卵裂 | 20 | 20 |
| 2 细胞 | 35 | 15 |
| 4 细胞 | 50 | 15 |
| 8 细胞 | 65 | 15 |
| 16 细胞 | 85 | 20 |
| 32 细胞 | 100 | 15 |
| 64 细胞 | 120 | 20 |
| 多细胞囊胚 | 210 | 90 |
| 初期浮浪幼体 | 330 | 120 |

螅状体附着后 24 小时内,从自由端口的边缘长出 4 条触手,开始摄食。螅状体初期投喂轮虫、桡足类无节幼体、贝类担轮幼虫等微型浮游动物。螅状体经过 4 触手期、8 触手期、16 触手期,发育成为成熟的螅状体,或继续发育成为横裂体,或进入低温蛰伏期。在螅状体发育过程中,生物饵料的种类、个体大小、投饵密度是影响其成活率的技术关键,同时要遮光、保持一定的换水量。

螅状体在充足饵料和优良水质环境条件下,会产生频繁的移位并在原附着点形成足囊，足囊可以萌发出一个新的螅状体，使原有螅状体的繁殖能力大大提高，这种水母生活史中特殊的无性生殖现象也是海蜇人工育苗提高产量的技术关键。

成熟的螅状体在口柄处出现横裂，形成横裂体，横裂体发育成熟后释放出若干个碟状体，碟状体在育苗室内经过15~20天的培育，达到养殖生产要求的规格时幼蜇就可以销售了(彩图12)。

**4. 螅状体的蛰伏**

纵观国内外的研究成果，目前对于几种大型水母类生活史研究结果表明，只有螅状体能够在低温条件下，抵御不良环境的影响，长期保存其生命活动，使这一古老而又低等的物种繁衍几亿年。因此，螅状体的蛰伏也成为海蜇人工育苗过程中保种的重要环节。

影响螅状体蛰伏的主要环境因子是温度。在正常的水温(20~26℃)条件下，成熟的螅状体可以发育成横裂体，并释放出碟状体。

随着水温的逐步下降，螅状体的摄食量也随之逐渐减少，当水温降至15℃以下时，螅状体的摄食量明显减少；水温降至5℃时螅状体进入蛰伏状态，此时，只要把水温控制在1℃以上，螅状体就可以安全度过蛰伏期。

## 三、养殖技术

**1. 养殖模式**

海蜇养殖的兴起虽然时间不长，但发展很快，各地养殖业者根据当地的地理区位、自然环境发展多种多样的养殖模式。

**(1) 投苗方式**

投苗方式分有一次性投苗和分批投苗。

一次性投苗可以在幼蜇阶段利用水质较好的区域集中管理，提高生物饵料的利用率，同时便于人工补充饵料，提高幼蜇的成活率。但是会使成品蜇上市过于集中，销售环节压力大，容易受到市场价格的打压，影响经济效益。在我国北方地区，一年中适宜海蜇生长的时间较短(一般在6—9月份)，适用一次性投苗，捕大留小的养殖方式。

分批投苗一般采用间隔10~15天投放一批幼蜇，可以避免成品蜇集中上市，还可以延长养殖周期，提高单位面积的产量，提高经济效益。但是，分批投苗会增加养殖管理的难度和上市捕捞的强度。我国南方一年中适宜海蜇生长的时间较长(5—10月份，甚至更长些)，可以采用分批投苗，分批收成上市，福建以南地区一年可以养 2~3 茬。

**(2) 养殖方法**

分为单养和混养。混养是根据海蜇的生活习性，从生态学角度搭配混养种类，互利互补，提高水体的综合利用率，减少病害，提高产量，增加经济效益。可以与海蜇混养的种类很多，例如贝类、虾类、蟹类、鱼类等都可以分别与海蜇混养。目前较为成熟的混养方式是"海蜇与贝类混养"和"海蜇与对虾混养"。

①海蜇与贝类混养：对于生活空间来说，海蜇营浮游生活，主要分布在水体的上层，而贝类为底埋生活，分布在池塘底层的泥沙之中，两者之间不会相互伤害。从饵料关系分析，两者之间有着直接或间接的竞争关系。海蜇的饵料以浮游动物为主，也摄食小型鱼虾类。这些微、小型动物大多数是滤食性动物，以浮游植物及有机碎屑为饵料，而底栖硅藻和有机碎屑正是底栖贝类的饵料。因此，海蜇与贝类混养要更加重视浮游植物的培养。

②海蜇与对虾混养：因海蜇主要生活在水体的上层，主动下潜的能力较差。其捕食行为被动且无选择性，对对虾的攻击性较小。对虾虽然是游泳动物，但主要活动空间在水体的底层，不会伤害海蜇。海蜇与对虾之间的食物关系有着较好的互补性。对虾主要依靠人工投饵满足其摄食需求，对虾的残饵和粪便又成为培养浮游植物的有机肥料，浮游植物为培养海蜇摄食的浮游动物提供了物质基础。海蜇与对虾的生长周期不同、捕捞方式也不同，两者混养不会影响各自的捕获收成。值得提出的是，对虾苗种阶段运动能力较弱，应该与海蜇分开培养，待虾苗体长达到 5 cm 以上后再一起混养。

**2. 池塘构造**

养殖海蜇的池塘面积宜大不宜小，一般在 20~30 hm² 为适，池塘形状以正方形、池岸周边距离池塘中心的距离长、深水区面积大为好，尽量不使用长条形的池塘，避免大量海蜇被风吹集在较小空间及浅水区内碰撞受伤死亡。海蜇养殖区的水深要大于 1.5 m，池塘边缘浅水区要用网片隔离开，避免海蜇误入或被外力推入浅水区而搁浅死亡。

池塘的底质以泥沙质为宜。泥质底池塘一般水的浑浊度较高，海蜇喜欢生活在水质清澈的环境中，泥质底一定程度上对海蜇的生长有影响，同时也会对海蜇成品的质量有影响；沙质底的水质固然清澈，能够满足海蜇生活的需求，但一般水质偏瘦，不利于培养充足的饵料生物保证海蜇摄食、生长的需求，大面积频繁的人工施肥培养浮游植物供给浮游动物饵料的需求又必将增加生产成本。

养殖海蜇的池塘与其他养殖池塘一样，要有良好的进排水设施，而闸孔拦网的网目与其他养殖池塘有所不同，海蜇池塘进水闸拦网的网目要比排水闸拦网大一些，让自然海区更多的小型动物进入池塘，补充池内的饵料数量；而排水闸拦网的网目要小一些，可以减少池塘里小型浮游动物的流失。

**3. 苗种放养**

**(1) 苗种的运输**

目前海蜇苗都是采用薄膜袋加水充氧运输的方法，很少见到用活水车运输，因为活水车的水体容积大，蜇苗主要集中在水层表面，运输过程中难免车身颠簸，水体晃动，容易摔伤幼蜇，使成活率下降。

运输蜇苗的双层薄膜袋有 50 cm × 50 cm 和 30 cm × 30 cm 两种规格，每个 50 cm × 50 cm 薄膜袋可运输伞径 15 mm 的幼蜇 500~700 只，30 cm × 30 cm 薄膜袋可运输幼蜇 200~300 只。包装时，在薄膜袋中加入容积 1/3 左右的过滤海水，轻轻捞入蜇苗，慢慢充入纯氧后扎紧袋口装箱运输。据报道，上述的包装方法，当气温在 25℃ 以下的条件，运输时间在 24 小时内，幼蜇成活率可达 90% 以上。如果运输时的气温较高，应采取加冰块降温的措施，冰块应密封包装置于薄膜袋的外面，避免冰块融化降低袋中的海水盐度，影响幼蜇的成活率。

**(2) 苗种入池**

海蜇苗种运输过程的水温与放养池塘的水温会有一定的差异，蜇苗运到池塘边时不要急于将蜇苗直接投放，应将薄膜袋置于池塘中，隔水漂浮 15~30 分钟，使苗袋内外的水温接近时才能解袋缓慢把幼蜇苗倒入池塘中。温差太大会导致蜇苗下沉死亡。

由于经过集约式、较长时间的运输，蜇苗的活力有所下降，蜇苗的投放地点要选择在池塘的中央或者上风处，以免蜇苗被风吹到池边搁浅或挂网死亡。

**(3) 放养密度和方式**

苗种的放养密度是根据池塘的养殖条件、气候、水质等自然条件以及养殖技术水平等人为条件，因地制宜选择放养密度。同时，不同的投苗方式其放养密度也有所不同。以伞径 15~20 mm 的幼蜇为例，一次性直接投苗的密度可以掌握在每 667 m² 投 500~600 只，而经过苗种中间培育，投苗密度可以调整为每 667 m² 投 300~500 只。如果是分批投苗的养殖方式，一般放养密度掌握在每 667 m² 放养 300 只左右，间隔 10~15 天，再投放一批相同密度的蜇苗进行中间培育，待蜇苗伞径长到 40～50 mm 后移入大池。

中间培育一般是在同一口养殖池塘中，在避风处用网布围隔一个面积为养殖池塘 0.3%～0.5% 的小池塘，把大池塘所需放养的蜇苗集中在小池塘中，人工投饵，集中管理，待蜇苗伞径长到 30～50 mm 后，撤掉围网放入大池。中间培育可选择 20 目的网布做围网，同时要经常洗刷网布，使围网内外保持水流畅通，水质良好；每天要检查小池塘里的饵料密度，适时补充饵料。

### 4. 养殖管理

**(1) 放养前的准备**

海蜇放养前的准备工作与其他养殖种类一样，平整池底、清淤消毒、修整闸门、加固堤岸；按照海蜇养殖的特点，准备好各种网目规格的进排水网。做好以上常规的准备工作后，进水培养生物饵料是海蜇养殖成败的关键步骤。海蜇属杂食性中偏肉食动物，食物种类十分广泛，包括浮游动物、某些动物的浮性卵和幼体、有机碎屑，甚至同类相食，其所摄食的食物种类的比例则因不同生活海区和季节而异。

根据生物饵料食物链的关系，放养前要先施肥培养浮游植物，为培养海蜇生长需要的浮游动物提供充足的饵料。施肥时要把化学速效肥和生物有机肥相结合，速效肥能使短时间内浮游植物迅速繁殖，缩短肥水的时间，保证蜇苗及时投放；生物有机肥的肥效逐步释放，不断补充水体中的营养元素，保证浮游植物数量的稳定。

**(2) 养殖过程水质调控**

养殖过程要根据浮游植物的密度和浮游动物的多少调控水质。在投苗后的 10 天内水质状况及饵料生物比较好，每天添加 10～20 cm 的新鲜海水，补充海区的生物饵料，一般不需要排水。十天后可根据池塘的容量、池水的水色以及浮游动物的多寡调整进排水量，当池塘的水色偏淡或者偏浓时，要相应加大换水量，同时还要根据潮汐的变化，大潮汛时要多换水，小潮汛时要少换水。总之，养殖过程的水质调控要根据海况、池塘条件，因地制宜，酌情灵活掌握。

**(3) 饵料生物的培养与投喂**

在海蜇养殖过程中，饵料生物的供给量是影响海蜇生长速度的重要因素。海蜇的摄食方式可划分为捕食性和吸食性两种方式。当食物触及到海蜇的棒状附属器、丝状附属器、小触指等时，刺细胞释放出毒素将其麻醉，由体内分泌的分解酶把食物分解成碎小的颗粒吸入伞腔，进行循环消化吸收。有些较大型的食物能挣断丝状附属器，但是由于许多细丝缠身，加之毒素作用，也很难逃脱死亡的命运。因此，海蜇在饵料种类、大小的选择和投饵量方面与其他养殖动物不同，有很大的随意性，饵料生物的培养和投喂是养殖管理的重要环节。

养殖过程的进、排水不仅可以调控水质，更重要的是纳入自然海区的浮游动物补充养殖池内饵料生物的数量，提高池内培养饵料生物的效果；在养殖密度较大以及夏季高温影响浮游动物繁殖等状况下，要在养殖池塘的附近设立饵料精养池，集中培育高密度的浮游动物，随时用于补充养殖池内饵料不足。

**(4) 巡塘查网**

海蜇养殖的池塘面积大、堤岸长，绝大多数的堤岸都是用塘泥垒起来的，日常的巡塘工作显得尤为重要。在巡塘过程中，进、排水闸门与堤岸的交接部和堤岸的迎风面是巡查的重点部位要特别关注。池塘四周浅水区的拦网和排水口档流网也是巡查的重点部位。在刮风的日子里，要加大巡查的力度，防止海蜇被风吹至下风处，堆积挤压，甚至压垮拦网，造成不必要的损失。遇到下大雨的时候，要及时排除表面的淡水，以免盐度下降，引起海蜇的死亡。

## 四、海蜇增殖放流技术

增殖放流是人为补充自然水域特定物种资源量的一种技术手段。随着人工繁育技术的突破，人们通过增殖放流，增加自然水域的生物量，改善生物种群的结构，维护生物的多样性，保持自然界的生态平衡。我国从20世纪70年代就十分重视水域增殖放流工作，至今每年国家投入几十亿元资金，全国各地普遍开展当地特有物种和经济种类的增殖放流，取得了良好的经济效益和社会效益。

辽宁省和浙江省从20世纪80年代开始率先开展海蜇的增殖放流，经过几十年来的努力取得了一些成效。

### 1. 增殖放流海域的选择

海蜇属于典型的海产种类，终生生活在盐度相对稳定的海洋环境中；海蜇生长周期短、生长速度快，水域中饵料生物的丰歉对海蜇的生长影响很大；海蜇终生营浮游生活，自身的运动能力微弱，其水平分布受风向、潮汐、海流的支配，呈随波逐流漂浮生活的状态。

根据海蜇的习性，增殖放流应选择水面开阔、水深较深、淡水径流较少、海况较为稳定的海域。地形成湾大口小的海域或港湾作为海蜇增殖区更为理想。如辽宁省的辽东湾，山东省的胶州湾，浙江省的杭州湾、象山港、三门湾，福建省的三都澳、罗源湾、兴化湾,广东省的大亚湾、雷州湾等。幼蜇投放的区域要尽量避开河口、近岸定置网作业区。

### 2. 放流季节和蜇苗规格

海蜇放流的季节取决于放流海区的水温。海蜇在 15~30℃ 水温中均能生长,考虑到海蜇碟状体培育的水温较低以及放流后保证海蜇有更充足的时间生长、发育,放流的季节一般选择在春季,水温达到 15℃ 以上就可以开展放流工作了。放流时间的确定还要结合当地休渔期和台风的动态做出合理、稳妥的规划。

海蜇放流的规格也和其他大多数增殖放流对象一样,考虑到苗种培育、运输等的成本,一般都是放流小规格的苗种。提供放流的蜇苗规格建议伞径在 10~15 mm 之间,这个规格的蜇苗已经从碟状体发育成幼蜇,生存能力明显加强,有利于提高增殖放流的成效。

### 3. 增殖放流的管理与评估

增殖放流与人工养殖不同,当放流的苗种投入自然水域后,其生长存活完全依赖自然环境,当年放流海域的自然环境条件优劣决定了增殖放流效果的好坏,只能顺其自然。但是,近十几年来,人为的干扰和破坏越来越明显地影响着增殖放流的成效。目前人为影响最主要表现为定置网作业和陆源污染物的排放,因此,要保证并提高增殖放流的经济效益和社会效益,加强放流海域及海蜇流向沿岸的执法管理尤为重要。在增殖放流区域,渔政管理部门要因地制宜,酌情制定海蜇的禁渔区、休渔期,规定其他渔业的渔具、网目和渔法,合理制定海蜇的开捕期;渔政人员要跟踪、监测海蜇的去向,对于海蜇流向前方的定置网作业要及时调整,水质指标要及时取样检测。海蜇的生长速度快、周期短,只要管理到位,当年就可以收效(彩图13)。

海蜇增殖放流效果的评估与其他种类的增殖放流评估一样,主要有以下三方面。

**(1) 放流种群的动向**

海蜇机体含水量高,体质成凝胶状,不容易进行标记,好在海蜇主要生活在海水的表层,相对其他种类来说比较容易观察,跟踪放流种群的走向,绘制出海蜇漂移路线图。

**(2) 海蜇生长的评估**

从幼蜇投放到海区开始,按相应的间隔时间,采集一定数量的放流个体,测量其伞径，称量其体重，观察其发育状态，并记录海区理化、生物因子的数据。

**(3)海蜇回收率的测算**

在海蜇捕获季节，发动群众，尽可能收集、统计放流海区海蜇的渔获量；同时，通过分发调查问卷、走访渔民等方式，调查了解当年气候条件，根据往年的经验，估算当年海区野生海蜇的产量，从而测算出放流海蜇的产量和个体数（彩图14），计算其回捕率。

## 第三节 海蜇加工与利用

海蜇加工的基本方法是用盐、矾腌渍，这种方法在我国至少已有400～500年的历史。明代李时珍（1518—1593）《本草纲目》记有："人因割取之，浸以石灰矾水。去其血汁，其色逐白。其最厚者谓之鲊头，味更胜。"明代万历年间（1574—1620）彭大翼的《山堂肆考》记有："以明矾腌之。"这是我国先民独创的、符合科学原理的古老加工方法。目前沿海各海蜇产区所使用的加工方法就是以此为基础，经过几百年在生产实践中逐步改进、完善，形成当今一套既符合科学原理、食品安全、生产设备简单、操作技术易于掌握，又能及时加工、处理大量鲜蜇的中国独特加工工艺。

### 一、加工原理

水产品中所含的水分有结合水（bound water）和游离水（eduction water）之分。而只有游离水才能被细菌、酶和化学反应所利用，只要降低水产品中游离水的含量（即降低水活度），就可以达到保藏水产品的目的。

**1. 食盐在腌制过程中的作用**

利用食盐腌渍脱水保藏水产品是我国古老、传统的保鲜方法。据现代研究表明，水产品的腐败主要是由于水产品体内自溶酶作用与细菌分解而形成的，大部分的细菌繁殖环境需要50%～60%的水分。添加食盐可以提高有机体周边水分的离子浓度，通过渗透压的作用，把有机体组织间的游离水和细胞内的水分析出（脱水），使机体内水分明显减少，同时蛋白质凝固，变成不溶性蛋白，减少细菌对蛋白质的分解，在一定程度上起到防腐保质的作用。

## 2. 明矾在腌制过程中的作用

明矾的化学名称为硫酸铝钾[$Al_2(SO_4 \cdot K_2SO_4) \cdot 24H_2O$],是一种复盐。明矾的作用在于这种低浓度的复盐具有典型的收敛、脱水、干燥作用。它能使细胞蛋白质浓缩,细胞内的水分迅速排出。同时,由于它的收敛作用使组织中的蛋白质、腺体分泌物以及自溶性蛋白渗出液中的蛋白凝固为不易溶解的变形蛋白;脱水、收敛同样对细菌细胞蛋白起着破坏作用,从而达到抗菌防腐作用。

## 3. 食盐和明矾的使用

在海蜇加工过程中,盐和明矾是混合使用的。为了保证产品的获得率和质量,在加工环节中盐、矾的用量必须适宜。明矾的脱水性和蛋白质凝固作用比食盐强,因此,加工过程采用先重矾轻盐、后重盐轻矾的原则。不过在用量上还是有许多考究的,特别是明矾的用量。这种铝盐与组织蛋白有很大的亲和性,用量过少就不能达到鲜蜇迅速脱水和收敛的作用,并与蛋白质组成松软的易溶性的化合物,使蛋白质流失,成品肉薄,不脆口;用量过大,明矾中的硫酸根对海蜇组织有腐蚀作用,同时会使海蜇体表过快收敛凝固缩成硬壳,影响离子继续向组织深层渗透,妨碍海蜇内层继续脱水和凝固,影响产品质量和贮藏时间。食盐的用量多少也会影响成品的质量。用盐过多,成品过咸,缺乏弹性,不脆口;用盐过少,蛋白质流失,成品肉质薄,咸度不足不能久藏。

海蜇个体大小,加工时的气温、水温高低,腌渍时间长短以及食盐和明矾的实际用量都直接影响腌渍的效果。灵活掌握盐矾的使用量和各个工序的间隔时间是成品质量好坏、肉质厚薄、色泽美观和脆口与否的决定因素。

## 二、加工技术与储存方法

### 1. 加工技术

我国海蜇的加工方法目前仍采用明矾和食盐复合腌制法,但各产区在生产实践中,根据本地区的特点,在加工工序、工艺上有所不同,各有特色。

目前,国内外同行业者一般认为浙江省温州地区加工的三矾海蜇成品质量最好,现将该地区洞头县的加工技术介绍如下(表5-2,图5-5)。

**(1)海蜇皮的加工技术**

将捕获的海蜇用竹刀把伞部与口腕部切开,分别放置。刮去内伞面上的血衣和外伞面上的黏液,整平口腕基部,冲洗干净待用(彩图15和彩图16)。

表 5-2　加工海蜇皮盐矾用量表（洪惠馨等，1978）

| 产期 | 季节蜇称 | 初矾 鲜蜇皮用矾量/% | 二矾 盐矾混合物 盐矾比例 | 二矾 盐矾混合物 用量/% | 三矾 盐矾混合物 盐矾比例 | 三矾 盐矾混合物 用量/% |
|---|---|---|---|---|---|---|
| 小暑—大暑 | 霉蜇 | 0.4 | 100:(2.0~2.5) | 13.3 | 100:(0.8~1.0) | 11.1 |
| 立秋—处暑 | 秋蜇 | 0.5 | 100:(3.0~3.5) | 14.5 | 100:(1.0~1.5) | 12.5 |
| 白露—秋分 | 白露蜇 | 0.6 | 100:(4.0~4.5) | 15.7 | 100:(1.3~1.5) | 12.2 |
| 寒露—霜降 | 寒蜇 | 0.6 | 100:(5.0~5.5) | 16.9 | 100:(1.5~2.0) | 13.2 |

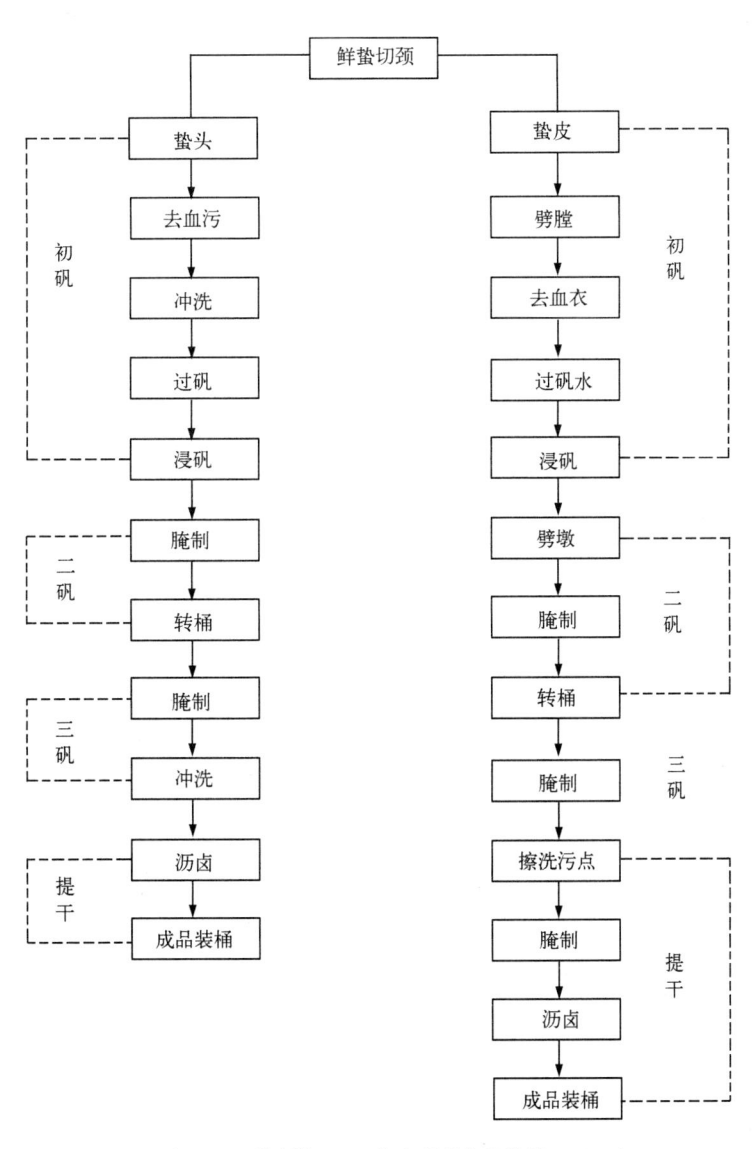

图 5-5　海蜇加工工艺流程（洪惠馨等，1978）

注：蜇皮：伞部；蜇头：口腕部；劈膛：割开中央胃腔；劈墩：削平口柄；去血污（衣）：剥除内伞红色的纵肌及黏液

①初矾：将处理完竣的海蜇皮置于水池中，加入0.4%~0.5%的矾水，不断搅拌，剔除黏液和杂质，浸渍24小时。

②二矾：将初矾的海蜇皮沥水半小时后逐个平铺在容器中，内伞面朝上，把配置好的盐矾[100:(3~4)]混合物撒在口腕基部开口处，每张蜇皮所用盐矾混合物的用量视蜇皮的大小而定。容器装满后在开口处加一层较厚的盐封顶加盖，腌制5~7天即成二矾成品(要求卤水达到12~14波美度)。

③三矾：将二矾蜇皮取出沥水半小时后，再次将盐矾[100:(1~1.5)]混合物施敷在整张蜇皮上，逐个操作。容器装满后在开口处加一层较厚的盐封顶加盖，再腌制5~6天即成三矾成品(要求卤水达到20~22波美度)。

④提干：将三矾蜇皮取出，逐张放在三矾卤水中清洗斑点和污物，再逐张撒上食盐(一般用量4%~7%)，平放在容器中腌制4天，取出整平堆高，沥卤3~4天即成三矾提干成品。

**(2)海蜇头的加工技术**

将分离后的口腕部堆放在地坑10小时以上，或者用网袋挂在海上冲刷5~8小时，以使丝状附属器和棒状附属器腐烂脱落。

①初矾：将除去附属器的海蜇头放入水池中，加入适量海水，按照海蜇头重量0.5%的比例撒入明矾粉，边撒粉边搅拌，使矾度均匀，保证质量。腌渍24小时。

②二矾：将初矾的海蜇头取出沥水1~2小时，把配制好的盐矾[100:(1.2~1.5)]混合物，以海蜇头重量的6%~7%添加，先在容器的底部撒上一层盐矾混合物，然后投入海蜇头，之后一层蜇头一层盐矾混合物，并逐层踩压结实，腌满为止，顶层加封一层较厚的食盐盖密，经过5~6天腌制即成二矾成品(要求卤水达到10~12波美度)。

③三矾：将二矾蜇头取出沥水1~2小时，把配制好的盐矾[100:(0.5~0.8)]混合物，以海蜇头重量的6%~7%添加，腌制方法与二矾相同，腌制6~7天即成三矾成品(要求卤水达到19~20波美度)。

④提干：将三矾海蜇头取出，码起堆高，沥卤7天即成提干成品。

**2. 成品贮存方法**

海蜇无论是在加工还是贮存过程中，最忌讳日晒雨淋，并忌掺入鱼卤、淡水、污水或碱类等杂物，据生产单位的经验教训得知，掺入烟灰、草木灰、稻草水、鸟粪、铁锈等，都可能引起海蜇成品霉烂变质。因此，在生产加工和成品贮存过程中，要防止变质必须注意以下几点：

①在海蜇加工各工序过程以及成品保管中，必须避免阳光曝晒，雨水淋湿以及注意场地周边的清洁卫生，严防污水、杂物污染。

②海蜇加工场所要和鱼类加工场所分开，使用的工具切忌混杂，以防污染。

③成品保存要注意卤水的浓度保持在 20～22 波美度，在容器上方加盖重压，保证全部海蜇都浸泡在卤水中，不接触空气，并防止污物渗入。

④海蜇成品的提干，除自然提干法外，还可应用机械提干法（离心甩干、螺杆压榨等）。

⑤提干的成品必须及时包装，薄膜袋口要扎紧，包装箱外要标志生产日期等。

⑥成品包装后，应该放在阴凉、通风、干燥的仓库，切勿受潮、雨淋或日晒；防止鼠害、虫害侵扰和污物渗入，以免变质。成品只要保管妥当，可贮存数年不变质。

### 三、海蜇的营养价值和食用方法

**1. 海蜇的营养价值**

海蜇作为食品，不仅有其独特风味，而且富有营养价值。根据有关文献资料对三矾海蜇及其他一些水产品的分析，海蜇的营养成分有它独特之处（表 5-3）。从表中可见，海蜇的可食部分达到 100%，脂肪含量极低（0.1%），特别是无机盐类含量很高，而且含有人体不可缺少的许多微量元素，是一种健康保健食品。

表 5-3 海蜇与几种水产品的营养成分*

（可食部 100 g 中的含量）

| 名称成分 | 海蜇 | 软体动物 | | 甲壳类 | | 鱼类 | | 藻类 | |
|---|---|---|---|---|---|---|---|---|---|
| | | 乌贼 | 蛤蜊 | 海蟹 | 虾米 | 鲤鱼 | 大黄鱼 | 海带 | 紫菜 |
| 可食部/% | 100 | 73 | 20 | 50 | 100 | 66 | 57 | 100 | 100 |
| 水分/g | 65 | 84 | 80 | 80 | 15 | 79 | 81 | 12 | 10 |
| 蛋白质/g | 12.3 | 13.0 | 10.8 | 14.0 | 46.8 | 18.11 | 7.6 | 8.2 | 24.7 |
| 脂肪/g | 0.1 | 0.7 | 1.6 | 2.6 | 2.0 | 1.6 | 0.8 | 0.1 | 0.9 |
| 无机盐/g | 18.7 | 0.9 | 3.0 | 2.7 | 35.2 | 1.1 | 0.9 | 12.9 | 30.3 |
| 钙/mg | 182 | 14 | 37 | 129 | 882 | 28 | 31 | 1177 | 330 |
| 磷/mg | 微量 | 150 | 82 | 145 | 695 | 176 | 152 | 216 | 440 |
| 铁/mg | 9.5 | 0.6 | 14 | 13 | 6.7 | 1.3 | 1.8 | 150 | 32 |
| 热量/k cal | 64 | 64 | 77 | 82 | 205 | 88 | 76 | 262 | 230 |

注：* 引自《中国食物成分表》（2002）。

现代营养学对食物的营养价值的评价不仅局限于食物一般营养成分,同时还从氨基酸的组成与含量的角度评价食物蛋白质的实际价值。刘希光等(2007)分别对海蜇的伞部和口腕的干品进行氨基酸组成及含量的检测(表5-4),结果表明:海蜇蛋白质中氨基酸成分齐全,含量丰富,配比较合理,具有较高的营养价值和保健价值。所测出的18种氨基酸(色氨酸未能检测出)中,7种为人体必需氨基酸,2种为人体半必需氨基酸;人体必需氨基酸占氨基酸总量的29.3%,高于海参必需氨基酸所占23.9%的比例。必需氨基酸是指人体自身不能合成,必须从食物中获取的氨基酸;半必需氨基酸指人体自身能合成,但合成量不能完全满足肌体的需求的氨基酸。由此可见海蜇的营养价值所在。

表5-4 海蜇干品氨基酸的组成及含量

单位:mg/g

|     | Asp | Thr* | Ser | Glu | Gly | Ala | Cys | Val* | Met* | Ile* | Leu* |
|-----|-----|------|-----|-----|-----|-----|-----|------|------|------|------|
| 海蜇皮 | 11.6 | 6.2 | 5.0 | 20.3 | 19.7 | 8.2 | 16.7 | 8.0 | 5.8 | 4.6 | 5.8 |
| 海蜇头 | 13.0 | 6.2 | 5.3 | 20.6 | 19.1 | 7.5 | 17.4 | 7.7 | 6.0 | 4.8 | 5.9 |

|     | Tyr | Phe* | Lys* | His | Arg | Pro | E | T | % |
|-----|-----|------|------|-----|-----|-----|---|---|---|
| 海蜇皮 | 3.1 | 6.3 | 6.3 | 0.9 | 9.3 | 8.9 | 43.0 | 146.6 | 29.3 |
| 海蜇头 | 3.2 | 6.5 | 7.1 | 1.0 | 9.4 | 9.4 | 44.2 | 150.0 | 29.5 |

注:*为必需氨基酸。

**2. 海蜇的食用方法**

海蜇为我国广大民众所喜爱的水产品之一,自古以来,民间的食法很多,生熟兼备。有煮食、炸食、清炒、凉拌以及一些地方性的食法。早在《本草纲目》中就记载有沿海渔民的食法"甚腥,须以草木灰点生油,再三洗之。莹洁如水精紫玉。肉厚可二寸,薄亦寸许,先煮椒桂或豆蔻生姜、缕切而煠之。或以五辣肉醋如鲙,食之最宜"。

我国的美食文化传承至今,仍然保持浓厚的民族传统特色,讲究色、香、味齐全。随着现代生活节奏的加快,即食食品应运而生。海蜇加工业的发展也和其他食品一样,沿海各省海蜇产区都有相当规模的海蜇即食食品加工厂,全国各地超市的食品柜台里都摆放着五颜六色的海蜇即食产品。海蜇即食食品与其他即食食品唯一不同的是,其加工方法能够保持海蜇原有独特口感,使人们从即食海蜇中体验出数百年的传统风味。

"凉拌海蜇"是最脍炙人口的一种普通食法,作为家庭佐餐或宴会上的酒肴都十分适宜可口。做法是在食用之前先将海蜇干品用冷水充分浸洗数小时后,洗去多余的盐、矾和其他杂质、异味,然后用冷开水过洗切丝,拌上配料。在闽南一带则将海蜇皮充分浸洗以后,用热开水冲泡,使海蜇皮收缩(面积缩小而厚度增加),然后切丝再拌上配料。这种做法不仅可以完全去掉海蜇皮所含的明矾,不因没有充分浸洗干净而带有涩味,而且经过收缩以后,特别松脆可口。拌用的配料一般是适量的上等酱油、白糖、老醋、生姜和少量香油以及辣椒、蒜、葱花等。在广东宝安一带,则以番薯丝为拌料,叫做"番薯生",是一种大众化的地方名菜。

海蜇的食谱很多,在此列举几种代表性的烹调、食法(晏岷等,1992)。

**(1) 三丝拌蜇**

主料:海蜇皮 300 g。

辅料:黄瓜 100 g,熟火腿 20 g,熟鸡脯肉 20 g,粗盐 40 g。

调料:香油 15 g,精盐 3 g,酱油 20 g,白糖 7 g,米醋 30 g,蒜瓣 30 g,味精 1 g。

制法:①将海蜇皮剥去红膜,用清水洗净,切成 50 mm 的长丝,放入加粗盐的凉水中浸泡 1 小时,用手捏揉,除去腥涩,用冷水漂洗三遍,去掉咸味,再放入凉开水中浸泡 1 小时后捞出,沥干水分,放入碗中待用。②黄瓜洗净去皮,切成细丝,加精盐拌匀,5 分钟后滗去水分;火腿和鸡脯切成 20 mm 长的丝;蒜瓣去皮,用刀拍成碎粒,放小碗中,加酱油、米醋、白糖、味精调匀成味汁。③将黄瓜丝与蜇皮丝放在一起,加味汁拌匀,盛入盘中,上面放入火腿丝、鸡脯丝,淋上香油即成。

**(2) 脆爆蜇皮**

主料:海蜇皮 300 g。

辅料:水发香菇 50 g,嫩笋片 75 g。

调料:食用油 50 g,精盐 0.5 g,酱油 7 g,白糖 15 g,米醋 10 g,葱段 15 g,渍汁 6 g,味精 1 g,水淀粉 12 g,高汤 100 g。

制法:①将海蜇皮去红膜,洗净,切成长 80 mm、宽 30 mm 的长条,放入冷水中浸泡 1 小时,去掉咸味,捞出后在放入 80℃ 左右的热水中氽一下,沥干;水发香菇洗净切成片。②炒锅中加入食用油,烧至六成热,投入香菇、笋片稍炒,加精盐、酱油、白糖、味精、高汤炒匀,用水淀粉勾芡,随即倒入蜇皮并加葱段、米醋、渍汁、食用油快速翻炒几下,起锅装盘即成。

**（3）炝海蜇丝**

主料：海蜇皮 200 g。

辅料：白萝卜 150 g。

调料：香油 15 g，精盐 4 g，白糖 3 g，米醋 6 g，葱姜汁 5 g，味精 1 g，花椒 20 粒。

制法：①将海蜇皮去红膜，洗净，切成长 40 mm 的细丝；白萝卜去皮洗净，切成长 30 mm 的细丝，放在碗里，撒上精盐拌匀，腌 20 分钟后挤去水分。②将海蜇丝和白萝卜丝放在大碗里，加白糖、米醋、葱姜汁、味精拌匀，盛入盘中。

炒锅里加入香油，烧至五成热，放入花椒炸至色呈褐紫色、香味溢出时，迅速浇到海蜇、萝卜丝上，即可上桌。

**（4）鸡火蜇皮**

主料：海蜇皮 350 g。

辅料：鸡脯肉 35 g，熟火腿 35 g，熟冬笋 50 g，水发香菇 20 g，青菜心 100 g。

调料：食用油 50 g，精盐 4 g，料酒 15 g，味精 1.5 g，水淀粉 25 g，鸡汤 350 g，白胡椒粉 0.5 g。

制法：①将海蜇皮撕去衣膜，用清水漂洗干净，切成 50 mm 长的块，放入沸水中一烫，捞入冷水中浸泡 10 分钟，取出沥水待用。②鸡脯肉切成薄片，将熟火腿、熟冬笋、水发香菇也切成片，青菜心整棵切对半。③炒锅中放入鸡汤，置旺火上烧沸，放入海蜇皮再烧沸后捞起。④炒锅置旺火上，加食用油烧至六成熟，放入鸡脯肉和青菜心，煸炒几下，再放入熟火腿、熟冬笋、水发香菇，倒入鸡汤，加精盐、料酒烧沸后放入海蜇皮再烧沸，加味精、水淀粉勾芡，撒上白胡椒粉，起锅盛入盘中即可。

**（5）虾仁珊瑚**

主料：海蜇头 500 g。

辅料：虾仁 75 g，春笋 75 g，水发香菇 25 g，熟火腿 50 g，熟鸡脯肉 50 g，青菜心 2 棵，香菜叶 20 片。

调料：食用油 250 g，香油 10 g，精盐 8 g，料酒 25 g，味精 2 g，白胡椒粉 1 g，水淀粉 35 g，鸡汤 750 g。

制法：①海蜇头撕去衣膜，洗净后放入开水中浸泡 8～10 分钟，使其涨开，形如珊瑚，捞出后清水漂净；炒锅置旺火上，加鸡汤 500 g 烧沸，放入海蜇头至沸捞出。②虾仁挑去黑肠洗净，熟火腿、熟鸡脯肉、春笋、水发香菇切成片；青菜心放入沸水中烫至翠绿色捞出,香菜叶用冷开水洗净。③炒锅置旺火上烧热,加入食用油100 g,烧至四成熟,放入虾仁,翻炒至熟,倒入漏勺沥油。原锅复置旺火上,加入食用油50 g,烧至五成熟,放入熟火腿、熟鸡脯肉、春笋、水发香菇、青菜心炒和,舀入鸡汤250 g,加精盐、味精、料酒,烧沸后放入海蜇头略烧,用水淀粉勾芡,淋入香油,颠翻几下起锅装盘,铺上虾仁,撒上白胡椒粉,放上香菜叶,即可上桌。

**(6)雪球汆珊瑚**

主料:海蜇头150 g。

辅料:虾仁75 g,水发银耳30 g,鸡蛋1个,香菜5 g。

调料:精盐2 g,料酒5 g,味精1.5 g,干淀粉3 g,鸡汤750 g。

制法:①将海蜇头用清水漂洗干净,放入沸水锅中汆2分钟,取出放入冷水中漂清,再放入80℃的热水中浸泡约20分钟,捞出沥干,盛入汤碗。②虾仁剁碎成茸,放在碗里,磕入鸡蛋清,加精盐0.5 g、味精0.5 g,料酒和干淀粉搅匀。水发银耳洗净放入碗中,加少量清水,上屉蒸至酥烂后取出,滗去汤汁,用洁布挤干水分。香菜去根洗净,切成段。③炒锅放入鸡汤,置旺火上烧沸,倒入汤碗中将海蜇头浸烫一会儿,把汤滗回锅中,转小火,将虾茸制成球形,每个虾球内嵌入一朵银耳,投入鸡汤里汆熟,加精盐、味精,倒入汤碗,放上香菜段即可。

### 四、海蜇的综合利用

在我国,海蜇长期以来主要作为一种特色食品加以利用,早期加工、流通业不发达的年代,沿海农民还将海蜇沤肥用在果树种植业上。20世纪90年代以来,我国海蜇加工、贸易迅速发展,不仅充分利用国内海区自然资源和养殖产品加工海蜇食品,畅销国内外,而且还从国外,尤其是东南亚诸国加工进口食用水母原料。目前,我国已有海蜇专业交易市场,辽宁省盖州市北海市场和山东省沾化县王尔庄海蜇批发市场是我国最大的海蜇产品贸易市场,销售旺季日交易额不低于300万元人民币。

在国内,从沿海到内陆都有食用海蜇的习惯,海蜇已成为宴席上的一道特色小菜。在国外,海蜇产品的消费主要盛行于东亚和东南亚,如日本、韩国、泰国、新加坡、马来西亚等受华人文化影响较大的国家和地区。

随着现代科学技术的进步与发展,许多学者和商人已经关注海蜇毒素和活性物质的提取与利用。海蜇除了大量食用外,还有很高的药用及保健价值。本书第六章中详细介绍了钵水母的药用价值,在此,着重介绍近些年来国内学者从钵水母提取胶原蛋白的研究进展。

据报道,日本学者 Nagai 等(1999)对采自日本(senzaki)海湾的口冠水母(*Stomolophus meleagris*)外伞组织进行分析,发现这种水母外伞中的胶原蛋白含量很高,约占干重的 46.4%,表明水母资源是一个潜在的胶原蛋白源,它的应用范围将进一步拓展到生物医药、保健品、化妆品等领域。金桂芬、裘俊红(2008)进行了海蜇胶原蛋白优化提取条件的研究,分别采用酸法和酶法从海蜇中提取胶原蛋白,分析了酸的种类、酶的浓度、料液比和提取时间等因素对胶原蛋白提取率的影响,结果表明,酶法提取相对于酸法提取可获得较高含量的胶原蛋白。

## 第四节 发展钵水母渔业的对策与措施

联合国农粮组织(FAO)发布 2011 年世界渔获及养殖产量统计显示,世界总渔获量(养殖渔业除外)为 9 459 万 t,较前一年增长 5.1%;养殖渔业产量达 8 372 万 t,较前一年增长 7.2%。渔业提供人类食用鱼产量创历史新纪录,达 1.28 亿 t,人均食用量达 18.4 kg,供应 43 亿人口、15% 的动物蛋白摄食量,全球约有 12% 的人口直接或间接依赖渔业为生。捕捞渔业和水产养殖业为全球粮食安全和经济增长做出重要贡献,但是同样面临许多问题,诸如治理不善,渔业管理体制薄弱,持续使用不当的捕捞、养殖方法等。

最新统计还显示,遭遇过度捕捞的海洋鱼类占 30%,被最大开发的占 57%,属于未充分开发的仅有 13%,过度开发造成环境污染、生境丧失,不仅对生态系产生不良的冲击,导致物种灭绝加剧,渔产量下降,而且对社会经济产生一系列的负面影响。为提高海洋渔业对全球粮食安全与经济繁荣的贡献率,必须制订有效的管理计划,借以恢复遭受过度开发的种群资源,FAO 力促各国政府尽一切努力,确保全球渔业可持续发展。

### 一、恢复海蜇资源的重要意义

我国直接开发利用海蜇资源已有几千年历史,不仅深受我国人民所喜爱,也历来深受国际市场所欢迎。海蜇已成为我国得天独厚的传统特种渔业和独具风味的中华鱼食文化而享誉全球。

在 20 世纪 80 年代以前，我国海蜇资源十分丰富，据 1960—1979 年 20 年间不完全统计的平均年产量（腌干制品）为 2.5 万 t（高产年份达 3 万多 t），平均年出口量达 2 500 t（干制品），占国际市场首位，产值很高，是我国水产品出口创汇的重要产品之一（洪惠馨等，1983）。目前海蜇仅在黄渤海区尚有一定产量。该海区渔业资源历来以低级营养的浮游动物为主，占总渔获量的 17.8% 左右，尤其是渤海更为突出，浮游动物（毛虾、海蜇、糠虾）渔业产量占渤海总渔获量的 38.3%（黄良民等，2007）。由此可见，修复海蜇资源对提高近海渔业产量及产值、发展海洋经济具有重要意义。

钵水母是海洋浮游动物群落物种结构的主要组成类群，是海洋三级生产量。在海洋食链中它们前接次级生产量，自身又被四级食物者摄食和消耗，处于食物链中承前启后的重要环节，在海洋生态系统结构转换（regime shift）过程中占有极其重要的地位。

在自然界中，没有一个自然种群能无限制地增长，各类动物种群之间总是相互制约而维持动态平衡。海蜇资源衰败的结果必然引起群落结构发生一系列的变动，导致生态系的失衡。从近年来我国学者发表的有关调研报告显示，有分布于我国海域的渔业敌害种类——白色霞水母种群数量剧增，有分布范围明显扩大的迹象（卢振彬等，2003；葛立军等，2004；关春江等，2007）。作者认为，这是由于海蜇资源衰退使白色霞水母有机可乘的结果，更为重要的还在于有可能为外来物种入侵提供有利条件的潜在危险。因此恢复海蜇资源，对保护海洋生物多样性、稳定海洋生态平衡、防止生物灾害具有十分重要的意义。

## 二、恢复海蜇资源的可能性

海蜇资源生物学最主要特性在于是"古老又低等的动物"，出现在中国这片辽阔海区生存、繁衍几千年，经历了地球无数次演变，一再逃脱灭绝的厄运。这显示出它们已形成许多独特的本能，完全适应了当代中国海洋生态环境，这是它们资源有可能恢复的基础。

海蜇在其生命周期中出现有性生殖和无性生殖交替并进行种质基因传递的生殖方式。从钵水母类生活史具有世代交替特性的推论，其无性世代螅状体蛰伏的特性应该是这一物种之所以能够一再逃脱致命的恶劣环境而生存繁衍至今的原因。海蜇（有性世代）资源虽然衰退，作者确信其螅状体（无性世代）资源仍以蛰伏形式存在。有朝一日环境条件成熟时，螅状体将恢复无性生殖，又以新一轮蝶状幼体出现。当然我们身为科技工作者的任务不是坐等自然的恩赐，而是采取措施改造自然，促使其资源早日得以恢复。

### 三、恢复海蜇资源的措施

**1. 建立海蜇无性世代繁殖保护区**

近30多年来，在我国全面发展海洋经济初期，由于只顾眼前的经济效益，无序、无度、违背科学大面积围海造地以及围垦发展海水养殖业，人为毁坏了河口地带大片海蜇螅状体栖息、繁衍区的生境，"皮之不存，毛将焉附？"这是导致海蜇资源急剧衰败的根本原因。为此，建议在沿海各地原海蜇主要产区，选择建立若干处海蜇资源保护区，并制定切实有效的管理法规。

**2. 加强研究提高海蜇人工养殖技术**

开发利用低营养级而具有高经济价值的海蜇作为养殖对象，是我国海水养殖业的一项创举，在理论上或生产实践上都具有双重意义。海蜇人工养殖在我国可能成为海水养殖业的新秀。另外，借此可以获得为实施海蜇放流增值提供所需的苗种，为恢复海蜇资源做出贡献。

**3. 实施海蜇放流增值**

利用海区自然条件，以人工繁育的海蜇苗种放流增值同样具有重要的双重意义。一是增加自然海区种群补充量，获得增产的目的。二是增加自然海区海蜇（有性个体）群体数量（尤其是资源衰败的原产区）以利有性世代自然繁殖，增加无性世代螅状体的数量，逐步恢复海蜇自然资源，这一措施具有更加重要的意义。实施这一措施必须得到政府政策和资金的大力支持。

**4. 综合开发利用其他大型钵水母资源**

自从海蜇渔业（包括主要兼捕种类）衰败以来，目前白色霞水母、野村水母和海月水母3种成为我国海域钵水母类的优势种，也是有害种类。由于以上种类已成为我国海域钵水母优势种类，改变了浮游动物群落物种结构，破坏了生态系统平衡，也与以浮游动物为食的经济鱼类争夺食物和空间，对渔业产生危害，尤其是白色霞水母，其种群数量剧增必然抑制海蜇资源的恢复。因此，如何处置这些种类，化害为利也是一项极其重要的研究课题。

目前国内外研究人员虽然对水母类毒素的化学、毒物学的特性有所了解，对个别种类已分离出一种或几种毒素，对这些毒素的特性和作用机制有了一定的认识。但是总体来说，对刺胞毒素的研究还有待加强，搞清刺胞毒素的成分及毒理，不仅为研究刺胞动物螫伤的发病机理寻找有效的防治措施，同时也对研发新药物均具有重要意义。同时，国内外学者研究表明，水母资源是一个潜在的胶原蛋白源，它的应用范围将进一步拓展到生物医药、保健品、化妆品等领域。

## 参考文献

曹洪泽，杨树娥，蔡建洪，等. 2003. 海蜇亲体长途运输初探. 河北渔业，(2)：43.

陈四清，张岩，王印庚，等. 2004. 海蜇苗种培育技术的研究. 海洋科学，28(5)：4—7.

戴泉水，卢振彬，叶孙忠，等. 2004. 福建海区海蜇渔业资源状况及其渔业生物学. 福建水产，(2)：1—8.

丁峰元，程家骅. 2007. 东海区沙海蜇的动态分布. 中国水产科学，14(1)：83—89.

丁耕芜，陈介康. 1981. 海蜇生活史. 水产学报，(2)：93—102.

丁天宝，丁元录，任宗伟，等. 2003. 海蜇与蟹、鲷、贝混养试验. 中国水产，(2)：55—56.

葛立军，何德民. 2004. 生态危机的标志性信号——霞水母旺发今年辽东湾海蜇大面积减产. 中国水产，(9)：23—24.

洪惠馨. 2004. 福建的海蜇渔业. 洪惠馨文集，北京：中国农业出版社，191—203.

洪惠馨，林利民，2010. 中国海域钵水母类(Scyphomedusae)区系的研究. 集美大学学报(自然科学版)，15(1)：18—24.

洪惠馨，张士美，王景池. 1978. 海蜇. 北京：科学出版社.

洪惠馨，张士美. 1983. 我国海洋浮游生物渔业现况及展望. 厦门水产学院学报，(1)：38—46.

洪惠馨，张士美. 1982. 中国沿海的食用水母类. 厦门水产学院学报，(1)：12—17.

黄良民. 2007. 中国可持续发展总纲 第8卷——中国海洋资源与可持续发展. 北京：科学出版社.

姜连新，叶昌臣，谭克非，等. 2007. 海蜇的研究. 北京：海洋出版社.

金桂芬，裴俊红. 2008. 海蜇胶原蛋白优化提取条件的研究. 浙江化工，29(7)：5—9.

李进道，付成秋. 1996. 莱州湾海蜇资源的初步探讨. 海洋湖沼通报，(1)：58—63.

李玉刚. 2004. 海蜇工厂化人工育苗技术. 中国水产，(3)：61—63.

梁维波，于深礼. 2007. 辽宁近海渔场海蜇增殖放流情况回顾与发展的探讨. 中国水产，(7)：72—73.

刘希光，于华华，刘松，等. 2007. 海蜇不同部位的氨基酸组成和含量分析. 海洋科学，31(2)：9—12.

卢振彬，戴泉水，颜尤明，等. 1998. 福建海蜇资源变动评析. 福建水产，(3)：20—27.

卢振彬，戴泉水，颜尤明，等. 1999. 闽江口海蜇生长的研究. 台湾海峡，18(3)：314—319.

卢振彬，戴泉水，颜尤明，等. 1999. 闽江口海蜇渔业生态学研究. 应用生态学报，10(3)：341—344.

卢振彬，戴泉水，颜尤明. 2003. 福建东山岛海域霞水母的渔业生物学研究. 应用生态学报，14(6)：973—976.

鲁南，蒋双，陈介康，等. 1995. 温度和饵料丰度对海蜇水母体生长的影响. 海洋与湖沼，26(2)：

186—190.

马喜平,凡守军. 1998. 水母类在海洋食物网中的作用. 海洋科学,(2):38—41.

王永顺,胡杰,黄鸣夏,等. 1984. 杭州湾海蜇群体的生态调查. 东海海洋,2(2):49—53.

王永顺,黄鸣夏. 2004. 海蜇增养殖技术. 北京:金盾出版社.

王永顺,黄鸣夏,孙忠. 1992. 海蜇人工授精的研究. 东海海洋,(9):77—80.

吴颖,李圣法,程家骅. 2009. 温度、投饵频次对海蜇碟状体生长的影响. 海洋渔业,31(4):395—400.

谢海妹. 2005. 对虾、海蜇混养技术. 齐鲁渔业,22(1):17—18.

严利平,李圣法,丁峰元. 2004. 东海、黄海大型水母类资源动态及其与渔业的关系的初探. 海洋渔业,26(1):9—12.

晏岷,杨健. 1992. 百吃海鲜. 北京:中国轻工业出版社,201—208.

杨春,苏秀榕,李太武,等. 2003. 海蜇的综合利用. 河北渔业,(2):12—14.

杨月欣,王光亚. 2002. 中国食物成分表. 北京:北京大学医学出版社.

游奎,迟旭朋,马彩华,等. 2012. 我国海蜇产业发展分析. 中国渔业经济,30(5):108—112.

张锡佳,陈同金. 2005. 海蜇养殖应注意的五个技术环节. 中国水产,(9):44—45.

张锡佳,谭福祎,康岩山,等. 2006. 海蜇海参池塘生态混养技术研究. 齐鲁渔业,23(6):44—45.

张锡佳,肖培华,杨建敏,等. 2006. 海蜇池塘生态养殖技术研究. 齐鲁渔业,23(5):25—29.

张鑫磊,成永旭,陈四清,等. 2006. 温度对海蜇横裂生殖和早期生长的影响. 上海水产大学学报,15(2):182—185.

周太玄,黄明显. 1956. 黄海渔业敌害之一——霞水母. 生物学通报,(6):9—12.

周永东,王永顺,黄鸣夏,等. 2004. 浙江近海海域海蜇的增殖放流. 浙江海洋学院学报(自然科学版),23(1):28—30.

安田徹. 2005. 巨大ユチゼソクテゲの生物学的特性と渔业被害(Ⅰ,Ⅱ). 日本水产资源保护协会月报,クラヂ特别号:3—21.

Hickman C P. 1979. Integrated Principles of Zoology. The C. V. Mosby Company, 201—204.

Kitamura M, Omori M. 2010. Synopsis of edible jellyfishes collected from Southeast Asia, with notes on jellyfish fisheries. Plankton Benthos Res., 5(3):106—118.

Nagai T., Ogawa T., Nakamura T., et al. 1999. Collagen of edible jellyfish exumbrella. J. Sci. Food Agric, 79:855—858.

Omori M. 1981. Edible Jellyfish (Scyphomedusae:Rhizostomeae) in the Far East Waters:A Broef Review of the Biology and Fishery. Bulletin of Japan, 28(1):1—11.

Omori M., Nakano E. 2001. Jellyfish fisheries in southeast Asia. Hydrobiologia, 451:19—26.

# 第六章
# 有毒和药用的钵水母

海洋生物是人类赖以生存和社会发展的重要物质基础之一。海洋生物体内含有各种特异功能的微量或少量物质，称为海洋生物活性物质。这是海洋生物在特殊海洋环境中经历漫长进化演变过程中形成的。它对海洋生物之间的生态联系、信息传递、化学防御和进攻发挥特殊作用，在海洋生物物种生存和种族繁衍竞争过程中具有极其重要的生物学意义。

海洋生物活性物质对人类直接或间接产生巨大影响。当前对活性物质研究的主要内容包括生物信息物质、药用活性物质、海洋生物毒素、生物功能材料等。随着生物科学技术的迅猛发展，加深了人类对它的研究、了解和利用，从而已产生了巨大的经济效益和社会效益。自然的启示、未知的潜力为造福人类展示了不可估量的美好前景。

有毒海洋生物的生物毒素一方面对人类产生最为直接的危害。据不完全统计，全球每年因误食有毒海洋生物而中毒的人约有2万多，被有毒海洋生物螫、刺、咬伤中毒者约有4万~5万人。它不仅对人类食品安全，而且对从事海洋渔业、海水养殖业、海洋工程、潜水作业、岛礁驻军以及游泳者、滨海休闲旅游者的人身安全和经济造成严重危害，成为社会公害。另一方面，海洋生物毒素的化学结构及其构效关系是寻找和发现新药物的重要导向线索，也为中毒者的防治提供依据。某些分子量小、易于合成的剧毒海洋生物毒素还被列为化学战剂，具有潜在的重要军事意义。因此，对海洋生物活性物质特别是毒素的研究及开发利用，越来越引起沿海发达国家政府部门和科学工作者的高度重视。

药用海洋生物是中(国)药重要组成部分，中国开发利用海洋药用生物已有2 300多年的悠久历史。药用海洋生物天然产物的药效是众多特异代谢物在起作用，只有充分了解和利用海洋生物内含物质的多样性，才能进一步开发利用这丰富的药源。目前已记载的药用海洋生物有1 000多种，从海洋生物中分离鉴定了近3 000个海洋生物化合物，其中约20%(11类共计600多种)具有生物活性。此外，海洋生物中提取了近2 000个海洋生物药用功能基因组。直接利用海洋药用生物制作成中成药有20种和几十种海洋生物保健品。我国海域辽阔,海洋生物物种多样性,药源丰富,为海洋新药物的研发提供了物质基础。

本章着重介绍我国海域有毒和药用钵水母类的种类及其生物学特征和地理分布,并综述有毒种类的致毒方式、毒素、毒性以及中毒症状和防治方法;药用种类的成分、性状、功能主治和用法、用量;使有毒和药用种类的生物学与毒理学、药理学两部分内容相结合。希望有助于读者对有毒和药用的钵水母种类及其分布的了解、鉴别和防治,又能为新药源保护和可持续利用的研究提供参考。

## 第一节　有毒的钵水母

### 一、有毒种类的形态特征、生态习性和分布

据报道,全球海域已发现的钵水母有200多种(Kramp,1961),其中已报道有毒的种类有30多种(Baslow,1977)。我国海域已记录的钵水母类有45种(洪惠馨,林利民,2010),其中有毒和药用的种类有17种(表6-1),事实上,无论是总种数还是已被证实有毒和药用的种数都不会如此之少,这明显说明我国对这类动物研究的深度和广度还不够。

值得注意的是,表6-1所列17种有毒和药用的钵水母类除了已知的野村水母是螫人致死的剧毒种类,在我国海域尚有隶属于水螅纲管水母亚纲(Subclass Siphonophorae)囊泳目(Cystonectae)的僧帽水母(*Physalia physalis* Linnaeus,1758)也是一种较大范围分布于我国东南近海(夏秋季受黑潮往北延伸或受台风影响可分布至舟山群岛)的剧毒危险水母类,在海南省三亚曾发生过多起渔民、潜水员被螫致死事件。

该种浮囊体大者可达6~7 cm,呈胞囊状,前端略尖,后端钝圆背峰较高,形似僧帽,故名。浮囊体有一背峰,两侧有许多横隔。浮囊体的下方(腹面)悬垂着千群,着生许多营养体、指状体、生殖体和触手。生活时触手延伸长达数米,表面长有无数剧毒的刺胞和能分泌消化酶的腺细胞。当触手触及猎物时,立即缩短缠绕被捕物,并射出刺丝进行捕食或防御(彩图17)。

表6-1　我国海域部分有毒和药用钵水母类及其分布

| 类别 | | 学名 | | 分布 |
|---|---|---|---|---|
| 钵水母纲 | 立方水母目 | 灯水母 | *Carybdea rastonii* | 东海、南海 |
| | | 火水母 | *Tamoya alata* | 东海南部 |
| | 冠水母目 | 灯罩水母 | *Linuche draco* | 南海、西沙群岛 |
| | | 红斑游船水母 | *Nausithöe punctata* | 东海南部、南海 |
| | 旗口水母目 | 金黄水母 | *Chrysaora helovola* | 东海南部、南海 |
| | | 夜光游水母 | *Pelagia noctiluca* | 东海南部、南海 |
| | | 马来沙水母 | *Sanderia malayensis* | 东海、南海 |
| | | 白色霞水母 | *Cyanea nozaki* | 全国沿海 |
| | | 紫色霞水母 | *Cyanea purpurea* | 东海南部 |
| | | 发状霞水母 | *C. capillata* | 东海北部以北 |
| | | 海月水母* | *Aurelia aurita* | 全国沿海 |
| | 根口水母目 | 向心水母* | *Lychnorhiza arubae* | 东海南部、南海 |
| | | 海蜇 | *Rhopilema esculentum* | 全国沿海 |
| | | 黄斑海蜇 | *R. hispidum* | 东海南部、南海 |
| | | 叶腕水母 | *Lobonema smithi* | 东海南部、南海 |
| | | 拟叶腕水母 | *Lobonemoides gracilis* | 东海南部、南海 |
| | | 野村水母 | *Nemopilema nomurai* | 29°30′N以北沿海 |

注：*为外国文献列为有毒种类，我国未见证实。

该种漂浮于水域上层为典型漂浮生物(neuston)，其分布受风向、风力、海流及潮汐的支配。生活时浮囊体呈紫蓝色，在阳光下的水域表层，多而长的柔软触手无节奏地摆动甚是优美，因此，吸引不知情的游泳者触摸玩弄，结果被螫伤者甚众。该种刺胞含有很强的肽类神经毒素，分子量240 000，其冻干粗毒中有9个肽组分，并含磷脂酶A、B。人被螫伤后局部出现鞭痕状红斑、丘疹，疼痛，中、重度中毒者开始出现全身性中毒症状致死。但该毒素提取物可研制成作用于心血管与神经、肌肉的药物。

这些有毒钵水母类的形态特征、生态习性及地理分布的详细内容请见本书第二章"钵水母类的分类"和第三章"中国海域钵水母类区系特征"。

## 二、致毒方式及对人体的伤害

**1. 致毒方式**

各种有毒海洋动物以直接或间接方式致人中毒，一般可以归纳为三大类型。

**(1) 食用中毒**

这是由于人们直接误食有毒种类，如鱼类的河鲀、贝类的织纹螺等，也称原生毒素，或间接误食并非自身有毒的种类，这些种类在食物链环节上，被外源毒素如有毒赤潮生物或水域污染含有生物不易降解的物质以及重金属离子等毒化，在其体内累积的也称次生毒素而致毒。这种因食用中毒的毒素，一般为不易被加热或肠胃液消化酶所分解和破坏的小分子非蛋白化合物。

**(2) 创伤中毒**

海洋中许许多多的有毒动物其毒性物质是通过不同防卫、攻击结构（装置），如刺细胞（腔肠动物）、毒刺、毒棘（鱼类、棘皮动物）、齿舌（腹足类）、毒牙（海鳝、海蛇）等攻击、创伤人体表皮，造成毒素进入人体而致毒。这类动物的毒素通常为肠外毒素（parenteral toxins），是大分子蛋白质或肽类化合物，可以被加热和肠胃液消化酶所分解和破坏。

**(3) 接触中毒**

有些有毒动物没有机械性的创伤装置，其毒素是由皮肤有毒腺体分泌产生含毒黏液于体表，使人体接触而中毒，如软体动物的海兔类（*Aplysia*）、多种无鳞鱼类。

有毒钵水母致毒方式属于创伤中毒类型。这是腔肠（刺胞）动物共有的一种防卫、攻击方式。是由这类动物特有的刺细胞里一个特殊细胞器——刺丝囊弹射出有毒刺丝螫入人体皮肤而致毒。有毒刺细胞在静止时，胞内毒液离子浓度极高，由于刺丝囊有双层壁，较厚，水不能渗透，囊内渗透压可高达 140 个大气压。当刺胞受到外刺激（机械、化学或生物）触动触发器，水被渗透入内，产生强大水压，将囊内刺丝弹出，弹射速度高达 2 m/s，相当于重力加速度的 4 万倍，所产生的力量不仅可射穿小型甲壳动物角质层，而且能射穿人体皮肤，深至真皮层，释放出毒液使被袭击者致毒。

有关刺细胞和刺丝囊的形态结构、刺丝类型的详细内容，见本书第一章第二节。

**2. 对人体的伤害**

人体被有毒钵水母螫伤中毒后，引起的皮肤变态反应，在医学上称为"刺胞皮炎"，可分为轻、中、重三度。轻度仅有螫感或螫伤部位出现小红点；中度可在被螫伤部位皮肤出现风团水疱或瘀斑，有强烈的烧灼感；重度出现全身中毒反应，甚至死亡。人体被螫伤的概率及损伤程度取决于致毒种类的种群大小和毒性以及螫伤面积，而中毒程度则与人体个体对毒素敏感和耐受性有关，差别很大。

世界海域已记录钵水母纲 5 个目，除十字水母目以外，其他 4 个目都有有毒种类，尤以立方水母目的一些种类毒性最强，如细斑指水母(*Chironex fleckeri*)[俗称海黄蜂(Sea wasp)]、方指水母(*Chiropsalmus quadrigatus*)、手曳水母(*C. quadrumanus*)和袋状灯水母(*Carybdea marsupialis*)等，它们主要分布于印度—太平洋热带海域。细斑指水母被认为是这类有毒水母的典型代表，是最危险致死性海洋生物之一。据报道，人被螫伤后可在 30~60 s 内死亡。据推测一个成体细斑指水母的毒素足够杀死 3 个成年人。该种在澳大利亚昆士兰州近岸水域曾造成不少人死亡。据统计，在近 25 年中因被螫致死的人数约有 60 人，而与此同期死于鲨鱼之腹的只有 13 人。所幸上述几种剧毒致死种类在我国海域尚未发现。

我国海域已记录 17 种致毒种类。根据数十年来对钵水母类的调查研究，并参考国内外有关文献，作者认为在我国沿海对人体安全构成威胁的钵水母主要有野村水母(俗称沙海蜇)、海蜇、黄斑海蜇和白色霞水母 4 种。这些种类具有种群数量大、分布广、螫人概率大的特点，其中最危险致死性的剧毒种类只有野村水母一种。该种在我国海域夏、秋季分布于 29°30′N 以北、122°30′E 以东，东海北部至黄、渤海区沿海近岸，几乎每年都发生人群被螫伤致死的事件。据报道，1985—1988 年间，在北戴河近岸就有 3 030 人被螫伤，其中 4 人死亡，仅 1987 年 7 月 29 日至 8 月 5 日数日内就有 1 583 名游泳者被螫伤，其中 1 人死亡，最多的一天竟发生被螫伤人数达 322 人的严重伤害事件(张明良，李明，1988)。据《护理与康复》杂志 2005 年第 4 卷第 4 期报道，浙江省嵊泗县人民医院收治 33 例被螫伤患者，其中有 25 例为渔民。又据《人民军医》2006 年第 49 卷第 6 期报道，2005 年 7—8 月曾发生某部 1 500 多名官兵进行海上训练时，有 342 名官兵被水母螫伤事件。更有甚者，据新华社沈阳报道，有一名女性游客在营口金沙滩海滨浴场被沙海蜇螫伤致死，引起死者家属状告该浴场及金沙滩风景区管理处"没有尽到管理职责"，索赔 44 万元的民事纠纷案件。此外，每年夏季全国沿海地区媒体报道海滨游泳人群被"水母"或"海蜇"螫伤事件屡见不鲜，遗憾的是被螫伤员、医生和记者都未能识别是何种致毒种类,未能为科研提供参考价值。但却反映了我国沿海有毒水母类(包括水螅水母)已成为社会的一种公害。

同种有毒种类对人体的伤害程度因人而异,差别非常明显。1964年6月,作者曾带领鱼类学与水产资源专业的三十多位学生到浙江舟山蚂蚁岛渔业公社进行海蜇资源调查的生产实习,参加了当地夏季海蜇汛期生产,从海上捕捞到岸上加工处理全过程,并进行大量海蜇生物学测定工作。其中有十多位学生和一位老师被蜇伤,引起不同程度的刺胞皮炎,多数为轻度,少数发生双眼红肿、刺痛感和口唇麻木感,但未发生全身症状。而其他老师和学生则毫无反应。这一现象当地渔民也同样出现。显然这与每个人的免疫系统对海蜇毒素反应不同。

### 三、毒素和毒性

腔肠(刺胞)动物的刺胞毒素研究始于20世纪初,首先发现的是毒素的致敏性,以后随着越来越多的毒素被发现,研究的范围也在扩大,包括药理学、药物学、毒理学和动物毒素学等各个领域。目前虽然对其中几十种动物毒素的化学、毒物学的特性有所了解,对个别种类已分离出一种或几种毒素,对这些毒素的特性和作用机制有了进一步的认识。但是总体来说,对刺胞毒素的研究还有待加强。这对刺胞动物蜇伤的防治措施及研发新药物均有重要意义。

#### 1. 毒素的成分及理化特性

刺胞毒液成分非常复杂,含有很多未知的生物活性和新奇结构化合物。其主要成分是有毒蛋白质、多肽和酶类,大多数分子量为1万~50万。低分子量的物质有四胺类、组胺、5-羟色胺、肾上腺素、去甲肾上腺素以及氮碱等。结构式如图6-1。

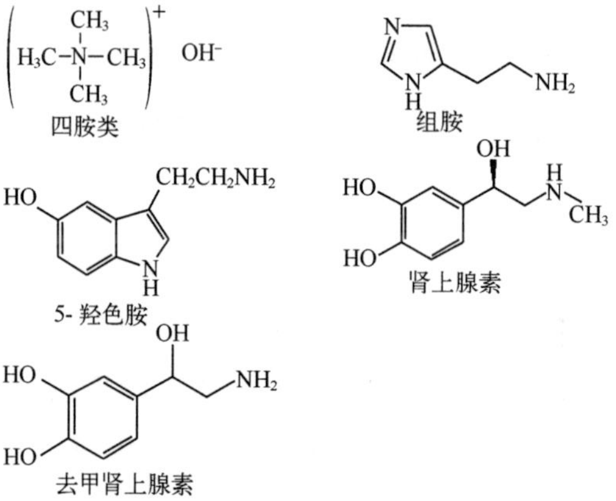

图6-1 结构分子式

每种刺胞含有多种毒素，不同刺胞动物也可含有相同或相似的毒素。由于刺胞毒液稳定性差、不耐热，又含多种蛋白酶，pH值的变化对其影响较大。因此，毒素分离、提纯的过程较为复杂，难度较大，必须采用不同的方法提取不同种类的毒素，所以水母毒素在生物活性与中毒机理方面的研究滞后于其他有毒生物的毒素研究。

为了使毒素保持稳定和活性，在毒素缓冲溶液中加入 NaCl，$(NH_4)_2SO_4$，EDTA，牛血清蛋白 BSA 等，可提高毒素的稳定性。

**2. 毒性和毒性作用**

由于水母种类繁多和毒素成分的复杂性，所以水母毒素的毒性具有多种活性，据毒理学的研究，刺胞毒液主要有以下毒性。

**(1) 皮肤毒性**

凡被有毒水母刺胞蜇伤多数没有潜伏期，会立即出现刺胞皮炎。轻度的自觉烧灼感，在被蜇局部皮肤出现红肿或丘疹，3~4 天后脱落皮屑自愈；中、重度的出现风团水疱或瘀斑，剧痒难忍；重者则出现剧痛，红肿、发烧 38℃ 以上，出现口吐泡沫、口唇青紫、呼吸困难等全身反应，甚至死亡。给实验动物注射发状霞水母刺胞毒素，除了引起平滑肌收缩，还可以使心肌收缩，在注射部位出现青紫色斑，逐渐发生皮肤坏死，这种作用不能被新安替根(Mepyramine)的预处理所阻断。加热可使这类毒素灭活。灯水母(*Carybdea rastonii*)刺胞毒素 CrTX-A(43ku)能使上皮和真皮糜烂。

**(2) 肌肉毒性**

多种毒蛋白引起平滑肌、骨骼肌、心肌持续性强烈收缩。野村水母(*Nemopilema nomurai*)毒素能直接作用于骨骼肌细胞膜，改变细胞膜的离子通透性。发状霞水母刺胞毒素含有的肌肉毒素可使平滑肌、心肌、骨骼肌持续不可逆痉挛收缩，并且使阿托品或帕拉米(pyramine)所阻断。细斑指水母毒素胱氨酸化合物——3-吲哚衍生物，可引起人体心肌和平滑肌强烈收缩而产生痉挛、瘫痪，呼吸衰竭和心肌抑制而迅速致死。灯水母毒素组分 PCrTX 可引起支气管平滑肌缓慢紧张，1 h 后达到最大。

**(3) 心脏毒性**

刺胞毒素可使心肌细胞去极化，局部钠离子流入，膜电压降低；也使钙离子通道开放导致钙离子流入过量而引起冠状动脉痉挛，心肌收缩乏力，心律失常。

野村水母毒素可直接抑制心肌，减少冠状动脉血流量和心脏收缩幅度导致心衰、呼吸窘迫等综合性中毒症状（急性肺水肿）而死亡。细斑指水母毒素、发形霞水母毒素也均含有心脏毒素，使胃、肝脏、肺和右心室静脉收缩，导致房室传导阻滞和缺血，使 ST 段下移，T 波反转，死于右心室收缩，是造成螫伤人体致死的主要原因。

**（4）细胞毒性**

细斑指水母毒素还有溶血、溶细胞和造成皮肤坏死的作用。刺胞毒素一般都有溶血性，其溶血作用是由毒素中的溶血素直接作用，多见的溶血素为多种磷脂酶、皂素等。这些毒素可与红细胞膜结合，损伤细胞膜而使细胞溶解。

**（5）神经毒性**

刺胞毒素一般都含有麻痹神经毒素。剧毒种类其神经毒素阻断神经传导，引起心律失常，心室颤动致死。

随着新技术的应用，人们对刺胞毒素的成分和毒理有了更多的认识。水母刺胞毒素对人体心血管、神经、肌肉、皮肤等产生危害，也影响细胞内外离子的转运。细胞毒性和酶样活性在作用上具有相关性，毒素的作用还与浓度、纯度等因子有关。对毒素的分离及药理研究，将是开发具有独特功效的心血管和神经系统药物的重要途径。

**3. 中毒的临床表现**

被有毒海洋动物螫伤、刺伤中毒或食用中毒，一般都要经过一定的潜伏期才会表现出局部或全身中毒症状。而被有毒水母螫伤中毒则无潜伏期，立即在创伤部位出现急性皮损症状，这一特性有别于被其他有毒动物螫伤。另一特征是由于水母类的毒素为肠外毒素，因此，被螫伤中毒后，不出现胃肠道症状。

水母类螫伤致毒的临床表现极其错综复杂，常因致毒种类的毒素不同、注入毒素质量不同，以及人体对同种、等量毒素的反应也因人而异等多种因素的影响而表现不一。现将常见螫伤中毒临床症状简介如下，以供现场鉴别施救参考。

**（1）局部症状**

无论被何种致毒水母类螫伤，立即会在被螫伤部位皮肤出现红、肿、烧灼感或麻木感等功能障碍的炎性表现。如被长有长触手的种类（霞水母、火水母等）螫伤，在被螫部位会出现鞭痕状红斑、丘疹并有剧痒感等急性皮炎症状（彩图 18）。

**（2）全身症状**

无潜伏期，立即出现典型的过敏性局部皮炎，严重中毒者出现胸闷、心悸、呼吸困难、剧烈咳嗽、血压下降等危重症状，但不出现胃肠症状。

**(3) 典型症状和并发症**

被剧毒种类或有毒种类大面积螫伤中毒患者，除了出现早期局部症状以外，在短时间内出现典型中毒症状和并发症，可导致死亡，其临床主要表现在以下几种重危症状。

①呼吸衰竭：这是一种严重和危险的呼吸系统中毒症状。主要是神经毒素中毒所致。早期出现胸闷、心悸、呼吸困难，黏液分泌亢进，心率加快、血压上升等现象。病情恶化时，伤员出现烦躁不安、紫绀明显、呼吸浅表、无意识动作，继之出现呼吸节律不齐，严重者出现叹息一样点头状呼吸、瞳孔放大对光反射迟钝、咽喉分泌物增多、血压下降、昏迷、抽搐等呼吸停止先兆。

②休克：严重中毒者都可引起休克。这是由于各种原因引起急性循环机能不全，表现出组织和器官供血不足，微循环缺氧的结果。早期表现为出汗、头晕、心率加快，血压下降。继之出现代谢性酸中毒和形成微血管血栓，内循环平衡失调，表现出神志淡漠，皮肤苍白、四肢冰冷、呼吸浅促、血压迅速下降，出现脉压差小，晚期可能导致血压测不出，全身广泛出血，进入昏迷状态。

③急性肾功能衰竭：中毒者早期出现肾区疼痛，急性少尿、血尿。继之出现肾功能障碍，体内代谢产物潴留，出现不同程度全身性水肿，甚至肺水肿、脑水肿症状。又因水、盐代谢紊乱而引起一系列生化变化，代谢性酸中毒和尿毒症。

④中毒性心肌炎：这是由于毒素直接或间接对心肌造成损伤而引起的急性心肌炎症。临床表现胸闷、心前区不适、心悸、心律不齐，心率加快或减慢，心电图检查可见束枝传导阻滞或房室传导阻滞等现象，最终导致心肌功能衰竭而死亡。

⑤神经系统功能障碍：严重中毒往往导致神经系统功能障碍。临床表现为运动失调、震颤、反射亢进或迟钝，感觉异常、谵妄，甚至瘫痪或昏迷、抽搐、呼吸麻痹而死亡(宋杰军等，1996)。

## 四、救治原则及预防措施

**1. 救治原则**

发生水母螫伤事件，现场都在海上作业场所、海水浴场或郊外海边海岛，距医疗单位都有一定路程。因此，特别是发生剧毒种类(如沙海蜇)严重螫伤中毒事件，在将伤员送往医疗单位之前应及时采取救治，以防螫伤面积进一步扩大是十分必要的。

**(1) 清除毒物**

迅速采用干衣服或干沙用力将被螫伤的皮肤擦拭干净(附着在皮肤表面的残存刺胞),可有效地将那些尚未释放的刺胞清除,以防被螫面积进一步扩大,伤情加重,这是最重要、最有效的办法。如果现场可弄到胶布或胶纸(医用、商用均可),先将螫伤皮肤擦干,然后用胶布或胶纸用力压贴伤处,然后撕掉,更换数次,可将残存未释放刺胞或已释放而刺入皮内的刺丝黏住一并拔掉,其效果最佳。切忌用淡水或药物冲洗患处,非但无效,还可因渗透压骤变或药物的刺激,促使刺胞大量释放加重螫伤。

**(2) 静卧送医**

让伤员在阴凉处保持静卧休息,保持呼吸畅通,尽量减少心肌负担,这延缓中毒性心肌炎和呼吸衰竭等致命症状发生,争取时间速送伤员就医的急救措施。

**(3) 民间疗法**

目前对刺胞皮炎尚无显著疗效的药物。但是在各地渔村,尤其是海蜇主要产区的渔民,都有多种传统救治疗法和丰富经验。作者于20世纪60年代中期多次在浙江舟山渔区亲自体验两种行之有效的治疗方法。其一是采用明矾溶液(随意浓度)涂抹患处。明矾是腌渍加工海蜇主要原料(其作用详见本书第七章),便宜易得,几乎家家户户都有。其二是采用伤者自己或他人唾液涂抹患处。对交通不方便、远离医院的边远海边、海岛发生螫伤事件,也可以采用民间疗法。

**2. 预防措施**

刺胞皮炎是一种海洋职业性皮肤病,近30多年来,随着海洋资源的开发利用以及海滨旅游、休闲渔业的迅速发展,涉海人群猛增,沿海刺胞动物伤人事件越来越多。因此贯彻"预防为主、防患于未然"的方针,是保障人民健康的一项重要措施。

**(1) 加强科普知识教育**

撰写出版有关科普读物,视听材料;办好自然博物馆、展览馆;举办有关科普讲座和利用中、小学生海洋夏令营进行科普教育等活动。提高全民尤其是青少年,对可能造成螫伤致毒海洋动物种类的识别,了解它们的分布地区、出现季节、栖息环境、生态习性和防护办法、急救措施等基本知识。

**(2) 提高个人防护意识**

关心海上作业人员人身安全。相关生产单位应配备、发放必需的劳动防护用品、装备并教育、督促检查安全生产程序,严防意外事故发生。

提高个人防护意识。滨海旅游、休闲渔业活动必须随身携带防护用品、药品。

**(3) 健全管理制度**

在水母密集出现的海区和季节,各海滨游览景区,海滨浴场应设置有效的防护网、警告牌、张贴有关宣传广告,警示、教育游客(特别是内陆青少年游客)识别有害及危险生物种类。设置急救站及专职人员,给予游客必要的咨询与帮助。

## 第二节 药用的钵水母

### 一、概述

中(国)药来源于动、植物(及其产物)和矿物三大类,历来海洋动、植物是其重要组成部分。

远在公元前3世纪,我国医学文献《黄帝内经》中,就有以乌贼骨作丸饮,以鲍鱼汁治疗血枯的临床实践记载。随后,历代的许多医药专著,都有药用海洋生物的记载,如秦汉时代(前221—公元25年)的《神农本草经》记有9种药用海洋生物。唐代医学家陈藏器的《本草拾遗》、刘恂的《岭表录异》就记载了海蜇的药用。明代大医学家李时珍(1518—1593)的《本草纲目》记载了90多种药用海洋生物,清代药学家赵学敏(1719—1805)的《本草纲目拾遗》记载110种药用海洋生物。此外,在历代其他医药学、博物学的文献中还有大量记载。这些药用海洋生物,不少种类至今在中医临床处方,尤其是在沿海地区民间仍被广泛应用。这是中国古代医学家对人类的重大贡献,不仅是中国,也是世界医药的一个重要宝库。

现代海洋药物的研究始于20世纪60年代。随着生活环境污染的加剧,人类心脑血管疾病、恶性肿瘤、糖尿病以及老年痴呆症等疾病患者日益增加,威胁着人类的健康,而新疾病又不断出现,仅病毒病世界上平均每年就新增加2~3种。人类迫切需要寻找新的、特效的药物来攻克这些疾病。国际上许多医药科学家,为寻找攻克疑难杂症,着眼于海洋,认为海洋生物是发展新药物及其导向物的重要药源,提出"向海洋要药物"(Drugs from the sea)的口号。目前全世界已从海洋生物中找出近2万种天然化合物,其中25%来自海藻,33%来自海绵,18%来自腔肠动物(多数来自海葵和珊瑚类),另外24%来自海鞘、软体动物、棘皮动物和苔藓虫等海洋无脊椎动物以及细菌、真菌。目前已有数十种海洋药物正在进行抗癌、抗感染、抗痛以及抗艾滋病等临床治疗的评估。

我国现代海洋药物的研究始于20世纪70年代末期，落后世界先进国家20年。1978年3月召开全国科学大会，当时的国家科学技术委员会、卫生部采纳了"向海洋要药物"的提案。其后我国海洋药物的研究开发作为一门新兴学科得到国家的重视、扶持。

目前，我国有关专著记载的药用海洋生物有1 000多种，但实际应用的药用海洋生物只有20多种，其中在《中华人民共和国药典》收载的只有10多种，而大约有15种药用海洋生物被直接制成20多种中成药。由此可见我国药用海洋生物药源丰富，为进一步研发提供物质基础。近30年来，我国已从海洋生物中分离鉴定了近3 000个具有较强活性、构架独特的海洋生物化合物。主要有萜类、生物碱、甾醇化合物等，其中约20%具有生物活性，自主研制开发成产品的有10多种。另外还有以药用海洋生物作为中成药的组分形成的20多种中成药和几十种海洋保健品。海洋医药生产已逐步发展成为新兴产业。据不完全统计，全国海洋药物正常生产品种近70种，海洋药物生产企业60余家，年产值约140亿元。

## 二、药用种类的形态特征、生态习性和分布

我国海域目前已知具有天然产物药理作用的钵水母种类见表6-1，这些种类的形态特征、生态习性和地理分布的详细内容，见本书第二章和第三章的内容。

## 三、药用种类在药学开发中的应用

药用的钵水母类除了传统中（国）药将海蜇直接入药之外，近代都间接从生物体筛选分离提取其生物活性物质（多数提取其刺胞毒素），具有较强活性架构独特的化合物，如多肽、酶类以及毒素。在对这些活性物质研究的基础上开发新型海洋药物。

### （一）直接应用

我国是世界上最早开发药用钵水母类资源的国家。早在唐代医学家已记载海蜇的药用价值，例如：陈藏器的《本草拾遗》记有海蜇能"疗河鱼之疾"、刘恂的《岭表录异》记有"性缓补"。明代学者冯时可的《雨航杂录》记有海蜇"治积"，尤其是大药学家、博物学家李时珍（1518—1593）对海蜇的药用研究更深，在他的医药巨著《本草纲目》记有：气味碱温无毒。治妇人劳损，积血下带。小儿风疾丹毒。

汤火伤等。清代赵学敏(1719—1805)的《本草纲目拾遗》收载的海洋药用生物增加到100多种，包括海蜇。沿海地区的地方志有关海蜇药用的民间验方更是不胜枚举。遗憾的是近代国人却疏于对药用钵水母进一步研发。在生物物种形成的漫长进化过程中，分类学上越接近的同一科、属的种类，其亲缘关系的程度越密切，体内所含化学成分和生物活性越近似。生产于我国海域的海蜇(*Rhopilema esculentum*)——这种仅分布于中国、日本和朝鲜半岛海区近岸的物种可视为该属药用钵水母类的代表种，对它的研究将提供相关学者寻找新药源的启迪。

**(1) 海蜇 *Rhopilema esculentum* Kishinouye，1891**

俗名：水母(广东)、海蜇(江、浙)、鲊(福建、台湾)、面蜇(辽宁、山东)。

形态特征：见本书第二章。

产地：广泛分布于我国沿海，以浙江、辽宁、江苏、山东和福建分布最多。

化学成分：每100 g食用部分含水分65 g、蛋白质12.3 g、脂肪0.1 g、灰分18.7 g、糖2.7 g、钙182 mg、磷微量、铁9.5 mg、硫胺素0.01 mg、核黄素0.04 mg、尼克酸0.2 mg、碘13.2 μg。

功效：清热化痰，消肿散结，益气健脾，祛风止痛，降压通便，治崩止带，补益催乳。

**(2) 黄斑海蜇 *Rhopilema hispidum* Vanhöffen，1888**

俗名：水母(广东)、荔枝鲊、柚皮鲊(闽南)、花鲊(汕头)。

形态特征：见本书第二章。

产地：厦门以南沿海、广东、广西、海南沿海均产。

化学成分：药理作用及应用功效与海蜇基本相同，被视为海蜇，直接入药。

以下也提供一些民间验方。

①治疗慢性气管炎、热痰咳嗽。自制复方海蜇片：海蜇皮50 g(制成浸膏后烤干磨粉)、牡蛎、蛤壳各5 g(煅烧混合磨粉)，加适量蜂蜜调匀压片(0.5 g/片)，每次口服3~4片，日服3次，10天为一疗程。

②治疗颈淋巴结核。取海蜇皮50 g(漂净)，鲜荸荠200 g，加水煎服，每日一剂，15~30天为一疗程。

③治疗哮喘。取海蜇皮、鲜猪血各50~100 g炖服(可加适量调味品)，每日一剂。

④治疗高血压。取海蜇皮200 g，鲜荸荠600 g(洗净、带皮)，加水适量制成流浸膏200 ml。每次口服10~15 ml，每日2次。有效率82.6%。

⑤治疗胃溃疡。海蜇、大枣各500 g，红糖250 g，加水文火煎制成膏，日服3次，每次30～50 ml。

⑥治疗小儿积滞。取海蜇皮、鲜荸荠（随意量）加水煎服（除去海蜇，只食荸荠）。

⑦治疗阴虚，大便燥结。取海蜇50 g，荸荠100 g，生地100 g，水煎口服，每日3次。

⑧治疗产妇恶露不尽，妇女血崩。取海蜇和白糖（随意量）腌泡数日，每日适量服用1次。选取伞部呈红褐色的海蜇，取其伞部腹面褐色肌膜（俗称血衣），加糖适量煎服。每日一剂。

⑨癌症辅助疗法。用海蜇皮、海带等量炖服。有抑制癌症发展的作用。

⑩产妇催乳。取鲜海蜇（洗净切碎），日食1小碗，2日见效。

⑪治疗痈毒、无名肿毒和脓性甲沟炎。用三矾海蜇皮洗净外敷患处，有消炎排脓作用。海蜇皮用白糖霜揉软，按患处大小剪块，中开一小孔贴于患处。

⑫治疗头痛、风湿膝关节痛。取三矾海蜇皮剪块，贴于两侧太阳穴或贴于髌骨处。

## （二）间接应用

提取、分离其天然产物应用于医药试验。

### 1. 根口水母目 Rhizostomeae

**海蜇** *Rhopilema esculentum* Kishnouye，1891

提取物：海蜇溶液，糖胺聚糖。

作用：①海蜇溶液：将1g海蜇头微热使其溶成1 ml溶液，灌注离体蟾蜍心脏，能减弱心肌收缩力，与阿托品可产生对抗作用，毒扁豆碱则可在一定程度上加强，故似有乙酰胆碱样作用。

同上法制成的煎液，以0.8～1.0 ml/kg，静脉注射于麻醉兔，可以降低血压，并使小肠容积增加（舒张血管），肾容积缩小。以此煎液灌注于兔耳血管及蛙全身血管后，亦有扩张血管作用。

②海蜇糖胺聚糖（R-GAG）：灌喂高血脂症小鼠实验证明，R-GAG对高血脂症小鼠血清总胆固醇（TC）和甘油三酯（TG）值具有显著降低作用（金晓石等，2007）。

## 2. 立方水母目 Cubomedusae

### 灯水母 *Carybdea rastoni* Haeckel，1886

形态特征：见本书第二章。

产地：东海南部至南海（福建、广东、广西、海南）沿海。

提取物：刺胞毒素。

作用：毒素浓度大于 $1\times10^{-7}$ g/ml 时，可引起实验动物（大鼠）支气管干滑肌缓慢紧张，1 小时后达到最大。其作用可被酚妥拉明（$5\times10^{-6}$ mol/L）、吲哚美辛（$1\times10^{-6}$ mol/L）的预处理而部分抑制。其毒素作用可能与 $Ca^{2+}$ 的激活有关。

## 3. 旗口水母目 Semaeostomeae

### (1) 白色霞水母 *Cyanea nozakii* Kishinouye，1891

俗名：腐蜇（江、浙）、面线鲊、烂头鲊（闽南）。

形态特征：见本书第二章。

产地：我国沿海均产。

提取物：刺胞毒素（肽类毒素）、胶原蛋白。

作用：①毒素具有较强心脏毒性，主要反映为血压、心律、心率等的变化；皮肤毒素引起刺胞皮炎，皮肤坏死。②胶原有效减轻实验动物（大鼠）佐剂型关节肿胀（adjuvant arthrilis. AA），显著降低 AA 大鼠血清丙二醛（MDA）、一氧化氮（NO）水平，提高血清超氧化岐化酶（SOD）的活性。

### (2) 发状霞水母 *C. capillata*（Linnaeus，1758）

形态特征：见本书第二章。

产地：东海至黄海北部。

提取物：提取及部分纯化刺胞毒素。

作用：①心脏毒素。静脉注射实验动物，可引起胃、肝、肺、和右心室静脉收缩。可产生心脏房室传导阻滞和缺血，使 ST 段下移，T 波反转，导致右心室收缩而死亡。②可以使皮肤坏死，又不被 mepyramine 的预处理而阻断，但可以被热处理（煮沸）所破坏。③可产生对平滑肌、心脏肌和横纹肌不可逆的痉挛作用，但可被阿托品或帕拉米（Pyramine）所阻断。平滑肌在毒素作用后，对乙酰胆碱或组胺的敏感性下降。

### (3) 海月水母 *Aurelia autita*（Linnaeus，1758）

形态特征：见本书第二章。

产地：黄、渤海至东海北部较为常见。

提取物：肽类（伞缘神经节分离的物质）。

作用：影响神经传导（加快或抑制）。在 1 ml 小于 50 个神经节量的浓度时，加快完成神经节的节律，在 1 ml 大于 50 个神经节量的高浓度时则起抑制作用。

钵水母类毒素对心血管、神经、肌肉、皮肤的毒性以及对细胞内外离子运转的影响、细胞毒及酶样活性，在作用上具有相关性，多数毒素具有几种不同的作用，而且毒素的作用与其浓度、纯度等因素有关。研究其药理作用，是开发具有独特功效新药物的重要途径，也为被有毒水母蜇伤中毒救治提供理论依据。

## 四、药物研发存在的问题与对策

### （一）存在的问题

**1. 技术难度大**

海洋生物活性物质具有含量低微、化学结构特异以及毒素剧毒性特性，造成了目前对海洋生物活性物质研发最大的技术难题。

**(1) 海洋生物活性物质天然含量低微性**

海洋生物多样性及其生物活性物质的多样性是海洋药物开发的物质基础。然而，由于生物活性物质尤其是其中的毒素在海洋生物体内天然含量极低，筛选提取相当困难，而且成本很高，短期内难以达到经济效益。例如，从 1 000 kg 海鳝肝脏中只能提取到 1 mg 纯西加毒素（Ciguatoxin）。

**(2) 生物活性和物质的化学结构新奇性**

海洋生物活性物质的化学结构新奇而且复杂。在分离纯化和人工合成的研发工作上有很大难度。

**(3) 毒素的剧毒性**

海洋生物毒素的特点是化学结构新奇，分子量较小，作用机理特异，毒性剧烈。有些获得分离提纯的生物毒素，虽然在动物实验表明其具有较为广泛的药理作用和应用前景，但由于天然毒素毒性极为强烈，在临床应用极不安全。例如，去溴海兔毒素，虽然对 P-388 白血病小鼠有较佳疗效，在 1.5 μg/只剂量时，存活期可延长 67%，但由于其 $LD_{50}$ = 1.5 μg/只，因此不可能直接进入临床作为抗癌药物使用。

**(4) 海洋生物药源不稳定性**

海洋生物多样性是自然界赋予人类的宝贵财富，也是海洋药物研发的物质基础。由于海洋生态环境的特殊性和复杂性，造成任何一个物种的生物量都处于较大幅度的变动。从 20 世纪以来，由于人口剧增，滨海城市化，陆上工业、生活污水径流入海，加剧了沿海水域污染恶化，海洋生态系统退化，人类无度、无序和不负责任地开发海洋资源的活动中种种因素的干预，导致生物资源的破坏和衰退，加剧了海洋药用生物资源大幅度变动，造成药源极不稳定。例如，传统药用的海蜇，历史上药源丰富，而 20 世纪 80 年代以后，许多主要产区海蜇渔汛逐步消失。

**2. 高科技基础薄弱**

我国现代化海洋药物研发起步较晚，尽管近 30 年来发展较快，取得显著成果，然而总体来看，目前在研发资金投入、创新研发平台的建立以及设备与其他先进国家比较存在很大差距。利用基因工程、细胞工程、发酵工程、生化工程等生物高科技手段进行海洋生物活性物质的分离、纯化的研发处于初始阶段。近 30 年来，我国自主研究获得成功的海洋药物只有 10 多种，远远落后于先进国家。

**3. 产业化水准低**

我国国内医药市场广阔，长期以来绝大多数医药企业仅满足于应用传统中(国)药技术产品占领国内市场。因此，在某种意义上阻碍了中国医药的现代化进程。

目前已经开发的 10 多种海洋药物绝大多数为中药理论中使用的海洋天然物，而且其中大部分的长期疗效还有待进一步验证，真正能称为海洋新药的很少。至于开发出的几十种海洋保健食品也只有少数是功能因子已知的保健食品。

### (二) 对策

①调整海洋产业结构，扶持发展海洋药业。海洋医药业是一项新兴海洋产业，它具有潜在的社会效益和经济效益，不仅与国民健康息息相关，也是整个海洋经济的重要组成部分。2002 年我国医药总产值为 3 300 亿元，2003 年为 3 800 亿元，其中海洋药物约占总产值 10%，即近年我国海洋药物总产值约 350 亿元，其中约 20% 的产值为近 20 年来研发的新产品创造的。此外，2002 年和 2003 年平均保健品总产值约 225 亿元，其中海洋生物保健品也约占 10%，即 20 多亿元。因此，近 20 年来研发的海洋药物和保健品平均年产值约为 100 亿元。

②加大海洋科技教育投入，实施人才战略。海洋领域的发展，人才是关键。

目前我国总体来说海洋领域的人才，尤其是高层次、高水平人才十分缺乏，是海洋药物研发滞后的主要原因之一。

③扩大对外交流与合作，依靠科技进步，大力发展高新技术、改造和提升传统海洋药物产业，结合自身优势，积极参与国际竞争。

④进一步完善、健全我国海洋法律体系。严格执行海域使用和管理，加强近海环境保护，维护海洋生物资源可持续利用。

⑤扩大药用海洋生物资源调查。在辽阔浩瀚的海洋里，蕴藏着15万~20万种海洋生物，中国海域已确定的海洋生物有22 629种（刘瑞玉，2008）。目前药学及相关学科工作者对其认识和利用只是凤毛麟角，知之甚少，为了扩大药源，给医药界提供充足、可供筛选的实验材料，扩大药用生物资源调查，寻找开发其天然产物含量高的或其化合结构易于人工合成、资源丰富的种类，是一项重要基础工作。

⑥发展药用海洋动、植物增养殖业，是稳定药源的重要途径。20世纪60年代以来，中国海产养殖业迅猛发展，海产养殖产量居世界首位。几乎所有传统药用海洋生物都已人工养殖成功，有的已实现大面积人工生产和工业化生产，改变了完全依赖自然的被动局面。

⑦大力发展海洋生物活性物质筛选、提取应用技术。通过生物技术手段，重点筛选、定向培育具有特定活性物质含量高、产量大的药用生物新品种。

## 参考文献

蔡学新，苏秀榕，杨春，等. 2008. 海蜇毒素的提取及活性测定. 水产科学，27(3)：145—147.

陈冀胜. 1993. 海洋生物活性物质的研究概况及展望. 中国海洋杂志，(1)：18.

高尚武，洪惠馨，张士美. 2002. 水螅虫纲、管水母纲、钵水母纲. 中国动物志，北京：科学出版社，27.

洪惠馨，李福振，林利民，等. 2007. 我国常见有毒腔肠动物. 集美大学学报（自然科学版），9(1)：32—41.

黄良民. 2007. 中国海洋资源可持续发展. 中国可持续发展总纲，北京：科学出版社，8.

黄美君，丁源. 1999. 我国海洋药物主要成分研究概况(Ⅱ). 中国海洋药物杂志，(37)：41—47.

贾晓鸣，肖良，聂非，等. 2008. 发形霞水母毒素溶血活性研究. 中国海洋药物杂志，27(2)：5—8.

金晓石，吴红棉，钟敏，等. 2007. 海蜇糖胺聚糖提取、纯化及其降血脂作用研究. 中国海洋药物杂志，26(4)：41—44.

李翠萍，于华华，陈晓琳，等. 2008. 白色霞水母蛋白抗氧化活性的初步研究. 海洋科学，32(7)：

65—69.

李时珍(明朝). 1989. 本草纲目. 北京：人民出版社.

廖永岩, 徐安龙. 2001. 中国蛋白肽类毒素海洋动物名录及其分布. 中国海洋药物杂志, (5)：47—57.

刘希光, 于华华, 刘松, 等. 2007. 海蜇不同部位的氨基酸组成和含量分析. 海洋科学, (2)：54—63.

秦士德, 张明良, 等. 1992. 大海里的小凶手——中国海域的刺胞皮炎. 青岛：海洋大学出版社.

宋杰军, 毛庆武. 1996. 海洋生物毒素学. 北京：科学技术出版社.

苏秀榕, 杨春, 黄晓春, 等. 2006. 两种海蜇毒素的分子标记研究. 海洋与湖沼, 37(3)：206—210.

万德光, 吴家荣. 1993. 药用动物学. 上海：上海科学技术出版社.

肖良, 张黎明. 2007. 水母毒素的研究进展. 中国海洋药物杂志, 26(6)：40—43.

杨春, 黄晓春, 苏秀榕, 等. 2005. 海蜇毒素的分子标记的研究. 浙江省生物化学与分子生物学学术交流会论文集.

于华华, 刘希光, 刘松, 等. 2003. 水母毒素研究现况. 海洋科学, 27(11)：27—29.

于华华, 刘希光, 邢荣娥, 等. 2005. 水母毒素蛋白凝聚现象的初步研究. 海洋与湖沼, 36(57)：413—417.

张尔贤, 俞丽君. 2000. 海洋生物活性物质开发利用的现状与前景. 台湾海峡, 19(3)：388—395.

张明良, 李明. 1988. 北戴河沙蜇伤人的调查研究. 中华医学杂志, 68(9)：499.

张明亮, 秦士德. 1991. 刺胞动物螫伤. 中国海洋药物杂志, (3)：35—50.

张文涛, 汤鲁宏, 陈伟, 等. 2008. 霞水母胶原治疗大鼠佐剂型关节炎的研究. 中国海洋药物杂志, 27(1)：35—38.

张奕强, 许实波. 1999. 水母的化学和药理学研究概况. 中国海洋药物杂志, (1)：43—48.

中国科学院南海海洋研究所. 1978. 南海海洋药用生物. 北京：科学出版社.

中国人民解放军后勤部卫生部, 上海医学工业研究所. 1977. 中国药用海洋生物. 上海：人民出版社.

中国药材公司. 1994. 中国中药资源志要. 北京：科学出版社.

《中国药用动物志》协作组. 1983. 中国药用动物志. 天津：天津科学技术出版社.

Baslow M. H. 1977. Marine pharmacology: a study of toxins and other biologically active substances of marine origin. GetCITED. org.

Halstead B. W. 1965. Poisonous and Venomous marine animals of the world. U. S. Government Printing office.

Kang C., et al. 2009. Cytotoxicity and hemolytic activity of jellyfish Nemopilema nomurai (Scyphozoa：Rhizostomeae) venom. Comparotive Biochemistry and Physiology—Part C：Toxicology and Pharmacology, 150(1)：85—90.

Kim E., et al. 2006. Cardiovascular effects of Nemopilema nomurai (Scyphozoa：Rhizostomeae) jellyfish venom in rats. Toxicology Letters, 167(3)：205—211.

# 第七章
# 水母类灾害与预防

20世纪90年代以来,世界各国媒体连续不断报道在世界许多国家的局部海区出现某些水母旺发(jellyfish blooms)泛滥成灾,对该海域渔业、临海工业、海洋运输和旅游业等造成巨大经济损失,对涉海人员人身安全构成威胁,成为社会公害而引起各沿海国家政府和科学工作者的高度关注。

本章将重点讨论我国海域大型钵水母类发生旺发现象的种类、成因、特点及其产生的危害,并对防灾、减灾提出建议。

## 第一节 海洋生物灾害概述

### 一、海洋生物灾害类型及其特点

海洋生物灾害是指海洋中某一物种在一定海洋环境条件和气象条件下异常行为直接或间接造成该海区生态环境、海洋产业、人类健康和社会经济遭受严重损失的现象。

海洋生物灾害从其发生种类分布的属性分为本地物种(indigenous species),也称土著种(native species)和外来物种(alien species, exotic species)也称迁入种(immigrantspecies)两大类型。

**1. 本地物种灾害及其特点**

本地物种是指某海区内生物进化过程中原先就已存在的自然分布的物种。它可以是这一海区的固有种,也可以是特有种或残遗种。它们自行繁殖、相互制约,成为该海区海洋生物群落的组成种群,在维持生态平衡和生物多样性有着极其重要的地位和作用。

有些本地物种,通常是生命周期短、繁殖力强和生长速度快的微型浮游藻类、原生动物、浮游动物以及低等无脊椎动物。例如赤潮生物、水母类、藻类等,在适宜的环境条件也会发生异常繁殖,在局部海区旺发成灾。这种灾害的特点表现为发生过程爆发性、灾期短,从发生到消失一般只有几天或者几个月的时间;灾区相对局部性,对海洋生态系统结构和功能会产生重大影响,但灾后能很快恢复。

**2. 外来物种和外来入侵种**

外来物种是指在某海区内原先不存在而借助于自然界外力的作用或人类活动被携带或引进的物种。它们包括亲体、受精卵、幼体、种子、孢子和其他形式能使种族繁衍的生物材料。

外来物种有利有弊。外来物种进入一个新海区后,有三种可能的结果。

其一是该物种不能适应新环境。在新海区自然或人工生态系统中不能存活或繁殖,沦为弱势物种最终失败而被淘汰。

其二是该物种能适应新环境。在当地海区自然或人工生态系统中存活、繁殖并形成一定种群,成为该海区生物群落的组成部分,依靠生物和环境自我调节,相互制约,维持相对稳定的生态平衡和生物多样性。

这类外来物种,通常具有很强的环境适应能力、生长速度快、产量高的特点,是人类有目的而引进的对人类有益的优良物种。例如,1982 年由中国科学院青岛海洋研究所从美国引进的海湾扇贝(*Argopecten irradians*)、1988 年从美国夏威夷引进的凡纳滨对虾(南美白对虾)(*Litopenanus vannamei*)、1992 年由中国水产科学院黄海水产研究所从英国引进的大菱鲆(*Scophthalmus maximus*)等。已成为我国海水养殖优良种类,促进了海水养殖业的发展。

其三是该物种也能适应新环境,但由于新环境缺少天敌和其他制约因素成为失控物种。导致其种群在当地海区自然或人工生态系统中,快速繁衍扩散,与本地物种争夺食物和生存空间,发展成为主宰该海域的"入侵者"并已经或即将给当地海区生态环境、渔业资源、生物安全和社会经济造成严重危害。这种现象称为生物入侵(biological invasion),造成生物入侵的外来物种称为外来入侵种(invasive alien species)。

外来生物入侵主要是由于人为有意引进(种)失误造成的,如 20 世纪 60 年代我国从南美引进的凤眼莲(也称水浮莲,*Elchhornia crassipes*),1963 年从英国、挪威引进的大米草(*Spartina angelica*)以及 70 年代末从美国引进的互花米草(*Spartina alterniflora*)未能达到预期的经济效益,反而造成生态灾害。也有的外来入侵种是附着在远洋船底[如沙饰贝(*Mytilopsis sallei*)]或压舱水中(如多种有毒赤潮生物)而被带入。

随着全球经济一体化的发展，既加速了外来物种的引进，同时也加剧了外来生物的入侵。值得注意的是外来物种造成的生态和经济效果常因时间和地点而有所不同，甚至截然相反。例如我国引进凤眼莲本意是作为猪饲料，观赏和净化水质；大米草在当地国具有很好的保滩护堤、促淤造陆的生态效果，然而引进后非但都没有达到期待的经济效益，反而失控疯长繁衍扩散，破坏潮间带生态系统，给海水养殖业造成巨大经济损失，2003年被国家海洋局定为第一批（16种）外来入侵种。又如，我国的中华绒螯蟹（*Eriocheir sinensis*）是一种名贵水产品，然而在1910年幼蟹被外轮压舱水带到法国进入莱茵河以后，迅速繁衍蔓延至泰晤士河等欧洲各水系。1912年扩展到比利时，20世纪20年代到丹麦沿岸，30年代在波罗的海、荷兰和法国都有记录，在欧洲成为破坏堤岸和网具的外来入侵种而被世界自然保护联盟（IUCN）认定为世界上危害最大的100种外来入侵种之一。

有的种类如原产非洲的罗非鱼（*Tilapia* spp），该属包括亚种有近100种，适应性强，为广盐性热带鱼类，具有性成熟短、繁殖快、以草食为主的杂食性鱼类，生长速度快、病害少、产量高等特点，已被世界许多国家和地区引进养殖。我国先后引进10多种（含杂交品种），经人工养殖获得很高的经济效益；又如原产墨西哥湾、美国西南部沿海的眼斑拟石首鱼（*Sciaenops ocellatus*）为广温、广盐、以肉食为主的杂食性溯河鱼类，具有繁殖力强、生长速度快、耐低氧、抗病害力强等优点，我国在20世纪90年代引进繁殖成功，也获得了较好的经济效益。经过20多年人工繁殖的实践，已发现这两种鱼类在我国由于没有天敌制约都出现失控现象，在大规模人工养殖条件下，这些种类已有逃逸或被排放进入天然水域，在适合的环境条件下势必迅速繁衍形成优势种群并蔓延扩散，尤其是罗非鱼已出现这种现象。因此，是优良养殖种类？还是外来入侵种？目前学者意见不一，还有待进一步观察，不能一概而论。这里特别指出的是，有的入侵种类在其入侵开始至表现出"占领"过程的期间出现"时滞"（潜伏期）现象。外来物种入侵过程中的时滞现象或有或无，或长或短，各不相同。短之几年，几十年至上百年，长则可持续几世纪。例如在19世纪巴西胡椒被引入美国的佛罗里达，到20世纪60年代还不为人所知，直到现在才泛滥成灾，其原因科技工作者难以琢磨。因此，在引进外来新物种时必须十分谨慎，引进后还需隔离观察，切忌急功近利，轻易推广而造成入侵种给人类带来麻烦。

## 二、外来生物入侵及其危害

### 1. 外来生物入侵的途径

外来生物入侵途径可以概括为自然界外力作用和人类有意或无意的活动造成的两大途径。

自然界外力的作用是指入侵物种通过风力、海流、某些迁徙生物(如大洋洄游鱼类、海洋哺乳动物以及海洋旅鸟等)携带而扩展其分布区。通过这种方式扩展分布而入侵的物种主要是那些缺乏发达行动器官、游动能力低弱的海洋浮游生物(包括各类浮游幼体)、微生物以及附着生物及其幼体等小型生物。这种借助外力作用扩展分布的范围，只局限于外力作用的范围内，因此，其扩展距离相对较短，范围也较窄。

人类活动造成的入侵主要是人类有意引入具有对环境适应性较广、繁殖力强、生长速度快、产量高，以期待获得高经济效益为目的的养殖(种植)物种或品种，也有出于装饰、观赏为目的而引进的种类，殊不知由于缺乏科学论证和风险评估而失误，盲目引进(如前面所述的水浮莲、互花米草等)是导致有害物种入侵的主要途径。另一种情况是人类无意引进而是由于航海活动(尤其是远洋海轮、船底携带)附着污损生物或压舱水及沉积物中带有大量浮游生物，无脊椎动物幼体，鱼类受精卵、仔、稚鱼等被携带漂洋过海进入新的海区造成长距离、大范围的扩展后果。此外，人类的旅游、国际贸易等都有可能成为外来生物(尤其是昆虫)入侵的渠道。

### 2. 外来物种入侵的成因

海洋生物通过海流的携带和自身的游动扩展其自然分布区，由于受到大陆的阻隔以及水温、水深、盐度等海洋理化因子的制约，原生于各海域本地种(土著种)难以逾越扩展而形成了近代各海域生物区系的基本格局。

物种在原生地(海域)受到天敌和其他因素互相制约，在自然生态系统中形成的群落结构和功能处于动态平衡。这种制约因素是在几百万年来生物进化过程中形成的，非常稳固。一旦脱离原生地，进入新的海域原有的制约因素就已消失，这种外来物种在新环境中只要生存条件适宜，在没有新的天敌和制约因素环境下便得以快速繁衍，其种群迅速扩大蔓延成为主宰该海域生物的外来"入侵者"。此外，另一个原因是由于人类不合理开发利用海洋资源，导致许多海域生态环境退化，本地物种的生命力衰减，也给"入侵者"带来可乘之机，加速灾害形成和蔓延。

### 3. 外来物种入侵的危害

外来物种一旦入侵成功，意味着对入侵海域生物生存和发展空间的"占领"、对食物的"掠夺"、对本地种的"统治"和"排斥"。因此，外来物种入侵造成的灾害特点表现在入侵行为的长期性、延续性和扩展性。对自然生态系统、生物群落结构和功能产生破坏，严重威胁本地生物多样性，甚至与亲缘关系接近的本地种杂交，降低本地种的遗传质量，造成不可逆转的基因污染，导致许多原有物种的衰败，造成灾难性和难以根除的后果。

## 三、我国沿海主要海洋生物灾害

### （一）本地种造成的灾害

#### 1. 赤潮（red tide）灾害

赤潮是指海洋中某些微小的浮游藻类，原生动物或细菌以及孢囊种类等，在适宜的海洋和气象条件下爆发性繁殖，数量剧增而使一定区域水质环境迅速恶化、水体变色（红色、红褐色）的一种有害的自然生态异常现象。

赤潮的形成、分布和扩展都和海洋污染，特别是有机物污染密切相关。赤潮的发生引发海洋环境变化，局部中断海洋食物链，威胁海洋生物的生存。有些赤潮生物分泌或死亡后分解的黏液，直接妨碍海洋动物呼吸和滤食性动物的摄食而导致窒息死亡。有毒的赤潮生物所含毒素被摄食后直接造成鱼、虾、贝类等动物中毒死亡，或毒素累积在其体内，又被脊椎动物和人类食用后间接中毒甚至死亡。赤潮消失后大量赤潮生物死亡分解，常引起水体缺氧，pH值降低，水质发臭恶化，在短期内仍然会导致该水域鱼、虾、贝类的死亡。赤潮的发生给一些沿海国家的海洋环境、海洋生物资源和海水养殖业造成严重的危害和经济损失，也给人类健康和生命安全带来威胁。

赤潮是全球性海洋自然灾害，具有多发性的特点。我国是40多个赤潮多发性的国家和地区之一。自20世纪70年代以来，随着我国海洋资源开发利用的内容和深度不断扩展，沿海城市化、工业化程度日益提高，城市生活污水、工业污水的排放量日益剧增，海水污染和富营养化赤潮灾害也日益严重。

近年的赤潮发生有四大特点：第一，出现频率增加。1990年我国沿海共发生赤潮34起，为1961—1980年20年总和的115倍，在2000—2004年的5年时间内发生399次，不仅出现在夏季，春、秋两季也时有发生；第二，持续时间长、范围广、损失大。一般持续长达 1 个月，有的一次赤潮海域面积达数千平方米，发生海域不仅出现在近海，并有向外海扩展的趋势，受灾损失达几千万元到几十亿元；第三，形成赤潮的生物种类增多。据有关报道，我国发现赤潮生物有 90 多种，其中有毒赤潮生物有 10 多种。近年来发现有新的赤潮生物出现，极有可能是外来入侵种；第四，危及人类健康和生命安全。据报道，浙江省沿海 1967—1979 年因食用有毒赤潮生物污染的织纹螺（*Nassarius* sp.）而引起中毒事件 40 起，中毒患者 423 人，死亡 23 人。1986 年福建东山县瓷窑村发生食用被赤潮污染的菲律宾蛤仔（*Ruditapes phillippinensis*），导致 136 人中毒，危重 59 人，死亡 1 人的严重中毒事件。1986 年台湾也发生居民食用含有赤潮毒素的紫蛤（*Hiatula violacea*），造成 30 人中毒 2 人死亡的事件。赤潮已成为我国最主要的海洋生物灾害。

**2. 偶发性生物灾害**

我国海洋辽阔，地处中、低纬度地带，跨越热带、亚热带和暖温带。大陆海岸线长而曲折多港湾，沿海岛屿星罗棋布，沿海水文条件受气候带、大陆径流以及海流系统影响很大，形成生态系统多样性，孕育海洋生物物种多样性。海洋物种多样性高低及物种分布范围直接受气候带和海流系统所制约。因此，某局部海域生态环境发生较大变化导致群落结构变动常引发某一物种异常繁殖造成偶发性生物灾害。

例如，1999 年 6 月在厦门市杏林村、高浦村一带潮间带滩涂杂色蛤仔（*Ruditapes variegata*）养殖区（面积约 267 hm$^2$），澳洲鳞沙蚕（*Aphrodita australis*）突发成灾，它们大量吞噬杂色蛤仔中、小苗。据调查高峰期数量多达 40~50 只/m$^2$，每只腹中可见吞噬完整杂色蛤 2~6 个，因受澳洲鳞沙蚕危害造成直接经济损失达 1 000 万元。

2008 年 5 月底，我国黄海中部海域发生浒苔（*Enteromorpha prolifera*）异常繁殖并不断扩散漂入青岛及其附近海域，至 6 月下旬影响海域面积达 13 000 km$^2$，覆盖面积达 400 km$^2$。时值 2008 年第 29 届国际奥林匹克运动会开幕在即，青岛海域作为帆船和帆板赛分会场，当地政府投入数万人，千余艘各类船舶，几十台装运机械打捞浒苔，清理浒苔超过 140 万 t，并在赛场外围布设围油栏进行围控，虽然确保了赛事顺利进行，但为这一事件付出了巨大的经济代价，而且堆积如山的浒苔腐烂后发臭，造成环境污染。

(二) 外来入侵种造成的灾害

据不完全统计，目前我国外来物种已达 290 多种，其中有些种类已成为入侵种，造成严重的经济损失，仅列举以下3例则可见一斑。

**1. 互花米草灾害**

互花米草原产于北美大西洋沿岸，是潮间带滩涂的一种禾本科植物。1979年南京大学从美国引进，先在江苏试种成功后引入浙江，1981年再引入福建。该种适应性极强、繁殖迅速。仅在福建，就从罗源湾、三都湾内澳、东吾洋迅速向南蔓延至泉州、厦门、龙海、漳浦、东山等地，在高、中潮区滩涂与海水养殖业争夺空间，滋生蚊虫，破坏土著生态，成为沿海水产养殖的大敌。据报道，互花米草每年给闽东地区海水养殖业造成直接经济损失高达7亿～8亿元人民币，给全国东南沿海海水养殖业造成的经济损失估计高达40亿～50亿元人民币。

**2. 对虾流行性病毒的灾害**

我国内地自20世纪70年代末开始发展对虾养殖业。1978—1992年对虾养殖规模和产量(21万t/年)曾居世界首位。然而从1993年开始爆发由于感染对虾白斑综合征病毒 White Spot Syndrome Virus(WSSV)和托拉症病毒 Taura Syudrome Virus(TSV)流行病，由南方养殖区迅速向北蔓延全国养殖区，导致辛辛苦苦研发、经营近20年之久并已发展成为我国海水养殖业出口创汇的拳头产品毁于一旦，年产量从1992年21万t下跌至1995年8万t，造成直接经济损失35亿元。至今这两种病毒仍然成为对虾养殖业发展的主要制约因素。据统计，2002年，仅对虾白斑病、托拉病等外来入侵病害造成的经济损失就多达40多亿元。对虾流行性病毒病原究其原因，可以肯定是由于直接从已发生疫病的泰国、马来西亚和台湾地区引进带有病原的斑节对虾亲虾带入的。

**3. 沙饰贝(*Mytilopsis sallei*)入侵的隐患**

沙饰贝是一种小型双壳类饰贝科动物，原产中美洲，推测是经海轮携带从巴拿马运河进入太平洋和印度洋，20世纪60年代传到印度，80年代传到台湾和香港，90年代初在我国厦门马銮湾和东山县八尺门海区养殖设施上大量出现，现在也成为上述两地污损生物的优势种群，并有蔓延扩展的趋势，成为贝类养殖的隐患。据研究，目前已有23种外来污损生物由船底附着带入，对我国生物多样性及海水养殖业造成隐患。

**(三) 灾害造成的经济损失**

随着全球经济一体化的发展，也加速了引进外来物种，从而促进了经济的发展，同时也加剧了外来生物物种的入侵，造成的社会和经济的负面影响已受到世界广泛的关注。

据统计,新中国成立以来,中国内地有记录引进的水生生物达140多种,(其中鱼类89种、虾类12种、贝类12种、藻类17种、其他12种),其中70%以上是20世纪80年代后引进的。

当前已报道的400多种水生生物病害中,仅2003年监测到的水产常见病害就多达145种,其中60%以上是20世纪80年代后出现的新病害。由此可见,我国目前水域已存在较大水生外来物种入侵危害和隐患。

据国家环保总局统计,仅11种对农业危害较大的入侵物种所造成的经济损失每年高达574亿元人民币,其中水域生态领域损失尤为严重,每年经济损失不少于300亿元。这还不包括新入侵的水生生物病害(如2002年对虾疫病造成40多亿元的经济损失)造成的损失。外来物种入侵对我国海洋生物多样性和生物资源可持续利用构成严重威胁。

## 第二节 水母的危害

### 一、水母旺发现象、成因及其特点

**1. 旺发现象（blooms）**

"旺发"和"衰退",是渔业上常用语,泛指某种渔业种类在其分布海区汛期种群数量与往年同比明显剧增或衰减的自然现象。这种现象在水母类,无论是大型钵水母或是小型水螅水母都常有发生。例如海蜇,在20世纪80年代资源尚未衰退之前(1960—1979年)20年的全国产量统计资料分析,年产量波动十分悬殊,丰歉年间的产量相差竟达10多倍(洪惠馨,张士美,1983);小型水母类尤其是管水母(Siphonophora)更为典型,其聚集在某一水层而形成深散射层(deep-scatterring layer),这种现象早已引起水声学家和军事上的重视(郑重,1981)。

水母群体在特定分布区出现高度聚集,表面上形成"旺发"现象,其实质有真旺发和假旺发两种内涵。

**（1）真旺发**

水母体是其生命周期中有性世代的个体。其种群全部由同一世代的补充量所组成,群体数量的多寡取决于上一轮无性世代的繁殖量。这种由于无性世代大量繁殖甚至异常繁殖的结果造成下一轮种群数量实质性增加而形成的旺发为"真旺发",发生真旺发现象是水母体的内在因素所决定的。

**(2) 假旺发**

水母体营典型的浮游生活方式,其水平分布和季节移动完全受风、海流所支配。在正常海况条件下,风向、风力的变化直接影响水母在特定分布海区出现的日期迟早、聚集程度以及滞留时间长短。由于外因的作用而形成的斑块(成群)分布,表现出旺发现象只是一种假象。

例如,夏季繁殖生长于闽江口和沙埕港的闽东种群的海蜇,随流漂游北上进入浙江南部沿海,形成当地海蜇汛期。在这时期若偏北风出现频率高、风力强,则阻碍该海蜇群体继续北上并滞留在闽东近岸、内湾,形成当年闽东海域群体数量增加呈现海蜇旺发现象,而浙南群体必然呈现衰退现象(洪惠馨等,1978)。从表7-1可见,1973年闽东渔场海蜇产量之所以比1970年增产收近一倍,主要是由于1973年在海蜇汛期(5—10月份)逐月东北风向出现频率都比1970年同期增多,如5月份东北风向频率为44,比1970年同期只有22增加一倍,整个汛期东北风向频率总和比1970年多,而同期西南风向出现的频率则相对减少。这是形成1973年闽东渔场海蜇旺发的成因。这种并非由于无性世代异常增殖的结果,种群数量并无实质性增加的现象称之为"假旺发"。

表7-1 1970、1973年闽东渔场风向、频率与海蜇产量的关系

| 年度 | 风向 | 5月 | 6月 | 7月 | 8月 | 9月 | 10月 | 产量/t |
|---|---|---|---|---|---|---|---|---|
| 1970 | NNE NE ENE | 22 | 25 | 7 | 30 | 49 | 71 | 2 800 |
|  | ESE SE SSE | 4 | 6 | 10 | 12 | 6 |  |  |
|  | SSW SW WSW | 30 | 26 | 53 | 6 | 9 | 4 |  |
| 1973 | NNE NE ENE | 44 | 30 | 34 | 34.3 | 52.7 | 81.8 | 5 630 |
|  | ESE SE SSE | 3 | 1 | 5 |  |  |  |  |
|  | SSW SW WSW | 19 | 44 | 35 | 22.2 | 5.6 |  |  |

海流也是影响水母水平分布容易形成水母"旺发"假象的主要因素之一。在季风正常条件下,每年台湾暖流强度以及沿岸各流系的相互消长对水母水平分布的影响特别明显。例如,1960年6月份,暖流前锋超越长江口到达吕四渔场,而苏

北沿岸流不强，长江径流量较弱，黄海冷水团也只到达吕四渔场边沿，由暖流以及冷水团的高盐水系和沿岸流长江低盐水系交汇，形成"潮隔"区，加上当年该月份的风向频率以东南风向占优势，促使海蜇群体由东海南部沿海漂游北上进入吕四洋渔场，并滞留在"潮隔"区里，随潮汐的涨退往返漂移，越积越多，使当年吕四洋海蜇数量骤增，形成了"旺发"的假象。仅启东县年产量就达3 000 t，平均每船单产约35余t(详见第五章)。

然而，由于形成旺发现象的水母群体都是由同一世代的补充量所组成，因此从现象上真假旺发难以区别。

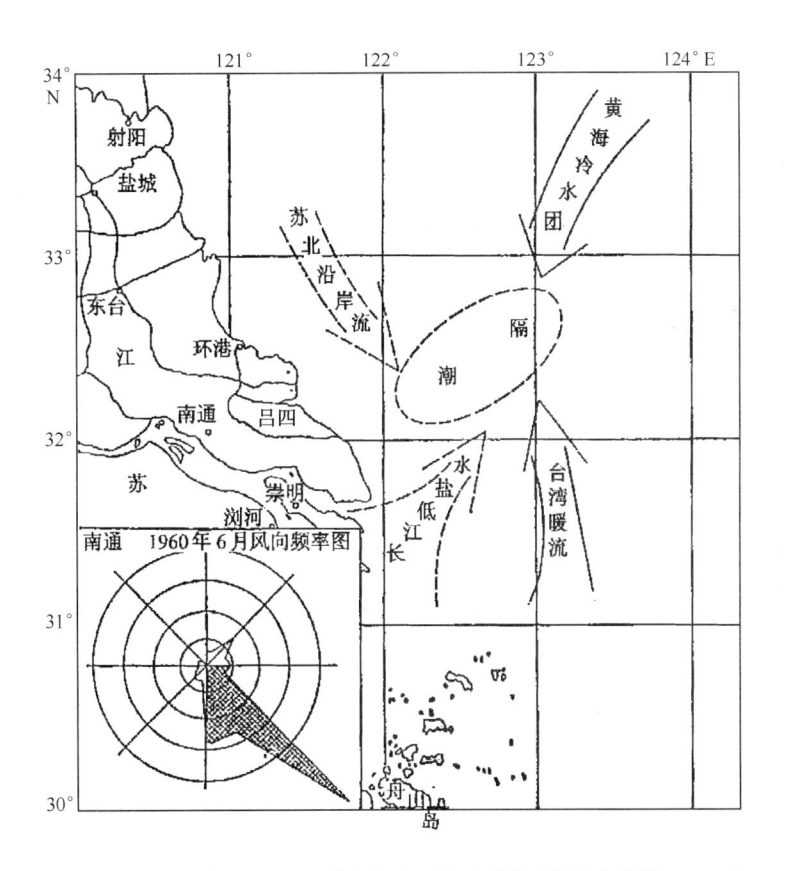

图7-1　1960年6月吕四洋渔场水系海流形势(仿洪惠馨等，1978)

### 2. 旺发的成因

近些年来，水母旺发被世界各国新闻媒体炒作得沸沸扬扬，一些科学文献也为这个观念火上浇油，使这些体制结构简单、长期并不引人注意的凝胶状浮游动物一时变得更加神秘，令人震惊，似乎在未来几十年内它们将代替鱼类占据海洋。

水母旺发成因是一个复杂的问题。尽管这类低等动物早已生活在距今五六亿年寒武纪时代的海洋里,然而由于以前很少有科学家对这类海洋生物的研究感兴趣,因此有关它们的科学记录很少,各国科学家只能根据现有的资料,提出各种观点和假设,试图从各个不同角度对其旺发进行解释。

海洋生态学家认为全球气候变暖是主要原因之一。人类现代社会对二氧化碳的过度排放不仅导致温室效应,使地球变暖,水域生态环境条件发生一系列的改变,最直接是水温升高更有利于某些种类的繁殖、生长,群体数量剧增,而且溶解在海水里的二氧化碳也使海水酸化度增加,导致珊瑚礁被破坏,严重影响了依赖珊瑚礁生存的海洋生物,而对耐酸化的水母类提供了更有利的生存和繁衍条件;沿岸海域富营养化促使浮游生物大量繁殖,为水母旺发提供了丰富的饵料基础;人类过度捕捞造成渔业资源衰退(包括捕食水母的鱼类、海龟等),其结果不仅为水母清除了天敌,减轻水母被捕食的压力,而且还减少同样以浮游生物为食的其他竞争者而有利于水母旺发。

尽管各学者提出各种观点和假设试图对水母旺发进行解释,但是仍然缺乏足以支持自己观点的科学依据,因此无法确切判断人类活动到底在怎样的程度上影响到水母的旺发。

2012年2月,美国著名学术期刊《生物科学》杂志刊载了美国加州大学生物学家罗伯特·肯顿(Robert H. Condon)和他领导的美国国家生态研究中心组织的16名世界各国气象、海洋生物和社会经济方面的专家小组关于水母旺发的最新报告"Questioning the Rise of Gelatinous Zooplankon in the World's Oceans"。该报告对水母在未来几十年内将占领海洋的观念提出质疑。他们仔细评估了收集到的从1790年至今200多年来记录的50万个有关数据,发现水母(包括栉水母、樽海鞘等胶状浮游动物)在全世界激增的观念缺乏证据支持,没有证据表明现代人类活动对水母旺发趋势有直接的影响。认为,近些年来在世界各地发生的水母旺发虽然与局部海区生态环境的变化有一定关系,而且可能受到人类活动的影响,但是从全球总的趋势来看,它们的变化仍然在自然界周期性变化范围内。水母旺发的观念日益增加,一方面是因为人类对旺发事件的科学关注度明显增加;另一方面与现代信息传播手段迅速、广泛以及媒体对这一题材炒作有关。同时更重要的是缺乏过去出现这一现象的信息资料而造成误导性质的比较,更增加了这种关注度。

肯顿和他的合作伙伴承认上述问题在科技界缺乏共识。他们指出水母和类似的海洋生物种群变化确实对局部海洋生态产生重要后果,而且可能是受到人类活动的影响。为此,他们从零开始建立起一个全球水母研究数据库,通过数据的积累,让人评估这类生物数量变化的趋势并把它们与所研究的人类活动联系起来。

本书作者认为,"旺发"只是一种现象,由于水母生物学特性,从种群结构的基本特征分析,这种现象是水母空间斑块(成群)分布类型的表现形式。但是由于其种群全部由同一世代的补充量所组成,又受风向、风力的影响,在海流的裹挟下,随波逐流被动聚集,因此难以区分真假旺发实质,也没有"量化"的标准。

生态学通常用"密度"即指单位面积或单位体积内有机体的数量或生物量表示种群的大小,同一种群若用不同密度表示法,其结果可能产生极其悬殊的误差。如浮游生物的种群密度,以个体数表示时,密度值通常很高,如果用生物量表示时,则往往很低。对于大型水母而言则恰恰相反。以野村水母与毛虾(*Acetes chinensis*)为例,采集于浙江沿海的野村水母平均伞径459.5 mm,平均体重为3 798 g,最大成体伞部直径达1 m以上,体重可达150 kg(陈卫平等,2007),而毛虾的最大体重约为0.18 g(洪惠馨等,1963)。在生物量相同的前提下,1个野村水母的生物量约等于80万只毛虾的生物量;即使与大黄鱼比较,在浙江岱衢洋产卵场捕捞的大黄鱼,最大体长58.1 cm,体重为2.36 kg(徐恭昭等,1962),1个野村水母的生物量也约等于60多尾大黄鱼的生物量。我国多数资源调查报告中,以单位时间(拖网)或日产量(定置网)渔获大型水母的生物量与总渔获量中鱼类的生物量之比来说明大型水母"旺发"和对渔业的危害未免牵强附会,得出错误的结论。

一个物种的种群有其一定的遗传特性,同属于一个基因库(gene pool)。水母这种在生命周期有性生殖和无性生殖交替进行的生殖方式存在着种质基因传递过程。螅状体前接水母体有性生殖传递的遗传基因,而自身又以无性生殖方式将基因传递给下一轮的水母体。这种"接力式"基因传递过程起着承前继后的关键作用。两者在共同完成整个生命周期过程中为使种族延续和扩大,存在着相互依存、相互制约的因果关系。有因必有果,该物种无性世代的生存和繁衍结果是决定翌年有性世代种群数量多寡变动的成因。

然而,调控螅状体蛰伏状态的神秘生命密码是什么,至今对海洋生物学家来说仍然是一个谜。它是阐明水母旺发的核心问题,也必将揭开这类机体呈胶状如此脆弱的两胚层低等动物之所以能在动物进化中经受地球几亿年无数的冰河、地震、火山爆发和沧海桑田的变化,一再躲过劫难,繁衍至今,成为五彩缤纷、千姿百态的海洋生物多样性组成部分的神秘面纱。

纵观国内外学者对水母旺发成因的研究,恰恰忽视了这种因果关系。几乎都孤立、局限于自然环境中各种因子对水母有性世代数量变动的影响,使探讨和研究走入误区，其结果未能阐明水母旺发的真正原因。

## 3. 旺发特点

钵水母类的生命周期只有一周年，绝大多数种类在其生活史中都具有世代交替。水母体只是其生命周期中营浮游生活的有性世代，仅占其生命周期1/3的短暂时期。由于这些主要的生物学特性和生态习性，决定了这类动物旺发有以下特点。

### (1) 集群性

水母体营浮游生活阶段其群体由同一世代的补充量组成，在风、海流的作用下，呈现斑块分布。例如海蜇，有时聚集成群，绵延数海里，形成旺发渔汛。有害种类如白色霞水母则因此"泛滥成灾"，对海洋捕捞渔业造成危害。

### (2) 季节性

在我国海域，钵水母出现的时间都在每年春末(5月下旬)至秋末(11月下旬)季节。由于我国海域辽阔，南北跨越37个纬度，全年水温呈现随纬度的增加而降低的自然规律，因此分布于不同纬度的同一种类(如海蜇)的不同种群旺发(汛期)总是从南往北依次先后出现季节差异。

### (3) 不稳定性

这里指的不稳定性有两个含义，其一是指种群密度"量"的变动，其二是指旺发"地点"的变动。

前面已提到过，"旺发"仅仅是一种表面现象，不仅真假难分，而且缺乏"量化"标准，特别是缺乏可供比较的历史数据。

水母营浮游生活，直接受风向、风力以及各流系的影响，聚集形成"旺发"的地理区位也不固定。

### (4) 短期性

水母体只是其生命周期的有性世代，从碟状体开始，经生长发育变态为成体，在完成有性生殖后死亡，整个世代十分短暂，因此成体聚集形成旺发的时间更短，通常只有3~5天时间。

## 二、我国海域大型水母危害种类及其分布

### 1. "大型"水母的界定标准

浮游生物个体大小的概念是相对的，即使是同一物种，不用说在它不同发育、

生长阶段,即使是成体,生活在不同海域受不同的自然生态环境的影响,其个体大小也存在明显的差别。因此,对浮游生物个体大小没有绝对的划分标准。但是为了研究的需要,人为将研究对象个体大小界定在一定范围,使其具有可比性是必要的,在生态学研究上具有重要意义。我国水域浮游生物调查采用的划分标准,如表7-2所示。

从研究水母对海洋捕捞渔业造成危害的角度考量,如按表7-2划分则不适用。这里所指的"大型"就必须按该种成体个体大小是否会阻塞各类网具(底拖网、刺网、围网、定置网等)的网目为依据。为此作者提出以该种成体伞部直径在20 cm以上界定为"大型水母"。这些种类使用大型锥形浮游生物网是难以采获的。然而并非凡是大型的种类都会形成危害。能形成危害的种类除了个体大型外,还必须具有以下条件:①种群大,而且形成集群分布。②个体(伞部和口腕)中胶层厚而坚硬,如海蜇、黄斑海蜇、野村水母等。③或具有多(几十条甚至上百条)而长(几十厘米甚至几米)并分泌大量黏液的触手,如白色霞水母。

表7-2 浮游生物的大小类别和种类组成(郑重等,1984)

| 类别 | 体型大小 | 主要种类组成 |
| --- | --- | --- |
| 超微型浮游生物(Ultraplankton) | <5 μm | 细菌、金藻 |
| 微型浮游生物(Nannoplankton) | 5~50 μm | 微型硅藻、甲藻(腰鞭毛虫)、金藻、绿藻、黄藻 |
| 小型浮游生物(Microplankton) | 50~1 000 μm | 硅藻、蓝藻、原生动物、小型甲壳类、小型浮游幼虫、轮虫 |
| 中型浮游生物(Mesoplankton) | 1~5 mm | 小型水母、桡足类、枝角类、介形类、小型被囊类、翼足类、异足类 |
| 大型浮游生物(Macroplankton) | 5~10 mm | 水母、大型桡足类、磷虾类、戎类、樱虾类、被囊类、毛颚类、翼足类、异足类 |
| 巨型浮游生物(Megaplankton) | >1 cm,最大可超过1 m | 大型水母(海蜇、霞水母、僧帽水母)、大型甲壳类、大型被囊类(火体虫) |

## 2. 危害种类及分布

我国海域迄今已记录的水母类约有380多种(其中水螅水母230多种,管水母类90多种,钵水母类45种以及10多种栉水母类)。按上述界定标准衡量,大型种类都是钵水母,有20多种。在20世纪70年代以前,种群大、能集群分布、已成为或可能成为海洋渔业有害的种类有下列 7 种。

**(1) 海蜇**

暖水性近岸种类。该种为我国海域固有种(autochthon species)，广泛分布于我国渤海、黄海、东海至南海西北部近岸海域，为我国传统海蜇渔业捕捞种类。

**(2) 黄斑海蜇**

暖水性近岸种类。在我国海域主要分布于广西、广东、香港、福建南部海区。每年夏季随暖流向北延伸至浙江南部海区。该种种群密度大，集群分布，其产量仅次于海蜇，为海蜇渔业主要组成种类。

**(3) 叶腕水母及拟叶腕水母**

这两种均为暖水性种类。每年夏季随暖流出现在福建南部以南沿海近岸。两种均有一定的资源量，密度较高，集群分布，为海蜇渔业兼捕种类。

**(4) 白色霞水母**

广温、广盐性的世界性类群。该种在我国海域分布最为广泛，从渤海直至南海中西部近岸都有发现。种群密度高，集群分布，但非食用种类，而且是最早记录在案的我国渔业敌害种类(周太玄，黄明显，1956)。

**(5) 野村水母**

暖温性近岸种类。该种成体伞径可达 2 m，体质量 200 kg 的巨大型、刺胞剧毒种类。种群密度高，集群分布。主要分布于日本至北太平洋沿岸，在我国主要分布于东海北部 $29°30′N，127°0′E$ 以北、黄渤海海区，对这一带海区渔业生产以及渔民、泳客等人身安全构成一定威胁的有害种类。

**(6) 海月水母**

广温、广盐世界性类群。在我国主要在夏季集群分布于东海北部，黄、渤海近岸港口一带。该种个体并不大，成体伞径为 10～30 cm，中胶层薄，非食用无毒种类。种群密度较高，仅对定置网作业有一定影响，历史上未见造成大害的报告。

近 40 多年来，海洋生物多样性受到极为严重的威胁。海洋生态环境的变化导致上述分布于我国沿海的 7 种大型钵水母优势种类种群发生了根本变化。主要渔业对象的海蜇，除了辽宁、山东两省个别海域尚能作为渔业生产外，原有主要产区的浙江、福建、江苏等省海蜇渔场消失，资源已完全枯竭；黄斑海蜇资源也明显衰退，目前仅在广西沿岸仍作为渔业生产(1996—2001 年，年均产量 3.2 万 t)；原有一定资源量的叶腕水母和拟叶腕水母两种作为兼捕对象早已无影无踪。到目前为止，以上7大种群、直接形成危害的仅存海月水母、白色霞水母和野村水母等3种，其危害程度依次为白色霞水母、海月水母、野村水母。幸而，目前未发现大种群的大型入侵种的潜在威胁。

### 三、水母对渔业的危害

**1. 水母类入侵对海洋渔业的危害**

自20世纪80年代以来，世界各地海域发生多起水母入侵成功，其种群迅速扩大蔓延，不仅影响和改变了海洋生态系统，危及海洋生物多样性，而且对海洋渔业、海水养殖业造成危害。

最典型的例子如原产于美国东海岸、大西洋北部的指瓣水母（*Mnemiopsis leidyi*）[①]，在20世纪80年代初可能由船只的压舱水携带进入黑海，该水母在新的环境中生存条件适宜而得以快速繁衍，几年后其种群迅速蔓延扩大到与其相邻的亚速海。指瓣水母入侵成功，大量摄食浮游动物、鱼卵和仔稚鱼，成为与当地海月水母在食物和生存空间竞争的赢家，几乎完全替代了亚速海以浮游动物为食的鱼类，成为浮游动物的终极消耗者，直接影响整个黑海生态系统，造成浮游动物群落组成、食物网结构的变化，危及生物多样性并导致黑海、里海和亚速海的传统鱼类——鳀鱼和黑海小鲱鱼资源的全面衰退。为了抑制黑海中指瓣水母的数量，联合国环境规划署海洋环境保护科学问题专家组（GESAMP）引进其天敌三刺低鳍鲳（*Perilus triacanthus*）和卵形瓜水母（*Beroe ovata*）[②]，该项措施初见成效，已降低黑海南部海域指瓣水母的数量，然而三刺低鳍鲳和卵形瓜水母这两种引进的外来新物种，将会对黑海生态系统产生哪些影响，还有待于长期观察才能下结论。

水母类的入侵成为鱼类食物的竞争者以及幼鱼种群存活率的主要调节因子。例如在1989年德国Bight湾发生由于管水母（Siphonophora）的大西洋五角水母（*Muggiaea atlantica*）[③]入侵成功旺发，其种群密度最高达到500个/m³，而湾内的浮游动物总密度随之下降近于零。大西洋五角水母大量摄食浮游动物，成为湾内

---

[①] 属栉水母动物门（Ctenophora）、有触手纲（Tentaculata）、兜水母目（Lobata）、瓣水母科（Mnemiopsidae）、瓣水母属的种类，为大西洋沿岸常见种。该属种类在我国尚未见记录。

[②] 属栉水母动物门、无触手纲（Nuda）、瓜水母目（Beroida）、瓜水母科（Beroidae）、瓜水母属的种类。该种在我国福建沿海有记录。

[③] 属刺胞动物门（Cnidaria）、管水母亚纲（Siphonophora）、钟泳目（Calycophorae）、双生水母科（Diphyidae）、五角水母属的种类。该种在我国沿海周年出现，为优势种之一。

许多以浮游动物为主要饵料的鱼类（如鲱科鱼类）及仔、稚鱼死亡率剧增的重要原因。

据美国生活科学网站2007年8月18日报道，自2000年入侵墨西哥湾的澳大利亚珍珠水母（*Phyllorhiza punctata*）①当年夏天大规模旺发，不仅数量剧增，而且范围扩大到大西洋沿岸中部几个州，也在佛罗里达州东海岸和北卡罗来纳州出现。据多芬岛海洋实验室科学家M.格雷厄姆说，这种水母在它们故乡（澳大利亚），个体只能长到拳头大小，入侵以后由于墨西哥湾食物丰富，生境适宜，都长成盘子大小，重约25磅的大型水母。这些水母虽然没毒，对人体没有危害，但是它们大量摄食鱼、虾的卵和幼体，也会堵塞拖网，其入侵必将给渔业和虾类养殖业带来经济损失。

据《新浪科技》2010年4月12日消息，国外媒体报道，数以亿计的一种剧毒紫水母②首次入侵英国沿岸海域，曾螫死北爱尔兰一渔场的10万尾鲑鱼。这次紫水母的入侵使英国的渔业、滨海旅游业以及相关行业遭受重大经济损失。据认为水温升高是促使紫水母异常繁殖的主要原因。从2000年起，英国沿海的水温已升高1℃。

目前我国还没发现外来水母入侵造成的危害。

**2. 大型水母旺发对渔业的危害**

21世纪以来，媒体频繁报道在世界许多国家局部海域出现某些大型水母类旺发造成不同程度的生物灾害，其实这是一种自然现象。凡是有大种群的大型水母斑块状分布的近岸海域，某一种类都有可能在其适合的海洋环境条件下，在局部海区发生旺发现象，对渔业或临海工业造成不同程度的危害。这种事件历史文献早有记载。

在日本，据安田徹（2005）报道，其收集自1896—2005年大量资料中发现，日本海域至少发生过40例以上由于海月水母、缘海月水母（*Aurelia limbata*）和野村水母大量聚集造成对渔业危害的记载，其中除了1~2例以外，都只是造成局部危害；主要发生在福井、福冈、青森等县近岸海区。

20世纪以来，从日本沿岸至北太平洋沿岸连续多年发生野村水母大量聚集的现象，对海区渔业造成很大的经济损失。仅青森地区从2002—2003年1月，渔业受害总金额超过23亿日元（日本水产经济新闻，2004年2月26日）。又如，2009

---

①属刺胞动物门、钵水母纲、根口水母目（Rhizostomeae）、硝水母科（Mastigiidae）、*Phyllorhiza*属的种类。该属种类在我国海域尚未见记录。

②未查到该种学名。

年 9 月下旬，野村水母再次在青森县八户港大量聚集，导致秋季鲑鱼汛捕获量同比减少了一半；在三泽渔区比目鱼捕获量也比上年同期减少 60%。

在我国海域并不例外，无论在历史上或是现代某些优势种在局部海区造成的危害事件都时有发生。20 世纪 70 年代以前有海蜇、黄斑海蜇、白色霞水母、海月水母、野村水母以及叶腕水母和拟叶腕水母 7 种，其中海蜇是资源量最为丰富、分布最广的优势种群，是海蜇渔业主要捕捞对象。但是在当时社会的生产体制下，生产力低下，加工、销售等渠道不畅（沿海海蜇产区普遍存在），造成丰富资源得不到充分开发利用而在局部海区成为渔业的敌害种类（吴宝玲，1955；洪惠馨等，1978）。黄斑海蜇也因上述原因在南方海域广西沿海主要产区旺发汛期对渔业造成一定危害。白色霞水母是我国最早有文献记载的渔业敌害种类，无食用价值。据周太玄、黄明显（1956）报道：在黄渤海的渔汛期，该种在每年 8 月前后表层水温约 23~26℃时大量出现，成为当地渔业的一大敌害。例如，1955 年 8 月下旬，山东半岛北岸、清泉寨的渔业生产合作社就因霞水母太多，无法进行渔业生产而停产 3 天，给渔民造成很大的经济损失。

20 世纪 70 年代以后，随着我国海洋资源开发利用力度的不断提高，种种人为因素破坏了整个海洋生态平衡，导致生物多样性和种群数量发生变化，也导致我国海域钵水母类优势种及其种群数量发生变化。目前我国海域钵水母优势种类依次有白色霞水母、海月水母和野村水母 3 种。2004 年 7 月在辽东湾曾发生白色霞水母大范围聚集，分泌毒素并缠粘网具，对海洋渔业造成巨大影响。被称为继赤潮之后又一场生态灾害［水产科学，24(2)，2005］。海月水母以往仅对近岸定置网作业有一定影响。然而，随着我国临海工业的发展，该种已经成为阻塞工厂冷却水系统的主要有害生物。野村水母是堵塞渔具，严重破坏渔业生产和螫伤渔民及涉海人员甚至致死的危害种类。该种主要分布于日本和韩国近岸。在我国海区其旺发季节，分布于 29°30′N 以北、122°30′E 以东，因受逆向风、海流的影响，不超越 29°30′N 往南扩展。由于分布范围的局限性，该种旺发对我国东北部海区渔业虽然会有一定的影响，但仍未见造成灾害的报道。唯有白色霞水母在我国分布极其广泛。其个体大，集群分布，密度高，触手多而长，且富有黏液，进入渔网中缠绕渔具极不容易去除，渔民十分厌恶，是我国海域渔业生产危害最大的头号敌害种类。

大型水母旺发严重影响渔业生产具体表现在以下几个方面。

第一，据我国渔民反映，上述这几个种类都会分泌大量具有特殊恶臭的有毒黏液，污染周围水域发臭、变"辣"，把鱼虾群驱散，造成渔业明显减产（洪惠馨等，1978）。

第二，大型水母旺发时，对底拖网、刺网、围网、定置网等作业危害最大。大量的水母进入渔网造成阻塞而无法收网起捕，导致网具破裂而被迫停止作业。日本报道2007年水母损毁渔具达1.55万起，因此产量下降，渔业经济遭受巨大损失。钓渔业也因水母卡住延绳而被迫停产，受到一定程度的损害。

第三，水母与鱼类混获，造成水母刺伤渔获物而使鱼类品质下降，商品价格下跌，经济上蒙受很大损失。例如：2004年10月底水母旺发时，日本三陆沿岸至宫城、岩手县界一带正值鲑鱼汛定置网盛产期，有时水母一网达100多t，要将水母处理干净大约需要3小时以上，不仅使鲑鱼鲜度下降，而且增加渔民劳动量，还会被水母的有毒刺胞刺伤，弄得渔民疲惫不堪。

第四，因水母阻塞渔船引擎管道而使循环水停水，或因水母与其他渔获物一起被捕捞上船后造成渔船重心偏移失去稳定性而停航，甚至发生翻船事故。据英国《每日电讯报》2009年11月2日报道，一艘日本拖网渔船新书丸号（Diasan Shinshio – maru）在日本千叶县附近海域作业时，几十只野村水母同时落网，过大的重量使这艘10 t重的渔船倾覆的事件。在2007年该海域还报道了总计约有1.5万多起野村水母破坏渔具的事件。

除了上述渔业捕捞作业直接受害之外，由于水母大量摄食浮游动物，不仅与许多中、上层鱼类争夺饵料，而且还直接摄食包括鱼类在内的许多海洋经济动物的卵和幼体，严重破坏渔业资源。

**四、大型水母对临海工业造成的危害**

水母类在海洋中分布很广，大多数分布于近岸水域；其优势种类对临海工业造成的危害主要是堵塞发电厂或各类工厂冷却水系统进水口的过滤栅和滤鼓，使工厂动力系统受阻。有的种类如白色霞水母的触手多而长，极富黏液，被黏附在滤鼓外壳极难清除。

据安田徹（2005）报道，在20世纪日本进入经济高速增长时期的1960—1970年，在东京湾、伊势湾、濑户内海频繁发生以海月水母为主大量旺发的现象，对当地火力发电厂和核发电厂等临海工业造成危害事例超过100例。

据中新网（Chinanews.com）2011年7月6日综合报道，在英国、美国、日本、以色列等全球多处海域发生多起由于水母剧增导致干扰当地核电站的正常运行事件，也惊吓了海滨游客。

6月23日，在日本岛根核电站，发生自1997年以来首次被一种在日本水域夏季常见的伞径约20~30 cm的水母堵塞海水冷却系统的进水口达2天之久，导致该核电站发电量一度减少6%的事故。

6月30日，苏格兰东海岸托内斯核电站两座核反应堆被大量水母堵塞了海水过滤池而被迫关闭。负责核电站运营的法国电力公司方面强调，为了以防万一，该核电站采取措施暂时关闭两个核反应堆的运行。

据英国《每日邮报》7月6日报道，位于以色列哈代拉(Hadera)的Orot Rabin核电站的冷却系统被来自地中海的大量水母堵塞。这些水母分泌出黏液，堵塞在冷却系统中的凝结器铁架上，严重影响核电站的运行。该核电站不得不暂时关闭反应堆，动用挖掘机清理这些多达数吨黏滑的水母，在清理过程中，一些工人还被这些外形晶莹透亮，看似美丽却剧毒的水母蜇伤(彩图19和彩图20)。

在我国，主要是分布于北方海区的海月水母，聚集近岸港湾时堵塞沿海发电厂的冷却水进水口。2009年7月8日，据《半岛都市报》报道："从7月6日开始，位于海泊河入海口的华电青岛发电公司(即青岛发电厂)就出现了大量海月水母，并且一度堵塞水循环系统的过滤网。两天来，30余名工人已打捞海月水母一万余千克。与此同时，在第一海水浴场，海蜇蜇人事件也接连出现。"2012年7月10日《半岛都市报》报道："据国家海洋局北海分局5—6月份有害水母调查结果，胶州湾内4月份零星出现的海月水母进入6月份起数量迅速增长……在华电青岛发电厂附近海区，密度高达25万个/km$^2$，生物量约为2.8万kg。"以上事例可见，该种已成为我国北方海区堵塞临海工厂冷却水管系统的有害种类。

**五、水母类对人类安全的影响**

水母类对人类安全的威胁主要来自那些具有毒刺胞的种类蜇伤而直接致毒，中毒程度随不同种类的毒素、毒量而异。轻者引起刺胞皮炎，重者几分钟内死亡。目前已知水母类的毒素为肠外毒素，可以被加热和肠胃消化酶分解和破坏。因此，没发现因食用水母而中毒的事例。

有毒水母蜇伤人体的事件屡见不鲜，也是一种自然现象。然而，近几年来在地中海、黑海、北海、英国、法国、墨西哥湾、日本以及东南亚等世界许多国家沿岸海域都出现某些水母数量剧增的灾难性现象。世界各地被水母蜇伤的事件及人数成倍增加。例如在法国南部闻名于世的度假区——蔚蓝海岸，2007年7月，虽然已耗资 8 万欧元铺设了防水母网，但还是遭到数以十万计的口冠海蜇侵袭，逾 500 名游泳者和日光浴人士被蜇伤；在西班牙地中海沿岸和南部海域，2009 年 8 月份的一周内，仅在南部城市加的斯（Cadiz）就有大约 1 200 人被水母蜇伤，是正常年份的 9 倍；2011 年 7 月 4 日正值美国国庆节，在佛罗里达州约有 2 000 人前往该州沃卢西亚市（Volusia country）海滩庆祝国庆，但却被出现在两个海滩之间蔓延长达约 32 km，场面壮观的大量水母惊得目瞪口呆，水母还蜇伤许多人，幸而未造成重大伤亡事故。经辨认，这些水母有两种，一种为月亮水母（海月水母 *Aurelia sp.*——作者注），另一种为剧毒的"炮弹水母"（口冠水母 *Stomolophus meleagris*——作者注）。据海岸巡逻队发言人说，这些数量多的惊人的水母成批出现并非是一种季节性的现象，而是被风和海流带到岸边的。

美国国家科学基金会的报告指出，每年全球大约有 1.5 亿宗水母伤人事件发生。海洋中水母数量不断增加，已经威胁到其他海洋生物的生存和人类的活动。

我国海域有毒种类在夏、秋季水母高发期蜇伤涉海人员事件也相当普遍，被蜇死的恶性事件几乎每年都有发生。这些有毒种类中，除了钵水母类的野村水母以外，还有管水母类（Siphonophorae）的僧帽水母（*Physalia physalis*）2 种。

## 六、水母与国防

### 1."海火"在军事上的意义

"海火"（见本书第四章第五节）除了生物学上的意义外，在海洋运输业、海洋捕捞业以及军事上都有实际利用的重要意义。

船舰在夜间航行中，海火能为领航员提供海上标记，人们可借助海火发现浅滩、沙洲、暗礁以及周边航行的船只等目标；渔民根据海火的类型和光的强度来确定鱼群的位置并判断鱼群的种类和大小，捕鲸船在夜间作业时往往就是通过海火的特征进行操作。

海火在军事上实际利用在第一次和第二次世界大战期间都有不少记载。例如，在第一次世界大战时，俄国海军在夜战中就有根据海水来探寻舰艇和发射鱼雷的事例：1877 年 12 月 15 日在巴统港，查察伦中尉的鱼雷快艇驶近土耳其的一艘巡洋舰，立即向敌舰发射鱼雷，这时有一道发出磷光的直线划开黑暗中的海面，清晰显示出鱼雷奔向敌舰的方向，约经 5~6 秒钟即听到爆炸声。鱼雷快艇跟踪着磷光闪烁的船迹疾驶，清楚地看到正在水下行驶的敌方潜艇轮廓，这时立即投下几颗深水炸弹……

在第二次世界大战期间，乃有舰队夜间行动与海火有关的记载。

1942年美国舰队第一次驶入日本海域时，曾被夜间水平线上开旷海面的闪光而引起颇大困惑。以后才知道，这不是日本舰队的灯光，也不是日本舰队行驶时产生的海火，而只是波浪产生海火的闪光。

这些事例不论是海岸哨兵对海面的警戒、舰艇的行动、飞机对海面舰艇的跟踪，还是鱼雷发射，不是寻找目标就是暴露目标，无一不与海火有关。

当然，随着当代科学技术的进步，各种先进的导航、探测仪器不断出现和更新，靠肉眼观察也显得相形见绌，海火逐渐失去它的实际意义。然而，海火的出现还是会给航海带来一些负面影响。比如它会降低舵手夜间视力的敏感度，分散、转移他的注意力，容易产生视觉疲劳，还可能造成一些幻觉。

**2. 水母形成深散射层对潜艇活动的影响**

海洋物理学家很早就发现深散射层（sound-scattering layer）现象的存在。这种现象普遍出现在世界各海洋，它对海洋中声波的传播起着阻碍和干扰作用。

潜艇装备的声呐系统发出声波并接受遇到障碍物反射回来的回波，以测量、计算回波的强度和声波来回行程的时间，判断目标物体的距离及形态。由于深散射层的存在，它能很好地产生反射声波并在声呐屏幕上显示一种"假海底"（false botton）障碍的错觉，干扰、制约了潜艇的行动。

深散射层的成因是什么？这个问题在第二次世界大战期间引起军事科学家的极大关注。德国科学家狄茨（Dietz, 1948）根据深散射层具有平面和垂直分布及昼夜垂直移动的特点，首先发现并提出浮游动物高度密集是形成深散射层的主要物体，从而揭开这一奥秘，是海洋声学的一大突破。一些科学家如摩尔（Moore, 1950）、巴海姆（Barham, 1963）以及胡金斯（Hunkins, 1969）等进一步研究发现，组成深散射层的浮游动物主要是磷虾（Euphausicea）和管水母。他们发现这些浮游动物体内具有许多微小的空腔能有效地把声波散射出去。巴海姆认为管水母具备散射声波的重要条件，就在于管水母是一类营群体生活的多态体，其体制结构由集中不同类型的水螅体（包括营养体、指状体和生殖体）和水母体（包括泳钟体、生殖胞和浮囊体）组成，这些体态都存在着空腔，而且自身还能分泌一种含有 $CO$ 的气泡，这种气泡是散射和吸收声波最有效的物体。这种深散射层也会随管水母追逐饵料而形成昼夜垂直移动现象，所以在白天深散射层处于上百米至千米深处，夜间这一水层则上升到海面，深散射层的深度随海区而异，其分布也有季节变化，与形成的种类及海区的地理区位有关。

### 3. 水母对船舰行动的影响

水母类是造成船舰冷却水系统堵塞的主要生物类群。

据报道,2006年2月23日,美国海军最新的核动力航空母舰"里根"号访问澳大利亚昆士兰州首府布里斯班时,由于浮游在当地海上以水母为主的大量浮游动物被吸进舰上空气压缩机冷却系统的进水口,造成严重淤塞,导致该舰动力系统效能大减,不得不停止一些非战斗部门的运作,以保持续航的动力。为了避免港湾内的大量水母继续被吸入,美国舰队这次访问活动被迫提前结束。2007年7月上旬,该航空母舰再次远航澳大利亚,又发生同样的事件,几乎使这艘巨舰陷于瘫痪。

这艘海上庞然大物竟然被轻如鸿毛的水母"缚住手脚",这一事件不仅震惊了五角大楼和美国海军太平洋舰队的各级指挥官,同时也引起了各国海军高层的关注。分析船舰行动可能受到多大影响成为军方高层的新议题。

中国海域迄今未见发生水母影响船舰航行事件的报道。作者认为,从我国海域已有记录水母类的种类组成、生态类型、地理分布及其与邻近海域比较分析,我国海域尚不属于水母类高发区,不大可能对船舰行动造成威胁。但是,随着我国经济快速发展,远洋商业船队和远洋渔业船队数量的日益增多,活动范围日益扩大。我国海军在确保祖国海疆安全的同时,还肩负着参与国际维和行动的光荣使命。我国必须提高远洋作战能力,将活动范围从近海扩展到太平洋等外洋,越过"第一岛链",向"第二岛链"进行防御。为此,不仅需要对我国周边海域,而且还必须对全球各大洋的海洋生物环境有足够的了解。

### 4. 水母的仿生效果

现存于世的生物界在亿万年的漫长进化过程中,通过自然选择,形成许许多多适应生存环境、独有成效的系统结构与特异功能,令世人惊叹不已!

自然的启示、人类的智慧和科学工程技术的飞跃发展,在20世纪60年代催生出一门崭新的科学——仿生学(Bionics),它是一门属于生物科学与技术科学之间的边缘学科。几十年来,仿生学所取得的成果使人类许多梦想成真。例如,用电子蛙眼跟踪人造地球卫星;具有鲸体型的船只可使航速提高25%;模仿苍蝇嗅觉器官极其灵敏的小型气体分析仪已在宇宙飞船座舱里开始工作。又如成功模仿响尾蛇头部眼眶旁漏斗形热定位器能在黑夜里闪电般准确捕捉具有体温动物的原理,成功研发"响尾蛇"导弹并用于实战等。

水母是一类极其古老而又低等的腔肠动物,它们依靠生在伞部的数个感觉器就能接收到一种人耳感觉不到的由空气与波浪摩擦而产生的次声波（频率为8～13 Hz的声波）。次声波比暴风和波浪传播的速度快得多，它冲击着水母感觉器中细小的感觉棍，感觉棍末端呈小球状，内有一颗极微小的听石，它利用次声波的震动刺激"球"壁内的神经感受器传给水母体。当水母"听到"这种次声波的震荡时，预知风暴即将到来，立即做出反应，游离近岸并迅速下沉深处，规避被即将到来的暴风激起的巨浪砸碎。科学家根据这个启示，设计出一种极其灵敏的"水母耳风暴预测仪"。这种仪器可以提前15 h做出风暴、海啸来临的预报，还能测出风暴、海啸的方向和强度。

## 第三节　灾害的预防

如何减轻水母的危害，这个问题的关键在于"人与自然"的关系。前面已阐述水母形成的危害不仅直接造成海洋经济损失和涉海人员人身安全，而且其异常行为间接导致生态系统物质循环和能量循环失衡，食物链传递受阻，捕食与被捕食失去平衡以致各个关键性环节受到影响和破坏，对海洋生物多样性造成威胁。

我国海域虽然不是水母灾害多发区，也未发现外来水母入侵形成的灾害。但是毕竟有偶发性局部灾害发生，而且存在发生的隐患种类，因此不可不防。

### 一、加强水母灾害知识的宣传教育，提高全民防灾意识和避害自救能力

沿海地区各级政府相关部门（如海洋与渔业局、水产技术推广站等）和社会团体（如科学技术协会、老科技工作者协会、水产协会、海洋学会等）应组织广大民众积极参与，形成社会防灾、救灾义务队伍，在每年夏秋季在滨海旅游景区、海滨浴场向社会发放防灾、减灾和避害自救手册，在旅游区海滨浴场张贴宣传告示，设立警示标志，建立水母防护网等。更重要的是通过少年宫、夏令营对青少年进行科普知识教育，从小培养他们热爱海洋，了解海洋，保护海洋以及关爱生命教育，提高防灾意识和避害自救能力（彩图21）。

### 二、完善海洋防灾减灾法制建设，提高海洋管理、执法力度

海洋防灾减灾工作是一项涉及面广，难度大的系统工程，除了加强普及宣传教育，提高全民意识和避害自救能力外，必须切实加强法制建设，制定有效法律

和法规和提高海洋管理执法力度。

我国1983年8月1日正式实施《中华人民共和国海洋环境保护法》，继之国务院又先后颁布了《中华人民共和国海域使用管理法》、《防止海岸工程建设项目污染损害海洋环境条例》、《中华人民共和国海洋清废管理条例》等一系列与海洋环境保护相关法规。同期国家海洋局、交通部、农业部等涉海部门还制定颁布了一系列相应的实施办法细则以及技术规范，部分沿海省市为解决本地区海洋环境问题也相继出台一批地方性海洋环保法规。这些法律法规在防治海洋污染，保护海洋生态环境和预防海洋生物灾害方面发挥了重要作用。基本上纠正杜绝了改革开放初期无序、无度，甚至无偿开发利用海洋资源破坏海洋环境的混乱局面。2007年8月第十届全国人民代表大会常务委员会第29次会议通过并颁布了《中华人民共和国突发事件应对法》，该法确立了"国家建立统一领导、综合协调、分类管理、分级负责、实地管理为主的应急管理体制"，为法制建设奠定了坚实基础，提高了全民防灾、减灾、抗灾的意识和能力。

### 三、严格控制外来物种引进，完善检疫制度

各级农业、水产行政部门必须在外来物种引进前充分进行科学论证，严格审批。引进后必须设立隔离观察区，切忌急功近利，草率推广。

各地海关、商检以及卫生检疫部门，必须加强对鲜活水产品（包括船轮水）的严格检疫，以杜绝有害生物入侵。

### 参考文献

陈卫平，薄子礼，周婉霞，等. 2007. 浙江海域常见水母种类及旺发年份对渔业生产的调查研究. 浙江海洋学院学报（自然科学版），26(3)：266—271.

程家骅，李圣法，丁峰元，等. 2004. 东、黄海大型水母暴发现象及其可能成因分析. 现代渔业信息，(19).

丁峰元，程家骅. 2007. 东海区沙海蜇的动态分布. 中国水产科学，(14)：1.

丁峰元，严利平，李圣法，等. 2006. 水母暴发的主要影响因素. 海洋科学，(30)：9.

何志辉译. И. Tapacob（塔拉索夫）[俄]. 1960. 海的发光. 北京：科学出版社.

洪惠馨. 2004. 福建的海蜇渔业. 洪惠馨文集，191—203.

洪惠馨，秦忆芹，陈莲芳，等. 1963. 黄海南部、东海北部小黄鱼摄食习性的初步研究. 海洋渔业资源论文集，北京：中国农业出版社.

洪惠馨，张士美，王景池. 1978. 海蜇. 北京：科学出版社.

黄良民. 2007. 中国可持续发展总纲. 中国海洋资源与可持续发展, 北京: 科学出版社, 8.

李惠玉, 李建生, 丁峰元, 等. 2007. 东海区沙海蜇和浮游动物的分布特征. 生态学杂志, (12): 26.

卢振彬, 戴泉水, 颜尤明. 2003. 福建东山岛海域霞水母的渔业生物学研究. 应用生态学报, (14): 6.

马喜平, 凡宋军. 1998. 水母类在海洋食物网中的作用. 海洋科学, 2.

秦昭. 2012. 水母大爆发——古老生物的神秘警示. 中国国家地理, 3: 76—100.

严利平, 李圣法, 丁峰元. 2004. 东海、黄海大型水母类资源动态及其与渔业关系的探讨. 海洋渔业, (26): 1.

张明良, 李明. 1988. 北戴河沙蜇伤人的调查研究. 中华医学杂志, 68(9).

张士三. 2009. 海洋灾害及预防(厦门市海洋与水产科普丛书, 四)厦门市海洋与渔业局等组编.

仲霞铭, 汤建华, 刘培廷. 2004. 霞水母(Cyanea nozakii kishinouye)暴发与海洋生态之关联性探讨. 现代渔业信息, 3(19): 15—17.

周太玄, 黄明显. 1956. 黄海渔业敌害之一——霞水母. 生物学通报, (6): 9—12.

周永东, 刘子藩, 薄治礼, 等. 2004. 东、黄海大型水母及其调查监测. 水产科技情报, (31): 5.

安田徹. 2005. 巨大ユチゼソクテゲの生物学的特性と漁業被害(Ⅰ, Ⅱ). 日本水産資源保護協会月報, クラヂ特別号: 3—21.

上真一. 2005. 近年の東アジア沿岸域におけるクテゲ類の大量出現: その原因と結果. 沿岸海洋研究, 43(1).

上真一, 上田有香. 2004. 瀬戸内海におけるクテゲ類の出現動向と漁業被害の実態. 水産海洋研究, 28(1).

Graham W. M., Bayha K. M. 2007. Biological invasions by marine jellyfishi, Biological Invasions: Ecological Studies, 193: 239—255.

Hagadorm J. W., Dott R. H., Damrow D. 2002. Stranded on a Late Combrian shoreline: Medusae from central Wisconsin. Geology 30: 147—150.

Kawahara M., Uye S., et al. 2006b. Unusual population explosion of the giant jellyfish Nemopilema nomurai (Scyphozoa: Rhizostomeae) in East Asian waters. Marine Ecology-Progress Series, 307, 161—173.

Robert H., Condon, et al. 2012. Questioning the Rise of Gelationus Zooplankton in the World's Oceans. Bio Science, 62(2): 160—169.

Uye S. 2008. Blooms of the giant jellyfish Nemopilema nomurai: A threat to the fisheries sustair ability of the East Asian Marginal Seae. Plankton and Benthos Research, 3(suppl): 125—131.

Uye S., Ueta U. 2004. Recent increase of jellyfish populations and their nuisance to fisheries in the Inland Sea of Japan. Bulletin of Japanese Society of Fisheries Oceanography, 68: 9—19.

Zhijun Dong, et al. 2010. Jellyfish blooms in China: Dominant spcies, causes and consequenes. Marine Pollution Bulletin, 60: 954—963.